"十二五"职业教育国家规划教材

经全国职业教育教材审定委员会审定

高职高专自动化类专业系列教材

PLC 与控制技术

（西门子版）

李天真 等　编著

科学出版社

北京

内 容 简 介

本书按照"项目导向—任务驱动"的模式，以具有工业对象的典型控制类产品（机电一体化柔性生产实训系统）为载体，将理论和实践深度融合，对原有课程体系进行解构和重构，设计了一个大的贯穿项目，包含了七个子项目和一个系统集成项目，系统集成项目和每个子项目按"项目任务说明→基础知识→前导训练→过程详解→技能提高→知识拓展"来设计。通过一个完整系统的"教、学、做"一体化训练后，使读者能根据常见工业控制对象的特点和要求，正确选择控制方案和控制规律，掌握常见传感器件和控制器件的选用和维护知识，熟练地掌握简单工业控制系统的设计、安装和调试方法，达到培养读者实际应用能力的目的。

本书可作为高职高专院校电气自动化、生产过程自动化、工业自动化等控制类专业的教材，也可作为从事控制系统开发和应用的工程技术人员的参考书。

图书在版编目（CIP）数据

PLC 与控制技术（西门子版）/李天真等编著. —北京：科学出版社，2011.2

ISBN 978-7-03-029694-8

Ⅰ.①P… Ⅱ.①李… Ⅲ.①可编程序控制器-高等学校：技术学校-教材 Ⅳ.①TM571.6

中国版本图书馆 CIP 数据核字（2010）第 238557 号

责任编辑：孙露露　王琪／责任校对：刘玉靖
责任印制：吕春珉／封面设计：耕者设计工作室

科学出版社 出版

北京东黄城根北街 16 号
邮政编码：100717
http://www.sciencep.com

北京中科印刷有限公司 印刷
科学出版社发行　各地新华书店经销

*

2011 年 2 月第 一 版　　开本：787×1092　1/16
2021 年 8 月第七次印刷　　印张：19
字数：434 000

定价：53.00 元

（如有印装质量问题，我社负责调换〈中科〉）
销售部电话 010-62134988　编辑部电话 010-62135763-2010

前　言

在工业生产过程中存在着大量的开关量顺序控制要求，控制开关量按照逻辑关系进行顺序动作。同时，为了安全有效的运行，还需设置很多互锁、连锁环节。在传统方法中，这些功能是通过继电控制电路完成的。1968年，美国通用汽车公司提出取代继电控制装置的要求；第二年，美国数字公司（DEC）研制出了基于集成电路和电子技术的控制装置，首次将程序化的手段应用于电气控制，这就是第一代可编程控制器（programmable controller，PC）。个人计算机（personal computer，PC）发展起来后，为了方便，也为了反映可编程控制器的功能特点，将可编程控制器定名为PLC（programmable logic controller）。

20世纪80年代至90年代中期是PLC发展最快的时期。在这个时期，PLC的处理模拟量能力、数字运算能力、人机接口能力和网络能力得到大幅度提高，PLC逐渐进入过程控制领域，在某些应用上取代了在过程控制领域处于统治地位的DCS系统。PLC具有通用性强、使用方便、适应面广、可靠性高、抗干扰能力强、编程简单等特点，在工业自动化控制特别是顺序控制中的地位，在可预见的将来，是无法取代的。

基于这种情况，现代企业急需掌握PLC技术的人员，因此劳动和社会保障部将可编程控制系统设计师列入第七批新职业目录。目前，传统的PLC控制类教材过于理论化，使读者学习后仍不能进行实际PLC控制系统的设计、安装与调试。

本书的编写充分考虑了高职高专的教学特点，同时对照劳动和社会保障部对可编程控制系统设计师的能力要求，按照"项目导向—任务驱动"的模式，以具有工业对象的典型控制类产品（机电一体化柔性生产实训系统）为载体，将理论和实践深度融合，对原有课程体系进行解构和重构，设计了一个大的贯穿项目，包含了七个子项目和一个系统集成项目（第8章），系统集成项目和每个子项目按"项目任务说明→基础知识→前导训练→过程详解→技能提高→知识拓展"来设计。通过一个完整系统的"教、学、做"一体化训练后，让读者能根据常见工业控制对象的特点和要求，正确选择控制方案和控制规律，掌握常见传感器件和控制器件的选用和维护知识，熟练地掌握简单工业控制系统的设计、安装和调试方法。

本书围绕完整的生产控制系统，共分8章，内容包括：落料控制系统的设计、安装与调试；加盖控制系统的设计、安装与调试；顶销控制系统的设计、安装与调试；检测及链条传送控制系统的设计、安装与调试；废成品分拣控制系统的设计、安装与调试；喷涂烘干控制系统的设计、安装与调试；提升及入库控制系统的设计、安装与调试；机电一体化柔性生产控制系统的设计、安装与调试。每个项目都有明确的技能训练目标和知识教学目标，让读者通过完成各个项目来学习PLC控制中主要的操作方法和相关知识，强调对读者综合能力的培养。在每个项目中的"前导训练"部分还穿插有基本的技能训练项目，用于读者并行的能力训练。

本书是浙江省精品课程"PLC 与控制技术"的配套教材，网址 http：//jpkc. hzvtc. net/plc/中有各种教学资源可供下载，教学课件等资源也可到科学出版社网站（www. abook. cn）下载。

本书凝聚了作者多年教学及 PLC 控制系统设计开发的经验，其内容丰富，结构完整，概念清晰，深入浅出，通俗易懂，可读性、可操作性强，可作为高职高专院校电气自动化、生产过程自动化、工业自动化等控制类专业的教材，也可作为从事控制系统开发和应用的工程技术人员的参考书。

本书由李天真、盛强、徐鑫奇、姚晴洲、钱振华、冯显俊、郑巨上、刘海周、楼平共同编写。在编写过程中得到了湖州职业技术学院领导和相关老师、亚龙科技集团的领导和技术人员的支持、关心和帮助，在此表示衷心感谢。

由于编者水平有限，书中难免有疏漏和不足之处，敬请读者批评指正。主编邮箱：litianzhen@hzctv. net。

课程教学目标及学习方法建议

本课程打破传统的学科型教学模式，按照"以职业活动的工作任务为依据，以项目与任务作为能力训练的载体，以'教、学、做一体化'为训练模式，用任务达成度来考核技能掌握程度"的基本思路，紧紧围绕完成工作任务的需要来选择课程内容，变知识学科本位为职业能力本位，打破传统的以"了解"、"掌握"为特征设定的学科型课程目标，从"项目与职业能力"分析出发，设定职业能力培养目标；变书本知识的传授为动手能力的培养，打破传统知识传授方式的框架，以"工作项目"为主线，创设工作情境，结合职业技能证书考试，培养学生的实践动手能力。

根据培养一般工业企业和流程性工业企业中所急需的国家职业标准（四级）所规定的维修电工、仪表工、总控工、系统工程师、可编程控制系统设计师等人员的工作岗位要求，设计本课程学习目标如下。

1. 能力目标

1) 能正确理解、分析控制要求，提出正确的控制方案。
2) 能根据控制方案，正确选择传感器、可编程控制器及其他器件。
3) 能根据控制方案，正确设计、调试 PLC 程序。
4) 能根据控制方案及设计、安装规范，正确进行线路设计与安装。
5) 能依据调试规程，对控制系统进行最终调试。
6) 能根据 GB/T 18229—2000 等标准，进行技术文档的撰写。

2. 知识目标

1) 掌握传感器的分类及主要技术指标。
2) 掌握 PLC 的硬件组成及主要技术指标。
3) 掌握 PLC 的编程原理及工作特点。
4) 掌握 PLC 的各种编程方式并能熟练应用。
5) 熟悉常用低压电器的技术特性与指标。

本课程是生产过程自动化等专业中技术性、实践性很强的核心主干课程。通过本课程的学习，学生能够根据常见工业控制对象的特点和要求，正确选择控制方案和控制规律、掌握常见传感器件和控制器件的选用和维护知识，熟练地掌握简单工业控制系统的安装和调试方法。

针对本课程的特点，建议学习方法如下：

1) 用好各章节的学习目标（包括技能训练目标和知识教学目标）和小结，把握各章节的学习重点和教学要求。

2）由于本课程的实践性较强，在完成各章"前导训练"的基础上，按要求认真完成每章的项目任务。在实训中，注意多问几个为什么，并在"基础知识"模块中寻找解决问题的答案，使理论和实践融为一体，提高动手实践能力和实际工程设计能力。

3）注重课外的阅读和训练。本课程提供了"技能提高"和"知识拓展"两个模块，在课余时间可认真加以阅读和训练，使自身在原有基础上得到技能和理论上的提升。

4）学习中注意归纳总结。"PLC 与控制技术"课程内容庞杂，各部分内容相互交叉，工程实践性强。所以，在学习过程中，对每一阶段的学习都应进行归纳总结。这不仅可以帮助学好该课程，更可以培养出良好的学习习惯。

5）学习中积极参与讨论。在学习中，要认真对待和参与课堂讨论，勇于表达自己的观点；同时，要倾听其他同学的观点，开阔思路，学会从不同角度思考问题，这样可以对所学的知识和技能掌握得更牢固、更深入。

目　　录

绪　论

1. 机电一体化柔性生产系统的形成和发展

现代科学技术的不断发展，极大地推动了不同学科的交叉与渗透，导致了工程领域的技术革命与改造。在机械工程领域，由于微电子技术和计算机技术的迅速发展及其向机械工业的渗透所形成的机电一体化，使机械工业的技术结构、产品结构、功能与构成、生产方式及管理体系发生了巨大变化，使工业生产由"机械电气化"迈入了"机电一体化"为特征的发展阶段。

机电一体化是指在机构的主功能、动力功能、信息处理功能和控制功能上引进电子技术，将机械装置与电子化设计及软件结合起来所构成的系统的总称。

机电一体化发展至今已成为一门有着自身体系的新型学科，随着科学技术的不断发展，还将被赋予新的内容。但其基本特征可概括为：机电一体化是从系统的观点出发，综合运用机械技术、微电子技术、自动控制技术、计算机技术、信息技术、传感测控技术、电力电子技术、接口技术、信息变换技术以及软件编程技术等群体技术，根据系统功能目标和优化组织目标，合理配置与布局各功能单元，在多功能、高质量、高可靠性、低能耗的意义上实现特定功能价值，并使整个系统最优化的系统工程技术。由此而产生的功能系统，则称为一个机电一体化系统或机电一体化产品。

机电一体化生产系统是现代工业生产的灵魂，任何行业只要进行产品生产就离不开生产设备，而现代化的生产设备也离不开完善的机电一体化控制系统，例如，汽车车身冲压生产线、柔性装配系统、货运仓储控制系统、食品灌注包装流水线等，都是机电一体化柔性生产系统的典型代表。

2. 以 PLC 技术为核心的机电一体化柔性生产系统的发展

20 世纪 60 年代后期，根据当时汽车市场需求和计算机技术的发展，在美国马萨诸塞州的 Bedford Associates，向美国汽车制造业提议开发一种 MODICON（modular digital controller）取代继电控制盘。其他一些公司也建议以计算机为基础的方案。其核心思想是采用软件编程方法代替继电控制的硬接线方式，并备有生产现场大量使用的输入传感器和输出执行器的接口，以便于进行大规模生产线的流程控制。这就是以后被称为 programmable logic controller（PLC）的由来。MODICON084 是世界上第一种投入商业生产的 PLC。

20 世纪 70 年代是 PLC 崛起，并首先在汽车工业获得大量应用，在其他产业部门也开始应用的时期。20 世纪 80 年代是它走向成熟，全面采用微电子及微处理器技术，大量推广应用，并奠定其在工业控制中不可动摇的地位的时期。在此阶段，PLC 销售始终以两位数百分点的速度增长，前六年的增长率超过 35%，后四年稳定发展，年增长率约 12%。20 世纪 90 年代，PLC 又开始了它的第三个发展时期。PLC 的国际标准 IEC 61131 的正式颁布，推动了 PLC 在技术上获得新的突破：

1）在系统体系结构上，从传统的单机向多 CPU 和分布式及远程控制系统发展；在编程语言上，文本化和图形化的语言多样性，创造了更具表达控制要求、文字处理、通信能力的编程环境。

2）从应用范围和应用水平上，除了继续发展机械加工自动生产线的控制系统外，更是发展以 PLC 为基础的 DCS 系统、监控和数据采集（SCADA）系统、柔性制造系统（FMS）、紧急停车系统（ESD）、运动控制系统等，全方位地提高 PLC 的应用范围和水平。

进入 20 世纪 90 年代后期，由于用户对开放性的强烈要求和压力，以及信息技术的大力推动，PLC 不能停留在原有的专用而又封闭的系统概念上坐以待毙，开始进入了其发展的第四阶段。其特征是：在保留 PLC 功能的前提下，采用面向现场总线网络的体系结构，采用开放的通信接口，如以太网、高速串口，采用各种相关的国际工业标准和一系列的事实上的标准，从而使 PLC 和 DCS 这些原来处于不同硬件平台的系统，随着计算机技术、通信技术和编程技术的发展，趋向于建立同一个硬件平台，运用同一个操作系统、同一个编程系统，执行不同的 DCS 和 PLC 功能。这就是真正意义上的 EIC（electricity，instrument，computer）三电一体化。或者说 DCS 和 PLC 的形态将会变化，而它们的功能依然存在。其中的关键技术应该是嵌入式 PLC 系统及支持现场总线的 I/O（硬件），以及以 IEC 61161-3 为基础的编程系统及强实时（hard real-time）操作系统。

在中国，PLC 的发展大约从 1974、1975 年在北京和上海开始，开发采用位片式微处理芯片的可编程顺序控制器，并有所应用，但一直未能形成批量生产。在改革开放刚起步的 1979 年，在当时的机械部仪表局的推动下，开始从美国 MODICON 公司引进 584 的 PLC，并首先在电站的辅机如输煤、除灰除渣、水处理系统以及水泥厂等控制系统中成功应用，从而大大推动了 PLC 在我国工业的大规模运用。

自 1985 年开始，小型 PLC 首先是日本三菱电机公司的 MELSEC-F，通过非政府渠道进入中国市场。不到四年时间，小型 PLC 就形成了大面积的推广应用局面。1990 年以后，Siemens、Allen Bradley 以及其他知名品牌开始大举进入中国市场，占据中、大型 PLC 的较大份额。1995 年后形成了大型 PLC 以欧美为主，中型 PLC 欧美和日本平分秋色，小型 PLC 则以日本为主、Siemens 也步步紧逼的格局。这种格局至今没有很大改变。

3. 以 PLC 技术为核心的机电一体化柔性生产实训控制系统简介

通过广泛细致的企业调研，作者提取了七个应用广泛、控制难度梯次明显、能组合形成完整生产系统的典型生产环节，组成一套机电一体化柔性生产实训控制系统。其外形结构如图 0.1 所示。

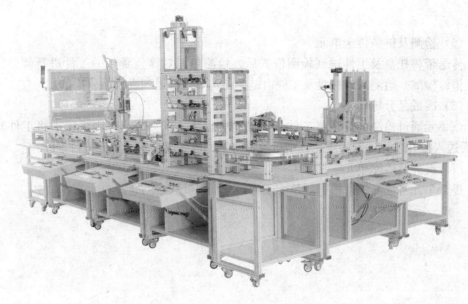

图 0.1　机电一体化柔性生产实训控制系统外形结构

本控制系统以 1 个 S7-300 系列 PLC 作为通信主站，另外 7 个 S7-200 系列 PLC 作为从站，主站和从站之间使用 PROFIBUS-DP 协议进行通信。主站负责采集各从站数据，协调各站运行，并为上位机的监控程序提供数据；7 个从站分别完成对落料单元、喷涂烘干单元、加盖单元、顶销单元、检测单元及链条传送单元、废成品分拣单元提升及入库单元的控制。系统的供电、启停等操作通过各站的操作面板进行控制。各单元简介如下。

（1）落料单元

传送带将托盘输送到托盘检测位置后，由电动机带动齿轮及传送带使工件下落，当托盘落入工件后，托盘及工件移出落料单元。

（2）喷涂烘干单元

传送带将托盘及工件送入喷涂室后，通过控制电磁阀，对工件进行喷漆。喷漆后，喷涂室的温度上升，对喷漆工件进行烘干。烘干后，喷涂室两侧电风扇对其吹风降温，降到常温后，托盘及工件送往加盖单元。柔性生产线的第二个工作单元是喷涂烘干单元，由于喷涂烘干单元将涉及模拟量模块及功能指令，根据教学规律，本书将此单元安排在第 6 章讲述。

（3）加盖单元

传送带将托盘及工件送到加盖单元的托盘及工件检测位置，摆动臂上的电磁铁从支架上吸住盖子，然后摆动到工件一侧，将盖子放置在工件上。传感器检测到盖子加上后通往顶销单元。

（4）顶销单元

传送带将托盘及工件送到顶销单元的托盘检测位置，电动机带动拨销轮旋转，转动到一定位置后，气缸将拨销轮上的销钉顶入工件，传感器检测有销钉后通往检测及链条传送单元。

（5）检测及链条传送单元

传送带将托盘及工件送到检测位置后，检测单元对该位置处的工件进行颜色、盖子、销钉检测。检测后，托盘及工件由链条传送单元输送到废成品分拣单元。

（6）废成品分拣单元

该单元通过检测的信息将工件分为成品和废品。若为成品，则机械手将工件旋转90°后送入提升单元；若为废品，则机械手将工件放到废品输送单元进行剔除。

（7）提升及入库单元

提升单元将成品工件根据颜色的不同，分别将其放置到仓库单元的各层中。

第 1 章

■ 落料控制系统的设计、安装与调试

■ 技能训练目标

1. 掌握控制要求的分析。
2. 掌握编程软件STEP 7-Micro/WIN的使用方法。
3. 掌握PLC的编程方法。
4. 能按图连接外部电路。
5. 能调试所编程序。

■ 知识教学目标

1. 掌握PLC的基本结构与工作原理。
2. 了解SMIATIC产品及S7-200的基本知识。
3. 掌握基本指令的使用方法。
4. 掌握PLC外部接线图的构成。

■ 1.1　项目任务说明 ■

1.1.1　工艺的描述

如绪论中所介绍，落料单元是柔性生产线的第一个工作单元（见图 1.1），它的作用是视生产线工作情况进行有序供料。

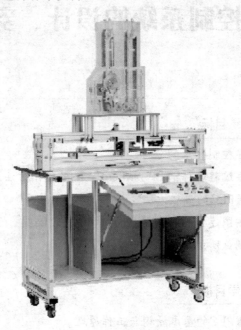

图 1.1　落料单元的外形

工艺要求如下：传送带将托盘输送到托盘检测位置后停止，由电动机带动齿轮及皮带使工件下落，当工件落入托盘后，托盘及工件移出落料单元送往下一单元，工作完成。

1.1.2　器件的组成

本单元由各传感器件、执行器件、控制与显示器件组成其控制系统，各器件情况如下：

1）传感部分：托盘到位感知传感器，当受料位置有托盘时为"1"，否则为"0"；

有无工件感知传感器，当托盘上有工件时为"1"，否则为"0"。

以上传感器的类别、工作原理等知识将在第 4 章中介绍，这里不作讨论。

2）执行部分：传送带电动机控制继电器，吸合时传送带运行；

　　　　　　落料电动机控制继电器，吸合时进行落料；

　　　　　　限位电磁铁，吸合时放行托盘及工件。

　　3）控制部分：启动按钮（绿色）、停止按钮（红色）；

　　　　　　复位按钮（黄色）、急停按钮（这两只按钮的作用在第 3 章描述）；

　　　　　　可编程序控制器（PLC）。

　　4）显示部分：运行显示（绿色指示灯）；

　　　　　　报警显示（红色指示灯）：当落料电动机启动 30s 后，工件感知传感器仍未检测到工件时，报警灯亮说明单元缺料，要求加工件，一旦工件感知传感器检测到有工件后报警灯灭。

1.1.3　控制要求分析

　　首先要了解什么是控制要求。下面通过在生活中常见的全自动洗衣机的分析，说明控制要求与运行过程即工艺要求的区别。

　　例如，全自动洗衣机怎样使衣服洗干净是属于工艺要求的范畴，即有规律的进水、放水、旋转、漂洗、浸泡、甩干等。工艺要求是由工艺工程师或客户提出的。而为完成这个工作过程，必须对电磁阀的开、关，对滚筒电动机的快速、慢速、正转、反转等进行有效地控制，这就是根据工艺要求总结出的控制要求。

　　因此，只有能够对所见的运行过程或客户提出的工艺要求进行合理的总结分析，得出对各类电器正确的控制要求，才能完成各系统的设计、安装与调试。

　　通过观察本单元的运行过程及各部件情况，总结出控制要求如下。

　　1）初始状态：交、直流电源开关闭合；交、直流电源显示得电。

　　2）运行状态：在以上初始状态下按启动按钮，传送带电动机控制继电器吸合使传送带运行，运行指示灯亮并等待托盘到达；当托盘到位感知传感器为"1"时，落料电动机控制继电器吸合使落料电动机运转进行落料；当有无工件感知传感器为"1"时，则落料电动机停止且限位电磁铁得电放行，托盘及工件至下一单元；工作过程结束。此时，传送带电动机继续运行，运行指示灯仍亮。

　　3）停止运行：在以上运行状态已完成工作工程后按停止按钮，则传送带电动机停止，运行指示灯灭。

■ 1.2　基　础　知　识 ■

1.2.1　可编程序控制器基础

1. PLC 的产生及定义

　　20 世纪 60 年代末，美国汽车制造工业竞争激烈，为适应生产工艺不断更新的需要，1968 年，美国通用汽车公司（GM）提出了研制新型逻辑顺序控制装置的十项招标指标，主要内容如下：

1）编程方便，可现场修改程序。

2）维修方便，采用插件式结构。

3）可靠性高于继电器控制装置。

4）体积小于继电器控制盘。

5）数据可直接送入管理计算机。

6）成本可与继电器控制盘竞争。

7）输入可为市电。

8）输出可为市电，容量要求在 2A 以上，可直接驱动接触器等。

9）扩展时原系统改变最小。

10）用户存储器大于 4KB。

这些要求实际上提出了将继电器-接触器控制的简单易懂、使用方便、价格低的优点与计算机的功能完善、灵活性、通用性好的优点结合起来，将继电器-接触器控制的硬连线逻辑转变为计算机的软件逻辑编程的设想。美国数字设备公司（DEC）中标，并于 1969 年研制出了第一台可编程序控制器 PDP-14，在美国通用汽车公司的生产线上试用成功，并取得了满意的效果，可编程序控制器自此诞生。

可编程序控制器（programmable controller）简称 PC，为了避免与个人计算机（personal computer）的简称 PC 混淆，所以人们将可编程序控制器简称为 PLC（programmable logic controller）。

国际电工委员会（IEC）曾于 1982 年 11 月颁布了 PLC 标准草案第一稿，1985 年 1 月颁布了第二稿，1987 年 2 月颁布了第三稿。草案中对 PLC 的定义是："可编程序控制器是一种数字运算操作的电子系统，专为在工业环境下应用而设计。它采用可编程序的存储器，用来在其内部存储执行逻辑运算、顺序控制、定时、计数及算术运算等操作的指令，并通过数字式或模拟式的输入和输出，控制各种类型的机械或生产过程。可编程序控制器及其有关外围设备，都应按易于与工业系统形成一个整体、易于扩充其功能的原则设计。"

2. PLC 的组成

PLC 由三部分组成：中央处理单元（CPU）、输入/输出（I/O）部件和电源部件，如图 1.2 所示。

1）中央处理单元（CPU）是 PLC 的控制中枢，它按照 PLC 系统程序赋予的功能接收并存储从编程器键入的用户程序和数据。检查电源、存储器、I/O 以及警戒定时器的状态，并能诊断用户程序中的语法错误。当 PLC 投入运行时，它首先以扫描的方式接收现场各输入装置的状态和数据，并分别存入 I/O 映像区，然后从用户程序存储器中逐条读取用户程序，经过命令解释后按指令的规定执行逻辑或算术运算，将结果送入 I/O 映像区或数据寄存器内，等所有的用户程序执行完毕之后，最后将 I/O 映像区的各输出状态或输出寄存器内的数据传送到相应的输出装置，如此循环运行，直到停止。

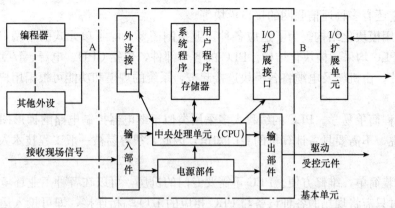

图 1.2　PLC 的组成

2）输入/输出（I/O）部件是 PLC 与现场 I/O 装置或设备之间的连接部件，起着 PLC 与外部设备之间传递信息的作用。通常，PLC 的 I/O 模块上还有状态显示和接线端子排，以便于监视与连接。由于实际生产现场所接收的信号、所控制的对象各不相同，因此 PLC 厂商提供了具有各种功能的 I/O 模块供客户选用，如开关量模块、模拟量模块、串/并行变换模块、A/D 或 D/A 转换模块等。

3）PLC 的电源部件在整个系统中起着十分重要的作用。如果没有一个良好的、可靠的电源系统是无法正常工作的，因此 PLC 的制造商对电源的设计和制造也十分重视。一般交流电压波动在 $10\% \sim 15\%$ 范围内，可以不采取其他措施而将 PLC 直接连接到交流电网中去。

3. SMIATIC S7-200 的特点和功能

（1）PLC 的主要特点

1）高可靠性，具体表现如下：

① 所有的 I/O 接口电路均采用光电隔离，使工业现场的外电路与 PLC 内部电路之间在电气上隔离。

② 各输入端均采用 RC 滤波器，其滤波时间常数一般为 10～20ms。

③ 各模块均采用屏蔽措施，以防止辐射干扰。

④ 采用性能优良的开关电源。

⑤ 对采用的器件进行严格的筛选。

⑥ 良好的自诊断功能，一旦电源或其他软硬件发生异常情况，CPU 立即采用有效措施，以防止故障扩大。

⑦ 大型 PLC 还可以采用由双 CPU 构成冗余系统或由三块 CPU 构成表决系统，使可靠性更进一步提高。

2）丰富的 I/O 接口模块。PLC 针对不同的工业现场信号，如交流或直流、开关量或模拟量、电压或电流、脉冲或电位、强电或弱电等，有相应的 I/O 模块与工业现场的器件或设备，如按钮、行程开关、接近开关、传感器及变送器、电磁线圈、控制阀直接连接。另外，为了提高操作性能，它还有多种人机对话的接口模块；为了组成工业局部网络，它还有多种通信联网的接口模块等。

3）采用模块化结构。为了适应各种工业控制需要，除了单元式的小型 PLC 以外，绝大多数 PLC 均采用模块化结构。PLC 的各个部件，包括 CPU、电源、I/O 等均采用模块化设计，由机架及电缆将各模块连接起来，系统的规模和功能可根据用户的需要自行组合。

4）编程简单易学。PLC 的编程大多采用类似于继电器控制电路的梯形图形式，对使用者来说，不需要具备计算机的专门知识，因此，很容易被一般工程技术人员理解和掌握。

5）安装简单，维修方便。PLC 不需要专门的机房，可以在各种工业环境下直接运行。使用时只需将现场的各种设备与 PLC 相应的 I/O 端相连接，即可投入运行。各种模块上均有运行和故障指示装置，便于用户了解运行情况和查找故障。

由于采用模块化结构，因此，一旦某模块发生故障，用户可以通过更换模块的方法使系统迅速恢复运行。

（2）SMIATIC S7-200 系列 PLC

S7-200 系列 PLC 是 SMIATIC S7 家族中的小型可编程序控制器，适用于各行各业、各种应用场合中的检测、监测及控制的自动化。S7-200CN（CN 为在中国市场专用）系列 PLC 继承了 S7-200 的优良品质和卓越性能，适用范围可覆盖从替代继电器的简单控制到复杂的自动化控制，应用领域极为广泛，覆盖所有与自动监测、自动化控制有关的工业及民用领域，包括各种纺织机械、中央空调、印刷机械、包装机械、工程机械、小型机床、楼宇自控、民用设施、环境保护设备等。S7-200 在全世界拥有数以百万计的成功应用案例，无论是单独运行，还是联网应用。

S7-200 将高性能与小体积集成一体，运行快速，并且提供了丰富的通信选项，具有极高的性能/价格比。S7-200 的系统的硬件、软件都易于使用，S7-200 系统坚持一贯的模块化设计，不但能够经济地满足目前的项目要求，也为将来扩展提供了开放的接口。

S7-200 的出色性能表现在以下几个方面：

1）极高的可靠性。

2）极丰富的指令集。

3）易于掌握。

4）便捷的操作。

5）丰富的内置集成功能。

6）实时特性。

7）丰富的扩展模块。

S7-200CN 系列 PLC 提供了包括 4 个不同的基本型号的 5 种 CPU 供选择，它们是CPU221、CPU222、CPU224、CPU224XP、CPU226 等。其中，CPU226 集成了 24 输入/16 输出共 40 个数字量 I/O 点。可连接 7 个扩展模块，最大可扩展至 248 路数字量I/O 点或 35 路模拟量 I/O 点；26KB 程序和数据存储空间；6 个独立的 30kHz 高速计数器，2 路独立的 20kHz 高速脉冲输出，具有 PID 控制器；2 个 RS-485 通信/编程口，具有 PPI、MPI 通信协议和自由方式通信能力。该 PLC 完全适应于较复杂的中小型控制系统。

4. PLC 的工作原理

早期的 PLC 主要用于代替传统的由继电器-接触器构成的控制装置，但这两者的运行方式是不相同的。以继电器控制装置为例，不同点主要表现在：

1）继电器控制装置采用硬逻辑并行运行的方式，即如果这个继电器的线圈得电或失电，该继电器所有的触点［包括其常开（动合）或常闭（动断）触点］无论在继电器控制电路的哪个位置上都会立即同时动作。

2）PLC 的 CPU 则采用顺序逻辑扫描用户程序的运行方式，即如果一个输出线圈或逻辑线圈被接通或断开，该线圈的所有触点（包括其常开或常闭触点）不会立即动作，必须等扫描到该触点时才会动作。

为了消除二者之间由于运行方式不同而造成的差异，考虑到继电器控制装置各类触点的动作时间一般在 100ms 以上，而 PLC 扫描用户程序的时间一般均小于 100ms，因此，PLC 采用了一种不同于一般微型计算机的运行方式——扫描技术。这样，在对于 I/O 响应要求不高的场合，PLC 与继电器控制装置的处理结果上就没有什么区别了。

下面来介绍扫描技术。当 PLC 投入运行后，其工作过程一般分为输入采样（读输入）、用户程序执行（含执行逻辑控制程序、处理通信请求、自诊断）和输出刷新（写输出）三个阶段（五个步骤），完成上述三个阶段称作一个扫描周期。在整个运行期间，PLC 的 CPU 以一定的扫描速度重复执行上述三个阶段，如图 1.3 所示。

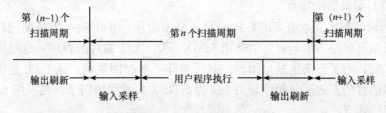

图 1.3　PLC 的扫描工作周期

对三个阶段的描述如下：

1）输入采样阶段（读数字量输入）。在输入采样阶段，PLC 以扫描方式依次地读入所有输入状态和数据，并将它们存入 I/O 映像区中的相应单元内。输入采样结束后，转入用户程序执行和输出刷新阶段。在这两个阶段中，即使输入状态和数据发生变化，I/O 映像区中的相应单元的状态和数据也不会改变。因此，如果输入是脉冲信号，则该脉冲信号的宽度必须大于一个扫描周期，才能保证在任何情况下该输入均能被读入。

2）用户程序执行阶段。在用户程序执行阶段，PLC 先执行逻辑控制程序，按由上而下的顺序依次地扫描用户程序（梯形图）。在扫描每一条梯形图时，又总是先扫描梯形图左边的由各触点构成的控制线路，并按先左后右、先上后下的顺序对由触点构成的控制电路进行逻辑运算，然后根据逻辑运算的结果，刷新该逻辑线圈在系统 RAM 存储区中对应位的状态；或者刷新该输出线圈在 I/O 映像区中对应位的状态；或者确定是否要执行该梯形图所规定的特殊功能指令。即在用户程序执行过程中，只有输入点在 I/O 映像区内的状态和数据不会发生变化，而其他输出点和软设备在 I/O 映像区或系统 RAM 存储区内的状态和数据都有可能发生变化，而且排在上面的梯形图，其程序执行结果会对排在下面的凡是用到这些线圈或数据的梯形图起作用。相反，排在下面的梯形图，其被刷新的逻辑线圈的状态或数据只能到下一个扫描周期才能对排在其上面的程序起作用。

处理通信请求：S7-200 执行通信任务，CPU 处理从通信端口或智能 I/O 模块接收的信息。

执行 CPU 自诊断：检查固件、程序存储器和扩展模块是否正常工作。

3）输出刷新阶段（写数字量输出）。当扫描用户程序结束后，PLC 就进入输出刷新阶段。在此期间，CPU 按照 I/O 映像区内对应的状态和数据刷新所有的输出锁存电路，再经输出电路驱动相应的外设。这时，才是 PLC 的真正输出。

5. S7-200 的编程方式

S7-200 周而复始地执行应用程序，控制一个任务或过程。利用 STEP 7-Micro/WIN 编程软件可以创建一个用户程序并将它下载到 S7-200 中。STEP 7-Micro/WIN 提供了多种工具和特性用于完成和调试用户程序，其中编程方式有三种：梯形图（LAD）、语句表（STL）和功能块图（FBD）。它们之间尽管有一定限制，但是用任何一种方式编写的程序大多数都能用另外一种方式来浏览和编辑。

（1）STL 编辑器的特点

STL 编辑器按照文本语言的形式编写和显示程序，它用输入指令助记符组成语句表的方式来编写程序。语句表能创建用 LAD、FBD 无法编写的程序，这是因为采用图形编程方式时，为了正确地画出图形，必须遵守一些绘图规则，而 STL 是文本编程方式，跟汇编语言的方式十分相像。图 1.4 为 STL 方式编程的例子，在采用 STL 编辑器时要注意以下几点：

1）STL 适合于有经验的程序员。

2）STL 只能使用 SIMATIC 指令集。

3）STL 编辑器可以查看所有用 LAD、FBD 编写的程序，但反之不一定成立。LAD、FBD 编辑器不一定总能显示所有用 STL 编写的程序。

4）STL 能解决用 LAD、FBD 不容易解决的问题。

```
LD      10.0        //读入一个输入
A       10.1        //和另一个输入进行"与"
=       Q1.0        //向输出1写入值
```

图 1.4 采用 STL 方式编制的程序

（2）LAD 编辑器的特点

LAD 编辑器以梯形图的方式编写、显示程序，与电气控制图类似。LAD 程序允许程序仿真来自电源的电流通过一系列的逻辑输入条件，决定是否使逻辑输出。一个 LAD 程序包括左侧提供能流的能量线，闭合的触点允许能量通过它们流到下一个元件，而打开的触点则阻止能量的流动。LAD 程序示例如图 1.5 所示。

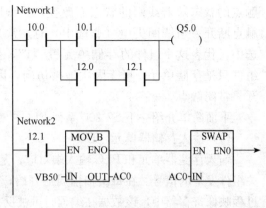

图 1.5　LAD 程序示例

逻辑控制是分段的，程序在同一时间执行一段，从左到右、从上到下，不同的指令用不同的图形符号表示。触点代表逻辑输入条件，而线圈通常代表逻辑输出经过。

使用 LAD 编辑器时要注意以下几点：

1）梯形图编程易于初学者使用。

2）图形编程法利于理解且世界通用。

3）LAD 编辑器能使用 SIMATIC 和 IE C1131—3 指令集。

4）可以使用 STL 编辑器显示所有用 SIMATIC LAD 编写的程序。

（3）FBD 编辑器的特点

FBD 编辑器也是以图形方式编写显示程序，由通用逻辑门图形组成。在 FBD 编辑器中看不到触点和线圈，但是有等价的以盒指令形式出现的指令。图 1.6 为 FBD 程序示例。

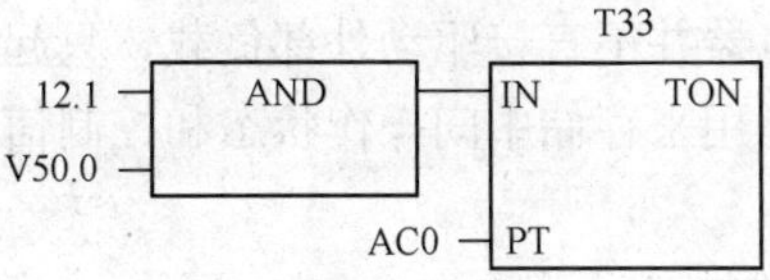

FBD 不使用左右能量线，因此"能流"这个术语用于表示通过 FBD 逻辑块控制流这样一个类似的概念。在采用 FBD 编辑器时要注意以下几点：

1）图形逻辑门的表示有利于程序流的跟踪。

2）FBD 编辑器能使用 SIMATIC 和 IEC 1131—3 指令集。

3）可以使用 STL 编辑器显示所有用 SIMATIC FBD 编写的程序。

图 1.6　FBD 程序示例

1.2.2 SIMATIC S7-200 系列 PLC 编程数据的存取

PLC 程序的运行需不断地进行模拟量、数字量数据的存取和运算，而这些数据的存取就体现在不同的编程组件上。所谓编程组件从物理实质上来说是电子电路及存储器，不同使用目的的组件电路是不同的。通常可延用继电器-接触器电路中的类似名称命名，包括输入继电器、输出继电器、辅助（中间）继电器、定时器和计数器等，鉴于它们的物理属性，称之为"软继电器"。就编程角度而言，可以不考虑这些器件的物理实现，只需了解它们的功能即可。

需要指出的是，和继电器-接触器电路中的"继电器"概念不同，PLC 中的"组件"数量巨大，为了不重复选用，通常需给组件编号，类似于计算机中的单元地址。

PLC 中的编程组件和继电器-接触器的组件类似，有线圈和常开触点常闭触点。

触点的状态随着线圈的状态而改变，当线圈得电（选中）时，常开触点闭合，常闭触点断开；当线圈失电（非选中）时，常开触点断开，常闭触点闭合。PLC组件被选中，代表这个组件的存储单元置"1"，失去选中条件代表这个存储单元置"0"，组件只是存储单元，可无限次地被访问，因此PLC中的编程组件可以有无数多个常开、常闭触点。

下面简单介绍一下S7-200系列PLC的部分编程数据存储器单元。

（1）输入存储器单元（I）

输入存储器单元和PLC输入端对应，是PLC中专门用来接收从外部敏感组件或开关组件发来的信号。在每次扫描周期开始，CPU对输入端进行采样，并将采样值存入过程映像寄存器中，该数据在编程时可被反复调用。

输入点地址以每组8个点为准，称为1个字节。例如，S7-226的数字量输入点为I0.0～I0.7；I1.0～I1.7；I2.0～I2.7。

（2）输出存储器单元（Q）

PLC的输出端子是PLC向外部负载发出控制命令的窗口，在每次扫描周期的最后，CPU才以批处理方式将输出映像寄存器Q的内容传送到输出端子去驱动外部负载。

输出点地址以每组8个点为准，称为1个字节。例如，S7-226的数字量输出点为Q0.0～Q0.7；Q1.0～Q1.7。

（3）位存储器（中间继电器，M）

在逻辑运算中经常需要一些中间继电器，这些继电器并不直接驱动外部负载，只起到中间状态的暂存作用。位存储器作为控制继电器就是用来存储中间操作状态和控制信息。S7-200系列PLC位存储区的编号范围如下。

1）位存储器的编号范围为：M0.0～M31.7（8进制，256个）。

2）特殊位存储器的编号范围为：SM0.0～SM549.7（其中SM0.0～SM29.7为只读）。

特殊位存储器是具有特定功能的中间继电器，根据使用方式可分为两类：

1）只能利用其触点的特殊位存储器，用户只能读其触点的状态。这类特殊辅助继电器常作为时基、状态标志或专用控制组件出现在程序中。

【例1.1】SM0.7：运行标志，PLC运行（RUN）时为"1"。

SM0.1：初始脉冲，只在PLC开始运行的第一个扫描周期为"1"。

SM0.4：时钟脉冲，30s为"1"，30s为"0"，周期为1min。

SM0.5：时钟脉冲，0.5s为"1"，0.5s为"0"，周期为1s。

2）可驱动线圈型特殊位存储器。用户驱动这类线圈后，PLC可做出特定动作。

【例1.2】SM30.0、SM30.1控制自由端口0的通信方式：

00 = 点到接口协议(PPI/从站模式)；

01 = 自由口协议；

10 = PPI/主站模式；

11 = 保留(默认是PPI/多站模式)；

SM30.2~SM30.4 控制自由端口 0 的通信波特率：

000 = 38,4000 波特	100 = 2,400 波特
001 = 19,200 波特	101 = 1,200 波特
010 = 9,600 波特	110 = 115,200 波特
011 = 4,800 波特	111 = 57,600 波特

 注意

未定义的特殊位存储器不可在程序中使用。

（4）定时器存储区（T）

定时器相当于继电器电路中的时间继电器，S7-200 中定时器可用于时间累计，其分辨率有 1ms、10ms 和 100ms 三种。定时器有如下两个变量。

1）当前值：16 位有符号的整数，存储定时器所累计的时间。

2）定时器位：按照当前值和预置值的比较结果置位或复位，预置值是定时器指令的一部分。

可以用定时器地址（T＋定时器号）来存取这两种形式的定时器数据，究竟使用哪种形式取决于所使用的指令。如果使用位操作指令则是存取定时器位，如果使用字操作指令则是存取定时器当前值。如图 1.7 所示，常开触点指令是存取定时器位，而字移动指令则是存取定时器当前值。

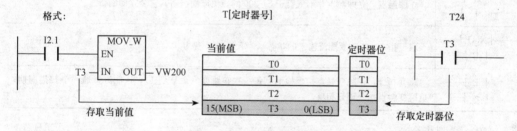

图 1.7　定时器参数示意图

（5）计数器存储区（C）

计数器在程序中用作计数控制，S7-200 中计数器可以用于累计输入端脉冲由低到高的次数。PLC 提供了三种类型的计数器：增量计数、减量计数、可增可减计数。计数器有如下两个变量。

1）当前值：16 位有符号的整数，存储累计值。

2）计数器位：按照当前值和预置值的比较结果置位或复位，预置值是计数器指令的一部分。

可以用计数器地址（C＋定时器号）来存取这两种形式的计数器数据，究竟使用哪种形式取决于所使用的指令。如果使用位操作指令则是存取计数器位，如果使用字操作指令则是存取计数器当前值。如图 1.8 所示，常开触点指令是存取计数器位，而字移动指令则是存取计数器当前值。

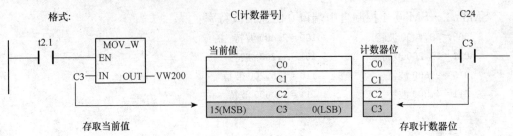

图 1.8　计数器参数示意图

1.2.3　SIMATIC S7-200 系列 PLC 的基本指令

1. 位逻辑指令

（1）触点指令

触点指令见表 1.1。

表 1.1　触点指令

指　　令	含　　义
─┤├─ ─┤/├─	常开触点指令/常闭触点指令：当位置为 1 时，常开触点闭合；当位置为 0 时，常闭触点闭合
─┤I├─ ─┤/I├─	立即触点：立即触点并不依赖于 S7-200 的扫描周期刷新，它会立即刷新
─┤NOT├─ ─┤P├─	取反指令：能改变能流输入的状态。0 变为 1，1 变为 0
─┤P├─ ─┤N├─	跳变指令：正跳变触点指令检测到每一次正跳变（由 0 到 1），让能流接通一个扫描周期；负跳变触点指令正好相反

（2）线圈指令

线圈指令见表 1.2。

表 1.2　线圈指令

指　　令	含　　义
─（　） ─（I）	输出指令：将新值写入输出点的过程映像寄存器，当输出指令执行时，S7-200 将输出过程映像寄存器中的位接通或者断开 　立即输出指令：当指令执行时，立即输出指令将新值同时写到物理输出点和相应的过程映像寄存器中
─（S） ─（SI） ─（R） ─（RI）	置位（S）和复位（R）指令：将从指定地址开始的 N 个点置位或者复位，一次置位或者复位 1～255 个点 　如果复位指令指定的是一个定时器位（T）或计数器位（C），指令不但复位定时器或计数器位，而且清除定时器或计数器的当前值 　立即置位和立即复位指令将从指定地址开始的 N 个点立即置位或者立即复位。一次置位或复位 1～128 个点

触点及线圈指令应用示例如图 1.9 所示。

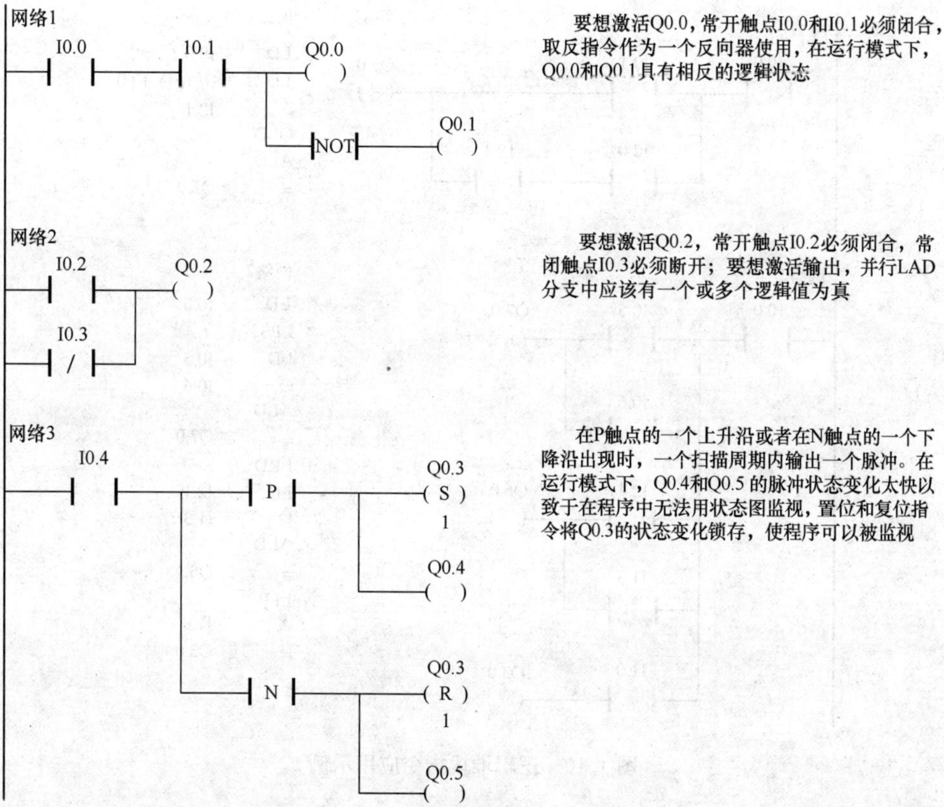

网络1

```
    I0.0        I0.1         Q0.0
 ─┤ ├──────┤ ├───────┬──( )
                            │
                            │     Q0.1
                            └─┤NOT├──( )
```

要想激活Q0.0，常开触点I0.0和I0.1必须闭合，取反指令作为一个反向器使用，在运行模式下，Q0.0和Q0.1具有相反的逻辑状态

网络2

```
    I0.2         Q0.2
 ─┬─┤ ├──────────( )
  │
  │ I0.3
  └─┤ / ├
```

要想激活Q0.2，常开触点I0.2必须闭合，常闭触点I0.3必须断开；要想激活输出，并行LAD分支中应该有一个或多个逻辑值为真

网络3

```
    I0.4                    Q0.3
 ─┤ ├──────┬──┤ P ├────┬──( S )
           │           │   1
           │           │
           │           │   Q0.4
           │           └──( )
           │
           │   Q0.3
           ├──┤ N ├────┬──( R )
           │           │   1
           │           │
           │           │   Q0.5
           │           └──( )
```

在P触点的一个上升沿或者在N触点的一个下降沿出现时，一个扫描周期内输出一个脉冲。在运行模式下，Q0.4和Q0.5的脉冲状态变化太快以致于在程序中无法用状态图监视，置位和复位指令将Q0.3的状态变化锁存，使程序可以被监视

图1.9 触点及线圈指令应用示例

（3）逻辑堆栈指令

1）"栈装载与"指令（LAD）：对堆栈中第一层和第二层的值进行逻辑与操作，结果放入栈顶。执行完栈装载指令后栈深度减1。

2）"栈装载或"指令（OLD）：对堆栈中第一层和第二层的值进行逻辑或操作，结果放入栈顶。执行完栈装载指令后栈深度减1。

3）"逻辑推入栈"指令（LPS）：复制栈顶的值，并将这个值推入栈，栈底的值被推出并消失。

4）"逻辑读栈"指令（LRD）：复制堆栈中的第二个值到栈顶，堆栈没有推入栈或者弹出栈操作，但旧的栈顶值被新的复制值取代。

5）"逻辑弹出栈"指令（LPP）：弹出栈顶的值，堆栈的第二个栈值成为新的栈顶值。

6）"装入堆栈"指令（LDS）：复制堆栈中的第 N 个值到栈顶，栈底的值被推出并消失。

逻辑堆栈指令应用示例如图1.10所示。

（4）RS触发器指令

RS触发器指令见表1.3。

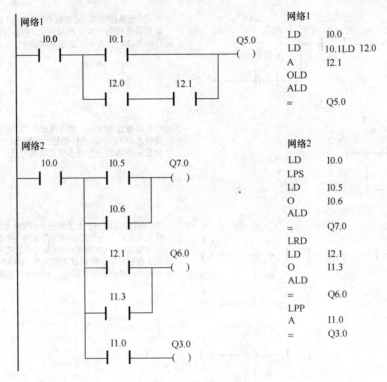

网络1

LD	I0.0
LD	10.1LD 12.0
A	I2.1
OLD	
ALD	
=	Q5.0

网络2

LD	I0.0
LPS	
LD	I0.5
O	I0.6
ALD	
=	Q7.0
LRD	
LD	I2.1
O	I1.3
ALD	
=	Q6.0
LPP	
A	I1.0
=	Q3.0

图 1.10　逻辑堆栈指令应用示例

表 1.3　RS 触发器指令

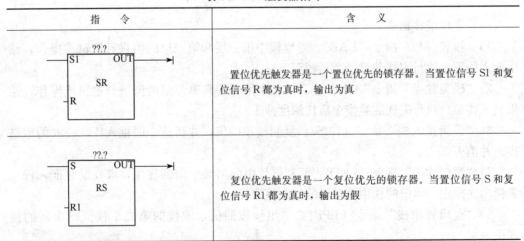

指　　令	含　　义
??.? S1　OUT SR R	置位优先触发器是一个置位优先的锁存器。当置位信号 S1 和复位信号 R 都为真时，输出为真
??.? S　OUT RS R1	复位优先触发器是一个复位优先的锁存器。当置位信号 S 和复位信号 R1 都为真时，输出为假

注："??.?"参数用于指定被置位或者复位的布尔参数。可选的输出反映位参数的信号状态。

PS 触发器指令应用示例如图 1.11 所示。

2. 定时器/计数器指令

（1）定时器指令

定时器指令见表 1.4，定时器类型见表 1.5。

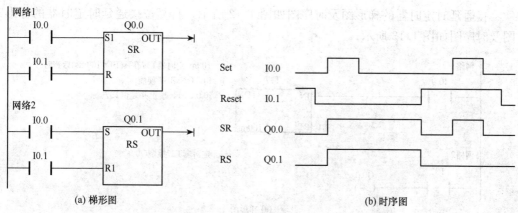

(a) 梯形图　　　　　　　　　　　　　　　(b) 时序图

图 1.11　触发器指令应用示例

表 1.4　定时器指令

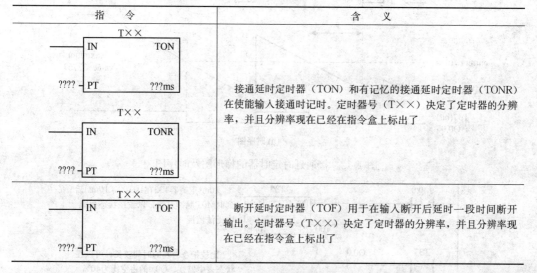

指　令	含　义
（TON 指令盒）	接通延时定时器（TON）和有记忆的接通延时定时器（TONR）在使能输入接通时记时。定时器号（T××）决定了定时器的分辨率，并且分辨率现在已经在指令盒上标出了
（TOF 指令盒）	断开延时定时器（TOF）用于在输入断开后延时一段时间断开输出。定时器号（T××）决定了定时器的分辨率，并且分辨率现在已经在指令盒上标出了

表 1.5　定时器类型表

定时器类型	分辨率/ms	最大值/s	定时器号
TONR	1	32.767	T0、T64
	10	327.67	T1～T4、T65～T68
	100	3276.7	T5～T31、T69～T95
TON、TOF	1	32.767	T32、T96
	10	327.67	T33～T36、T97～T100
	100	3276.7	T37～T63、T101～T255

使用以上三类定时器时应注意以下事项：

1）不能将同一个定时器同时用作 TOF 和 TON，如不能够既有 TON T32 又有 TOF T32。

2）TON 一般用于单一间隔的定时。

3）TONR 一般用于累计许多时间间隔。

4）TOF 一般用于关断或者故障事件后的延时。

接通延时定时器的梯形图及时序图如图 1.12 所示，自复位接通延时定时器的梯形图及时序图如图 1.13 所示。

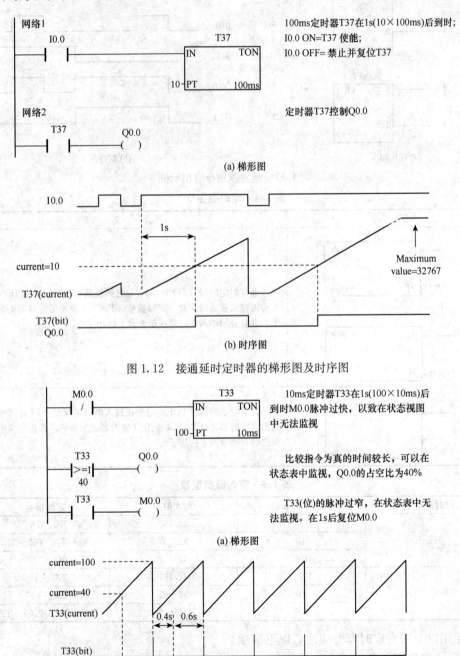

图 1.12　接通延时定时器的梯形图及时序图

图 1.13　自复位接通延时定时器的梯形图及时序图

（2）计数器指令

计数器指令见表 1.6。减计数器的梯形图及时序图如图 1.14 所示。

表 1.6　计数器指令

指　　令	含　　义
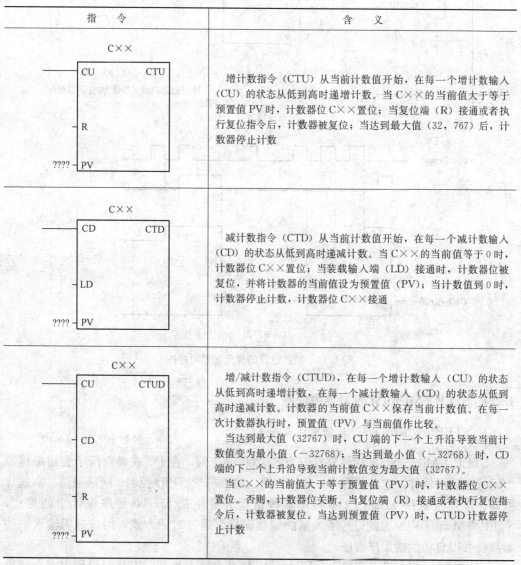	增计数指令（CTU）从当前计数值开始，在每一个增计数输入（CU）的状态从低到高时递增计数。当 C×× 的当前值大于等于预置值 PV 时，计数器位 C×× 置位；当复位端（R）接通或者执行复位指令后，计数器被复位；当达到最大值（32，767）后，计数器停止计数
	减计数指令（CTD）从当前计数值开始，在每一个减计数输入（CD）的状态从低到高时递减计数。当 C×× 的当前值等于 0 时，计数器位 C×× 置位；当装载输入端（LD）接通时，计数器位被复位，并将计数器的当前值设为预置值（PV）；当计数值到 0 时，计数器停止计数，计数器位 C×× 接通
	增/减计数指令（CTUD），在每一个增计数输入（CU）的状态从低到高时递增计数，在每一个减计数输入（CD）的状态从低到高时递减计数。计数器的当前值 C×× 保存当前计数值。在每一次计数器执行时，预置值（PV）与当前值作比较。 　　当达到最大值（32767）时，CU 端的下一个上升沿导致当前计数值变为最小值（−32768）；当达到最小值（−32768）时，CD端的下一个上升沿导致当前计数值变为最大值（32767）。 　　当 C×× 的当前值大于等于预置值（PV）时，计数器位 C×× 置位。否则，计数器位关断。当复位端（R）接通或者执行复位指令后，计数器被复位。当达到预置值（PV）时，CTUD 计数器停止计数

 提示

　　由于每一个计数器只有一个当前值，所以还要多次定义同一个计数器（具有相同标号的增计数器、增/减计数器、减计数器访问相同的当前值）。

　　当使用复位指令复位计数器时，计数器复位并且计数器当前值被消零，计数器标号既可以用来表示当前值，又可以用来表示计数器位。

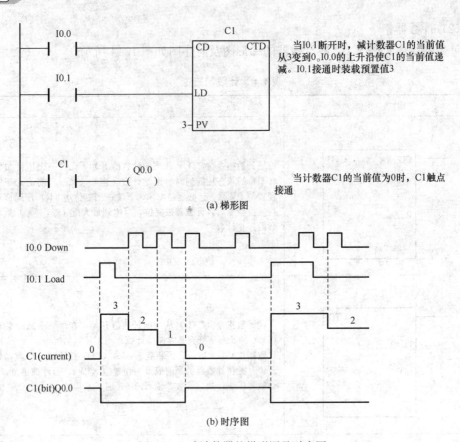

(a) 梯形图

(b) 时序图

图 1.14 减计数器的梯形图及时序图

1.2.4 STEP 7-Micro/WIN 软件的使用

1. STEP 7-Micro/WIN 软件概述及安装

STEP 7-Micro/WIN 软件是专门为 S7-200 设计的，在 PC 或者西门子公司编程器上运行的编程软件，它功能强大、使用方便、简单易学。PID 控制、网络通信、高速计数器、位置控制和 TD200 文本显示器等编程和应用是 S7-200 程序设计中的难点，STEP 7-Micro/WIN 为此设计了大量的编程向导，通过对话方式，用户只需输入一些参数就可以自动生成用户程序。

安装方法：将 STEP 7-Micro/WIN 的安装光盘插入光驱，安装向导程序将自动启动并引导用户完成整个安装过程。如果是在 Windows 2000 等操作系统上安装，必须以管理员权限登录，同时进入安装程序时选择英语作为安装过程中使用的语言。

（1）PC 与 S7-200 的通信连接

西门子公司提供了两种连接 PC 和 S7-200 的方式：一种是通过 PPI 多主站电缆直接连接，另一种是通过带有 MPI 电缆的通信处理器（CP）卡连接。使用 PPI 多主站电缆直接连接是最常用和最经济的方式，它将 S7-200 的编程口与计算机的 RS-232 串口相连，现在也提供 USB/PPI 多主站电缆，可使用计算机的 USB 口进行通信。图 1.15 为

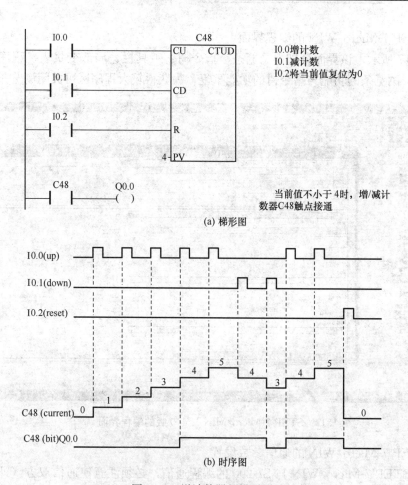

(a) 梯形图

I0.0增计数
I0.1减计数
I0.2将当前值复位为0

当前值不小于4时，增/减计
数器C48触点接通

(b) 时序图

图 1.15　增计数器的梯形图及时序图

RS-232/PPI 多主站电缆直接连接及 DIP 开关设置方式，如图 1.16 所示。

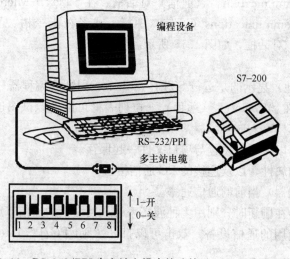

图 1.16　RS-232/PPI 多主站电缆直接连接及 DIP 开关设置模式

（2）STEP 7-Micro/WIN 的编程界面

如图 1.17 所示，该界面分别由浏览条、指令树、工具栏、局部变量表、程序区和状态条组成。浏览条的功能与指令树的功能重复，为获得较大程序区可关闭浏览条。

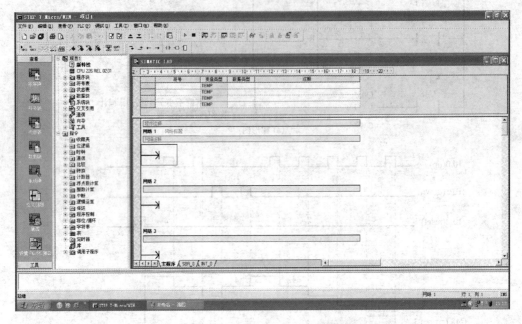

图 1.17　STEP 7-Micro/MIN V 4.0 版的编程界面

（3）STEP 7-Micro/WIN 的通信参数设置

要进行 STEP 7-Micro/WIN 与 S7-200 的编程通信，必须注意使通信双方（即安装了 STEP 7-Micro/WIN 的 PC 和 S7-200 的 CPU 或通信模块上的通信口）的通信速率、通信协议符合、兼容，否则不能顺利通信。

1）打开"Communications"（通信）对话框。在 STEP 7-Micro/WIN 主界面的左侧浏览条中单击 Communications（通信）图标，或者在指令树、"View"菜单中打开"Communications"对话框，如图 1.18 所示。

图 1.18 中：

① Local（本地）显示的是运行 STEP 7-Micro/WIN 的编程器（PC）的网络地址，默认的地址为 0；在"Remote"（远程）下拉列表框可以选取试图连通的远程 CPU 地址，默认地址为 2。

② 选中此项可以使通信设置与项目文件一起保存。

③ 显示电缆的属性，以及连接的 PC 通信接口。

④ 本地（编程器）当前的通信速率。

⑤ 选中此项会在刷新时分别用多种波特率寻找网络上的通信节点。

⑥ 显示当前使用的通信设备，双击可以打开"Set PG/PC Interface"对话框，设置本地通信属性。

⑦ 双击可以开始刷新网络地址，寻找通信站点。

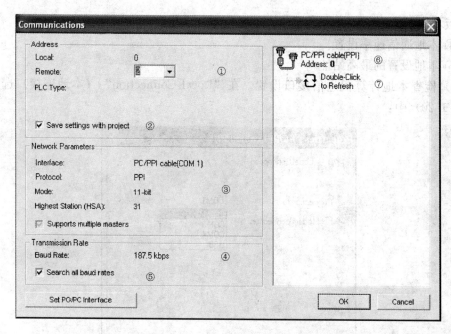

图 1.18 "Communications" 对话框

2) 设置 PC/PPI 电缆属性。双击图 1.18 中的图标⑥，打开 "Set PG/PC Interface" 对话框，检查编程通信设备。如果型号不符合，应重新选择。单击 "Properties…" 按钮，打开 PC/PPI 电缆的属性设置对话框如图 1.19 所示。

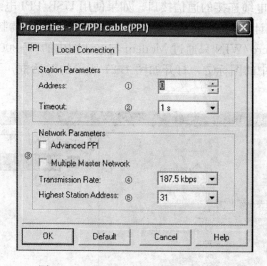

图 1.19 PC/PPI 电缆属性设置对话框

图 1.19 中：

① 设置 STEP 7-Micro/WIN 的本地地址。

② 设置通信设置超时时间。

③ 这两项是附加设置，如果使用智能多主站电缆和 STEP 7-Micro/WIN V3.2 SP4

以上版本，不必选择。

④ 本地通信速率设置。

⑤ 本地设置的最高站址。

3）检查本地计算机通信接口设置。在"Local Connection"（本地连接）选项卡（见图 1.20）中：

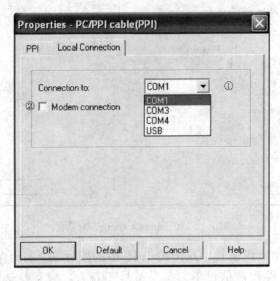

图 1.20　本地计算机通信接口设置

① 选择 PC/PPI 电缆连接的通信接口。如果使用 USB/PPI 电缆，可以选择 USB。

② 如果使用本地计算机 Windows 系统中安装的 Modem（调制解调器），须选取此项。这时 STEP 7-Micro/WIN 只通过 Modem 与电话网中的 S7-200 连接（EM241）。

4）双击图 1.18 中的图标⑦，打开如图 1.21 所示的对话框，开始寻找与计算机连接的 S7-200 站。

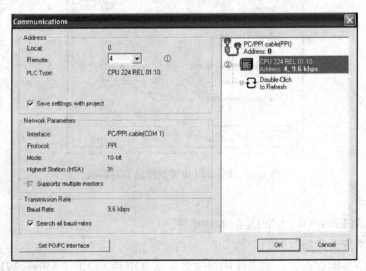

图 1.21　连接 PLC

在图 1.21 中：

① 找到的站点地址。

② 显示找到的 S7-200 站点参数。双击可以打开"PLC Information"对话框，单击"OK"按钮即可，保存通信设置。

在具体操作时还应注意：参与编程通信的设备未必一定符合上述要求。例如，它们的通信速率就可能不一致。注意以下 3 个通信速率，它们必须一致：

① S7-200 CPU 通信接口的速率。一个新出厂的 CPU，它的所有的通信接口的速率都是 9.6kBd。CPU 通信接口的速率只能在 S7-200 项目文件中的"系统块"中设置，新的通信速率在系统块下载到 CPU 后才起作用。

② 通信电缆的通信速率。如果使用智能多主站电缆配合 STEP 7-Micro/WIN V3.2 SP4 以上版本，只需将 RS-232/PPI 电缆的 DIP 开关 5 设置为"1"而其他设置为"0"；而 USB/PPI 电缆不需要设置。老版本的电缆需要按照电缆上的标记设置 DIP 开关。

③ 由 STEP 7-Micro/WIN 决定的 PC 通信接口（RS-232 接口）的通信速率。这个速率实际上是配合编程电缆使用的，在 STEP 7-Micro/WIN 软件中打开"Set PG/PC Interface"对话框，设置 PC 用于同编程电缆通信的速率。USB 接口使用 USB/PPI 电缆，不需指定速率。

2. 程序的编写与传送

（1）创建一个项目或打开一个已有的项目

在为一个控制系统编程之前，首先应创建一个项目。用菜单命令"文件"→"新建"或单击工具条最左边的"新建项目"按钮可以生成一个新的项目。用菜单命令"文件"→"另存为"可以修改项目的名称和项目文件所在的目录。用菜单命令"文件"→"打开"或工具条上对应的按钮，可以打开已有的项目。项目存放在扩展名为 mwp 的文件中。

（2）设置与读取 PLC 的型号

在给 PLC 编程之前，应正确地设置其型号，以防创建程序时发生编程错误。指令树用红色标记"x"表示对选择的 PLC 无效的指令。执行"PLC"→"类型"菜单命令，可以在出现的对话框中选择型号。如果已经成功地建立通信连接，单击对话框中的"读取 PLC"按钮，可以通过通信读出 PLC 的型号与硬件版本号。

（3）选择默认的程序编辑器和指令集

执行菜单命令"工具"→"选项"，会弹出选项对话框，在"常规"选项卡（见图 1.22）中，可以选择语言、默认的程序编辑器的类型，还可以选择使用 SIMATIC 指令集或 IEC 61131—3（即图 1.22 中的 IEC 1131—3）指令集，一般选择前者。"国际"和"SIMATIC"助记符集分别是英语和德语的指令助记符。

（4）确定程序结构

较简单的数字量控制程序一般只有主程序（OBI），系统较大、功能复杂的程序除了主程序外，可能还有子程序、中断程序和数据块。

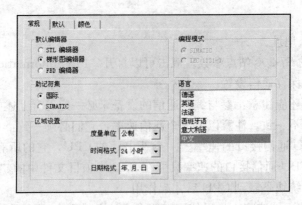

图 1.22 编程软件基本设置

主程序在每个扫描周期被顺序执行一次。子程序的指令存放在独立的程序块中，仅在被别的程序调用时才执行。中断程序的指令也存放在独立的程序块中，用来处理预先规定的中断事件，在中断事件发生时由操作系统调用中断程序。

（5）编写符号表

符号表用符号地址替代存储器的地址，便于记忆。

（6）编写数据块

数据块对 V 存储器（变量存储器）进行初始数据赋值，数字量控制程序一般不需要数据块。

（7）编写用户程序

用选择的编程语言编写用户程序。梯形图程序被划分为若干个网络，一个网络中只能有一块独立电路，有时一条指令（如 SCRE）也算一个网络。如果一个网络中有两块独立电路，在编译时将会显示"无效网络或网络太复杂无法编译"。

生成梯形图程序时，单击工具条上的触点按钮，将在矩形光标所在的位置放置一个触点，在出现的窗口中可以选择触点的类型，也可以用键盘输入触点的类型；单击新出现的触点上面的红色问号后，设置该触点的地址。可以用相同的方法在梯形图中放置线圈和功能块。单击工具条上带箭头的线段，可以在矩形光标处生成元件之间的连线。

双击梯形图中的网络编号，或单击网络的左侧"电源线"左边的区域，该网络的背景变黑，表示选中了整个网络。这时可以用删除键删除该网络，或用剪贴板复制该网络，然后将它粘贴到别的网络。用光标选中梯形图中某个编程元件后，可以删除它，或用剪贴板复制和粘贴它。

语句表允许将若干个独立电路对应的语句放在一个网络中，但是这样的语句表不能转换为梯形图。输入语句表程序时，不能使用中文的标点符号，必须使用英文的标点符号。

（8）注释与符号信息表

可以用工具条上的按钮（见图 1.23）或"检视"菜单中相应的命令打开或关闭POU（程序组织单元）注释、网络注释和符号信息表（见图 1.24 下面的表格）。符号信息表列出了与网络中使用的符号地址有关的信息，也可以在网络的标题行输入该网络有关的信息。

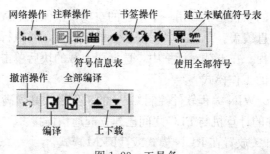

图 1.23　工具条

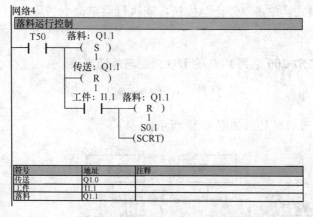

图 1.24　梯形图的注释及符号信息表

（9）编译程序

用"PLC"菜单中或工具条上的"编译"或"全部编译"按钮，可以分别编译当前打开的程序或全部程序。编译后在屏幕下部的输出窗口显示程序中语法错误的个数、每条错误的原因和错误在程序中的位置。双击某一条错误，将会显示程序编辑器中该错误所在的网络。必须改正程序中所有的错误，编译成功后，才能下载程序。

如果没有对程序进行编译，在下载程序时编程软件将会自动地对程序进行编译，并在输出窗口显示编译的结果。

（10）程序的下载、上载和清除

计算机与 PLC 建立起通信连接，并且用户程序编译成功后，可以将它下载到 PLC 中去。

单击工具栏的"下载"按钮，或执行菜单命令"文件"→"下载"，将会出现下载对话框。用户可以选择是否下载程序块、数据块和系统块等。单击"下载"按钮开始下载数据，可以选择下载成功后是否自动关闭对话框。下载应在 STOP 模式进行，下载时 CPU 可以自动切换到 STOP 模式，可以选择转换为 STOP 模式是否需要提示。如果 STEP 7-Micro/WIN 中设置的 CPU 型号与实际的型号不符，将出现警告信息，应修改 CPU 的型号后再下载。

如果程序没有加密，可以从 PLC 上载程序块、系统块和数据块到编程软件打开 ia-de 项目；也可以只上载上述的部分类型的块。上载前应在 STEP 7-Micro/WIN 中新建或打开保存上载的块的项目，最好用一个新建的空项目来保存上载的块，以免项目中原有的内容被上载的信息覆盖。单击工具栏的"上载"按钮，或执行菜单命令"文件"→"上载"，开始上载过程。在上载对话框中，选择要上载的块后单击"上载"按钮。

（11）控制 CPU 的工作模式

用 STEP 7-Micro/WIN 编程软件控制 CPU 的工作模式必须满足下面的两个条件：

① 安装编程软件的计算机与 PLC 之间已建立起通信连接。

② PLC 的模式开关放置在 RUN 模式或 TERM 模式。

在编程软件中单击工具条上的"运行"按钮，或执行菜单命令"PLC"→"运行"，可以进入 RUN 模式。单击"停止"按钮，或执行菜单命令"PLC"→"停止"，可以进入 STOP 模式。

1.2.5 SIMATIC S7-200 系列 PLC 的 I/O 分配与外部连接

1. S7-200 的外形

S7-200 系列 PLC 的外形如图 1.25 所示。

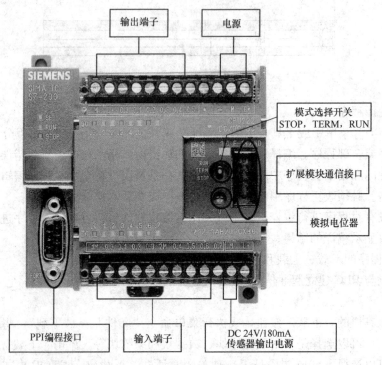

图 1.25　S7-200 系列 PLC 的外形

2. S7-200 的 I/O 端口地址

S7-200 的 CPU 根据其型号有一定数量的输入/输出（I/O）端口，本机的 I/O 端口有固定的地址，即输入存储器地址和输出存储器地址。如实际使用中端口不够，可采用扩展 I/O 模块来增加端口，扩展模块安装在 CPU 模块右边。扩展模块的端口地址由模块的类型和其在同类模块链中的位置来决定。CPU 分配给数字量 I/O 模块的地址以字节（8 位）为单位，其中未用的位不能再分配；模拟量扩展模块则以 2 点（4B）递增的方式分配地址，如图 1.26 所示。

CPU224XP		模块0		模块1	模块2		模块3	模块4	
		4 输入	4 输出	8 输入	4AI	1AO	8 输出	4AI	1AO
I0.0	Q0.0	I2.0	Q2.0	I3.0	AIW4	AQW4	Q3.0	AIW12	AQW8
I0.1	Q0.1	I2.1	Q2.1	I3.1	AIW6	AQW6	Q3.1	AIW14	
.	.	I2.2	Q2.2		AIW8	.		AIW16	
I1.5	Q1.1	I2.3	Q2.3	I2.7	AIW10		Q3.7	AIW18	
AIW0	AQW0								
AIW2									

图 1.26　CPU224XP 的 I/O 地址

3. S7-200 的供电和内部电源

（1）外部供电

S7-200 的 CPU 可接受直流供电和交流供电两种方式，如图 1.27 所示。

在设计 S7-200 接线时应该提供一个单独的开关，能够同时切断 CPU、输入电路和输出电路的所有供电，并提供熔断器或断路器等过电流保护装置限制供电线路中的电流，在有可能遭受雷击浪涌的线路还需安装浪涌抑制器件。

（2）CPU 内部电源

所有 S7-200 的 CPU 都有一个内部电源，为其本身、扩展模块和其他设备提供 5V、24V 直流电源。

S7-200 为系统中的所有扩展模块提供 5V 直流逻辑电源，在使用中要格外注意系统配置，确保 CPU 所提供的电源能满足所选用扩展模块的需要，如果超出了 CPU 的供电能力，则只能去掉一些扩展模块或选用一个供电能力更强的 CPU。

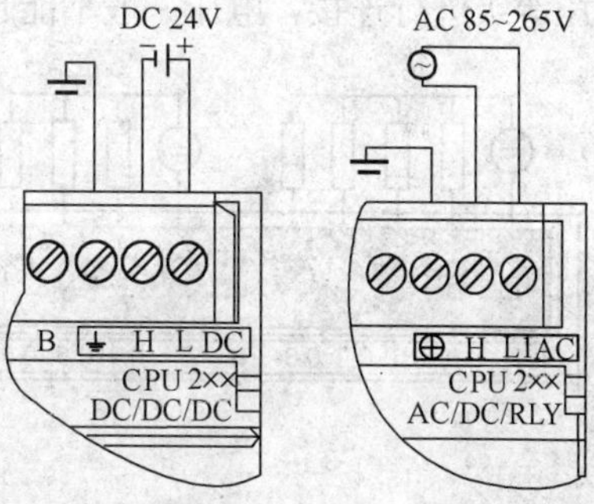

(a) 直流供电　　(b) 交流供电

图 1.27　电源连接示意图

所有 S7-200 的 CPU 还提供 24V 直流传感器电源，此 24V 直流电源可以为输入点、扩展模块上的传感器、继电器线圈或其他设备供电。如果设备用电量超过了该电源的供电定额，则可以为系统另外配一个外部 24V 直流供电电源，但是必须确保该外部电源没有与 CPU 上的传感器电源并联使用。

为了加强电子噪声保护，建议将不同电源的公共端（M）连在一起。

4. S7-200 的 I/O 接线方式

（1）输入信号的类型及电压等级

S7-200 的输入模块有直流输入、交流输入和交流/直流输入三种类型。选择时主要根据现场输入信号和周围环境因素等进行判断。

直流输入模块的延迟时间较短，还可以直接与接近开关、光电开关等电子输入设备连接；交流输入模块可靠性好，适合于有油雾、粉尘的恶劣环境。

开关量输入模块的电压等级有：直流 5V、12V、24V、48V、60V 等；交流 110V、220V 等。选择时主要根据现场输入设备与输入模块之间的距离来考虑。一般 5V、12V、24V 用于传输距离较近的场合，如 5V 输入模块最远不得超过 10m；距离较远的应选用输入电压等级较高的。目前开关量输入一般选用 24V 直流输入，S7-200 CPU 中的 L+端口提供 24V 直流电压，供输入使用。

（2）输入接线图

S7-200 输入接线时，将各开关电器一端连成公共端并与输入模块 L+端口相连，而开关电器的另一端接 PLC 各输入端口，如图 1.28 所示。

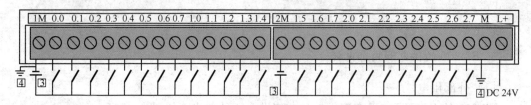

图 1.28　输入接线示意图

（3）输出接线方式

S7-200 输出接线时，基本不用 PLC 本身的电源。需根据所驱动的负载选择合理的电压等级进行连接，电压一般不能超过交/直流 220V，电流不超过 2A，如图 1.29 所示。

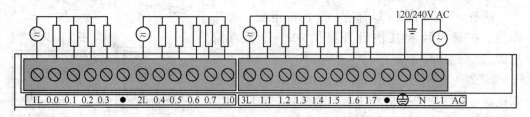

图 1.29　输出接线示意图

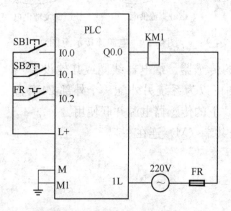

图 1.30　PLC 外部接线原理图

5. 电动机控制的接线方式

PLC 外部电路的连接如图 1.30 所示，实现电动机的点动及连续运行所需的器件有起点按钮 SB1、停止按钮 SB2、交流接触器 KM1、热继电器 JR 等。

由图 1.30 可知，启动按钮 SB1 接于 I0.0，停止按钮 SB2 接于 I0.1，热继电器的常开触点 FR 接于 I0.2，交流接触器线圈 KM1 接于 Q0.0，这就是端子分配，其实质是为程序安排控制系统中的机内元件。为此在编程之前需明确 I/O 端子的分配情况，用 I/O 分配表表达，见表 1.7。

表 1.7　I/O 分配表

PLC 端口名称	连接的外部设备	功能说明
I0.0	启动按钮	启动或点动命令
I0.1	停止按钮	电动机停止命令
I0.2	热继电器常开	电动机过载保护
Q0.0	接触器线圈	控制电动机运转

■1.3　前 导 训 练■

1.3.1　电动机正/反转的 PLC 控制

1. 训练目的

1）练习梯形图的设计。

2）熟练应用 STEP 7-Micro/WIN 软件进行编程，并正确传输至 PLC。

3）练习用 S7-200 控制交流异步电动机正/反转，对电动机正/反转电路进行规范的接线并调试。

2. 训练器材

1）个人计算机（PC）一台。

2）S7-200 系列 PLC 一个。

3）PC/PPI 通信电缆一根。

4）继电控制装置实验板一块。

5）异步电动机一台。

6）导线若干。

3. 训练内容说明

吊车或某些生产机械的提升机构需要作左右、上下两个方向的运动，拖动它们的电动机必须能作正、反两个方向的旋转。由异步电动机的工作原理可知，要使电动机反向旋转，需对调三根电源线中的两根以改变定子电流的相序。因此实现电动机的正/反转需要两个接触器。电动机正/反转继电器控制电路如图 1.31 所示。

由图 1.31（a）可见，若正转接触器 KM1 主触点闭合，电动机正转；若 KM1 主触点断开而反转接触器 KM2 主触点闭合，电动机接通电源的三根线中有两根对调，因而反向旋转。不难看出，若正、反接触器主触点同时闭合，将造成电源二相短路。

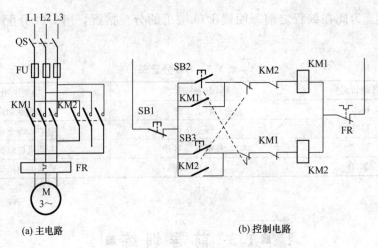

图 1.31   电动机正/反转继电器控制电路

用 PLC 控制电动机正/反转时控制电路中的接触器触点逻辑关系可用编程实现，从而使接线大为简化。用 PLC 实现电机动正/反转的接线图，主电路不变，控制电路如图 1.32 所示。

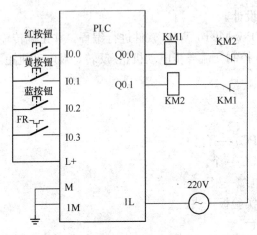

图 1.32   用 PLC 实现电动机正/反转的接线图（控制电路）

根据图 1.32 可写出 I/O 分配见表 1.8。

表 1.8   用 PLC 实现电动机正/反转的 I/O 分配

PLC 端口名称	连接的外部设备	功能说明
I0.0	红按钮	停止命令
I0.1	黄按钮	电动机正转命令
I0.2	蓝按钮	电动机反转命令
I0.3	热继电器常开触点	电动机过载保护
Q0.0	正转接触器	控制电动机正转
Q0.1	反转接触器	控制电动机反转

4. 训练步骤

1）根据 I/O 分配表，在 PC 中编写正确梯形图。
2）将程序传送至 PLC，先进行离线调试。
3）程序正确后，在断电状态下，按照图 1.31（a）、图 1.32 进行正确接线。
4）调试系统直至正确运转。

5. 编程过程

（1）单向自保持的程序控制
要实现电动机正/反转需先考虑如何进行单向自保持的程序控制。根据 I/O 分配表，使电动机正转自保持，需按下正转启动按钮（I0.1），并且当放开该按钮后输出能自保持，故并联自锁触点（Q0.0），再串联停止按钮（I0.0）常闭触点就能实现电动机的正转自保持控制，如图 1.33 所示。

（2）正/反转控制
将正转、反转自保持程序合并，再加上互锁保护环节就能实现正/反转控制，如图 1.34 所示。

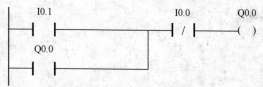

图 1.33　电动机自保持梯形图

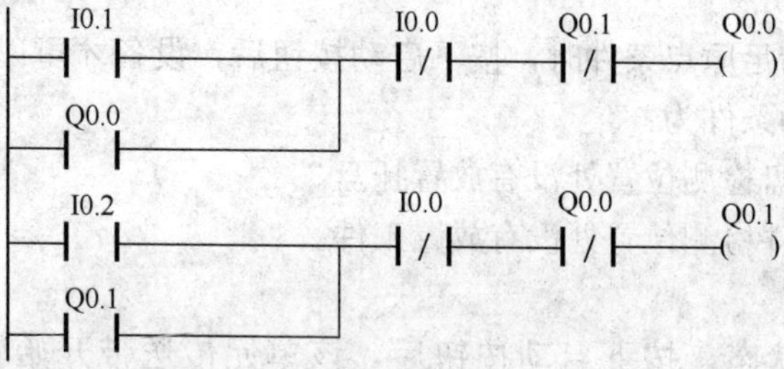

图 1.34　电动机正/反转梯形图

（3）完整的正/反转控制程序
根据继电电路完善互锁保护后就可完成 PLC 程序的编写，如图 1.35 所示。

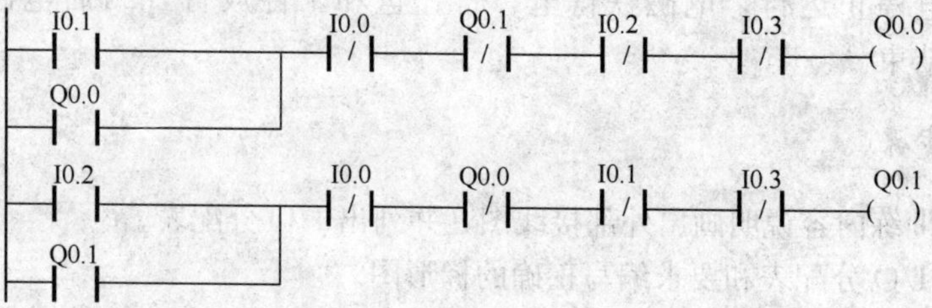

图 1.35　电动机双重互锁梯形图

1.3.2 落料单元托盘检测与放行

1. 训练目的

1）了解托盘检测与放行的原理。

2）掌握 CPU226CN AC/DC/RLY 的供电和接线。

3）熟悉 STEP 7-Micro/WIN 编程软件的使用。

4）掌握 S7-200 CPU 基本指令的应用。

5）熟悉传感器和电磁铁的工作原理。

2. 训练器材

1）个人计算机（PC）一台。

2）S7-200 系列 PLC 一个。

3）PC/PPI 通信电缆一根。

4）继电控制装置实验板一块及相关设备若干。

5）落料直流电动机一台。

6）传感器和电磁铁若干。

7）工件和托盘若干。

8）导线若干。

3. 训练内容说明

（1）启动原点

落料单元只有满足原点条件时，按下启动按钮后，设备才可以处于运行工作状态。
落料单元的原点启动条件为：

1）传送带上托盘检测位置处没有放置托盘。

2）传送带上工件检测位置处没有放置工件。

（2）工作原理

位于启动原点状态，按下启动按钮后，该单元传送带开始转动，运行（绿色）
指示灯点亮；当托盘运动到落料单元时，由限位电磁铁挡住托盘，禁止其继续行
动。该单元开始一个新的工作周期。此时传感器检测到有托盘到位，落料直流电动
机开始启动，带动拨销轮转动，使工件下落。当传感器检测到托盘上有工件时，落
料电动机断电停止运行，电磁铁得电，将托盘和工件放行，2s 后电磁铁失电，一
个工作周期结束。

4. 训练步骤

1）根据训练内容说明画出外部接线图，并列出 I/O 分配表。

2）依据 I/O 分配表和要求编写正确的梯形图。

3）将程序传送至 PLC，先进行离线调试。

4）程序正确后，在断电状态下，按照外部接线图进行正确接线。

5）调试系统直至正确运转。

■ 1.4　过 程 详 解 ■

1.4.1　I/O 端口分配

根据所用器件及控制要求，PLC 的 I/O 端口见表 1.9。

表 1.9　落料单元的 I/O 分配

序　号	名　　称	地　　址	设　　备
1	启动	I0.2	绿色按钮
2	停止	I0.3	红色按钮
3	复位	I0.4	黄色按钮
4	急停	I0.5	急停按钮
5	托盘检测	I1.0	传感器
6	工作检测	I1.1	传感器
7	运行	Q0.0	绿色指示灯
8	报警	Q0.1	红色指示灯
9	传送带电动机	Q1.0	继电器
10	落料电动机	Q1.1	继电器
11	限位电磁铁	Q1.2	电磁铁

1.4.2　梯形图的设计

1．"经验"编程法

通过前导训练后得出编程步骤如下：

1）在准确了解控制要求后，合理地为控制系统中的事件分配 I/O 端口。选择必要的机内器件，如定时器、计数器、辅助继电器。

2）对于一些控制要求较简单的输出，可直接写出它们的工作条件，依起-保-停电路模式完成相关的梯形图支路。工作条件稍复杂的可借助辅助继电器。

3）对于较复杂的控制要求，为了能用起-保-停电路模式绘出各输出口的梯形图，要正确分析控制要求，并确定组成总的控制要求的关键点。在空间类逻辑为主的控制中关键点为影响控制状态的点；在时间类逻辑为主的控制中，关键点为控制状态转换的时间。

4）将关键点用梯形图表达出来。关键点总是要用机内器件来代表的，在安排机内器件时需要考虑并安排好。绘关键点的梯形图时，可以使用常见的基本环节，如定时器计时环节、振荡环节、分频环节等。

5）在完成关键点梯形图的基础上，针对系统最终的输出进行梯形图的编绘。使用关键点综合出最终输出的控制要求。

6）审查以上草绘图样，在此基础上补充遗漏的功能，更正错误，进行最后的完善。

最后，"经验法"并无一定的章法可循。在设计过程中如发现初步的设计构想不能实现控制要求时，可换个角度试一试。

2. 编程

（1）初试状态及电源的指示

交/直流电源开关打开，电源指示灯亮，等待运行开始。由于电源开关具有自保持能力，因此不需要采用启-保-停电路模式，由外部电路实现，不占用 PLC 的 I/O 端口。

（2）传送带运行与指示

以启动按钮和停止按钮控制的传送带电动机及指示灯符合起-保-停电路模式，因此可以按该方式控制，梯形图如图 1.36 所示。

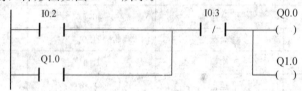

图 1.36　传送带与指示灯控制梯形图

（3）落料电动机与限位电磁铁

根据上述传感器工作方式可知，如托盘或工件在则传感器输出为"1"，否则为"0"，即传感器具备自保持能力。当托盘到位时落料电动机运行，而它的停止时间应在工件到位后；限位电磁铁则应在相应传感器为"1"时通电，当传感器为"0"时断电，因此梯形图如图 1.37 所示。

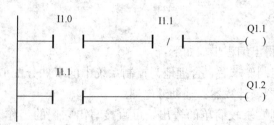

图 1.37　落料电动机与限位电磁铁运行梯形图

（4）报警

当落料电动机启动 30s 后，工件感知传感器仍未检测到工件时，报警灯亮，说明单元缺料，要求加工件，一旦工件感知传感器检测到有工件后报警灯灭。报警过程梯形图如图 1.38 所示。

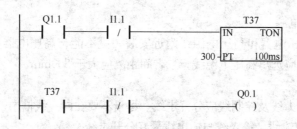

图 1.38 报警过程梯形图

（5）综合

经过以上步骤并综合调整后得出程序如图 1.39 所示。

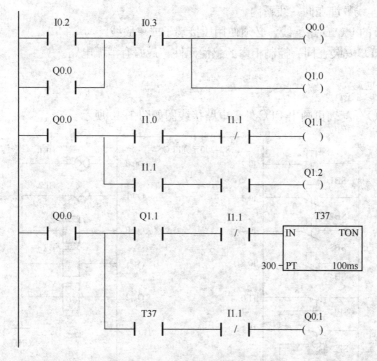

图 1.39 落料控制系统梯形图

1.4.3 控制电路的连接

1. 合理的安装与布线

（1）注意电源安装

在干扰较强或可靠性要求较高的场合，应该用带屏蔽层的隔离变压器对 PLC 系统供电，还可以在隔离变压器二次侧串接 LC 滤波电路。同时，在安装时还应注意以下问题：

1）隔离变压器与 PLC 和 I/O 电源之间最好采用双绞线连接，以抑制串模干扰。

2）系统的动力线应足够粗，以降低大容量设备启动时引起的线路压降。

3）PLC 输入电路用外接直流电源时，最好采用稳压电源，以保证正确的输入信号。否则可能使 PLC 接收到错误的信号。

（2）远离高压电源

PLC 不能在高压电器和高压电源线附近安装，更不能与高压电器安装在同一个控制柜内。在柜内 PLC 应远离高压电源线，二者间距离应大于 200mm。

（3）合理的布线

1）I/O 线、动力线及控制线应分开走线，尽量不要在同一线槽中。

2）交流线与直流线、输入线与输出线最好分开走线。

3）开关量与模拟量的 I/O 线最好分开走线；传送模拟量信号的 I/O 线最好用屏蔽线，且屏蔽线的屏蔽层应一端接地。

4）PLC 的基本单元与扩展单元之间电缆传送的信号小、频率高，很容易受干扰，不能与其他的连线敷埋在同一线槽内。

5）PLC 的 I/O 回路配线，必须使用压接端子或单股线。

6）与 PLC 安装在同一控制柜内的感性元件，最好有消弧电路。

2. 外部电路

根据 I/O 分配表可画出 PLC 外部电路接线图如图 1.40 所示。

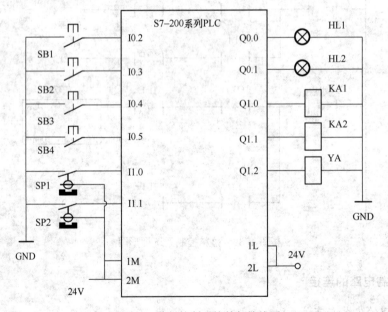

图 1.40　落料控制系统外部接线图

根据图 1.40 正确规范的连接外部电路（三线式传感器的接线原理在第 4 章说明）。

1.4.4　系统的调试

系统调试是生产设备在正式投入使用以前的必经步骤。

1. 调试前的准备工作

1）调试前必须了解各种电气设备和整个电气系统的功能，掌握调试的方法和步骤。

2）做好调试前的检查工作，包括：

① 根据电气原理图和电气安装接线图、电器布置图检查元件的位置是否正确，并检查其外观有无损坏；触点接触是否良好；配线是否符合要求；柜内柜外的接线是否正确可靠；电动机有无卡壳现象；各种操作、复位机构是否灵活；保护电器的整定值是否适合；各种指示和信号装置是否能按照要求发出指定信号等。

② 对电动机和连接导线进行绝缘电阻检查。如连接导线的绝缘电阻不小于 $7M\Omega$，电动机的绝缘电阻不小于 $0.5M\Omega$ 等。

3）检查各按钮、行程开关等电器元件是否处于原始位置。

2. 控制系统的调试

在调试前的准备工作完成之后方可进行试运行和调整工作。

（1）空操作试运行

断开主电路，接通电源开关，使控制电路空操作。检查控制电路的工作情况，如按钮对继电器、接触器是否有控制作用；自锁联锁的功能；PLC 输入/输出指示是否正常；限位开关的作用等。如有异常马上切断电源，检查原因。

（2）空载试运行

在第一步的基础上，接通主电路即可进行。首先需点动检查各电动机的转向及转速是否符合要求，调整好保护电器的整定值，检查指示信号和照明灯的完好性等。

（3）带负荷试运行

在第一、第二步通过之后，才可进行带负荷试运行。此时，在正常工作条件下，验证电气设备所有部件运行的正确性，特别是验证在电源中断和恢复时对人身和设备是否造成伤害以及损害程度等，并进一步观察机械动作和电器动作是否符合原始工艺要求；之后对各种电器元件的整定值做进一步调整。

（4）试运行的注意事项

1）通电时，先接通主电源，断电时顺序相反。

2）通电后，注意观察各种现象，随时做好停车准备，以防止意外事故发生。如有异常应立即停止运行，待查明原因后再继续进行。未查明事故原因不得强行送电。

3. 本单元控制系统的调试

1）编制完成梯形图后用实验箱进行程序调试。

2）本单元外部电路连接完毕后做好调试前准备工作。

3）接通交直流电源，检查电源及电源指示是否正常。

4）在各传感器部位放入相应部件，检查传感器信号是否正常。

5）以上各步完成并无发现异常后开始运行调试。在传送带左侧放置托盘、在落料桶中放入工件，然后按启动按钮，观察系统是否能正常工作。

6）运行调试过程中如发现断路器跳断或机械部件卡死，则需通知指导老师一起检查排除故障，其余问题自己检查排除。

7）如系统能按工艺要求完整的运行两个周期，则可以认为系统已设计、安装、调试完毕。

■ 1.5 技 能 提 高 ■

本节训练双水泵液位控制系统的设计、安装与调试。

1. 训练目的

1）熟练掌握外部电路和 I/O 分配表的设计。
2）熟练掌握梯形图的设计。
3）学习液位开关等低压电器的使用。
4）学习控制柜的规范安装并调试。

2. 训练器材

1）个人计算机（PC）一台。
2）S7-200 系列 PLC 一个。
3）RS-232/PPI 多主站电缆一根。
4）控制柜两台及相关电器若干。
5）小功率水泵两台。
6）导线若干。

3. 训练内容说明

系统工艺流程如图 1.41 所示。

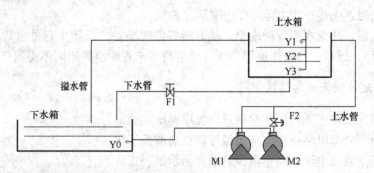

图 1.41　系统工艺流程

M1、M2——水泵；Y0～Y3——液位开关；F1——手阀；F2——电磁阀

当上水箱液位低于 Y3 时，M1、M2 同时工作，F2 打开。液位上升至 Y2 时，M2 停止，F2 关闭，M1 继续工作。液位上升至 Y1 时，M1 也停止。打开 F1 手阀使上水箱

放水，液位下降。当液位又低于 Y1 时 M1 启动工作，如 F1 开度较大下水量大于上水量，使液位继续下降至 Y2 时，M2 启动工作同时 F2 打开，使上水量大幅上升，保持液位。Y0 为下水箱缺水报警开关，当下水箱液位低于 Y0 时意味着水泵进水口缺水，此时应自动切断电源并报警。

4. 训练步骤

1）根据内容说明画出外部接线图及 I/O 分配表。
2）依据 I/O 分配表和要求编写正确梯形图。
3）将程序传送至 PLC，先进行离线调试。
4）程序正确后，进行控制柜及线路安装。
5）调试系统直至正确运转。

■1.6　知 识 拓 展■

1.6.1　工控网站介绍

随着网络的发展，我们的生活越来越离不开网络。在学习的过程中可以从网络中汲取丰富的知识与工作经验，也可以从网络中结识很多同行朋友，聊聊技术，聊聊“工控人”的生活，对今后的学习和工作将会有莫大的帮助。下面推荐一些相关网站供大家浏览。

域名：www.gongkong.net，是一家知名的工控类门户网站，旨在推动工业自动化产品在网上销售与展示，达到最大的资源共享，包括 PLC 中文网、变频器世界等子网站。

域名：www.gongkong.com，是中国工业控制及自动化领域权威咨询、资讯传媒网站，面向行业用户提供业内厂商、产品、技术、应用、商务、市场、培训、新闻动态等全方位资讯。

域名：www.gkong.com，是国内颇有影响力的工控类门户网站，提供了 PLC 技术、变频器、传感器以及嵌入式系统学习与交流的平台，并提供业内厂商、产品、商务、市场等资讯。

域名：www.plcjs.com，是目前国内唯一专门从事 PLC 技术研究的门户网站。它面向 PLC 初学者、PLC 高级工程师等，提供完整全面的技术资料，免费 PLC 技术讲座和网上培训。

域名：www.zidonghua.com.cn，是中国自动化行业强劲的门户网站，全面收录自动化行业的最新资讯，是自动化产品采购、销售、信息发布、技术交流和学习的平台。

域名：www. autocontrol. com. cn，介绍 PLC、自动控制、工业控制、仪器仪表、传感器、嵌入系统、现场总线、接口与通信、低压电器、组态软件、管控一体化等方面的内容。

1.6.2　SIMATIC S7-200 系列 PLC 系统手册

S7-200 的系统手册是在使用 PLC 前必读的技术资料，它包含以下内容：

1) 产品概述及安全注意事项。

2) 使用入门。

3) S7-200 的安装。

4) PLC 的基本概念。

5) 编程的概念、惯例及特点。

6) S7-200 指令集。

7) 通过网络进行通信。

8) 硬件故障诊断指导及软件调试工具。

9) S7-200 开环运动控制。

10) 创建调制解调模块程序。

11) 使用 USS 协议库。

12) 使用 MODBUS 协议库。

13) 使用配方。

14) 使用数据归档。

15) PID 自整定和 PID 整定控制面板。

以上内容涵盖了 PLC 的方方面面且通俗易懂，可通过相关网站查阅，作为知识的补充。

✎ 本章小结

本章以落料控制系统为切入点介绍了 SIMATIC S7-200 系列 PLC、STEP 7-Micro/WIN 编程软件、基本指令梯形图的编程规则以及几个典型的编程环节，介绍了利用经验法编制实际应用程序，并进行系统的安装与调试的方法。

1) S7-200 周而复始地执行应用程序，控制一个任务或过程。利用编程软件 STEP 7-Micro/WIN 可以创建一个用户程序并将它下载到 S7-200 中。STEP 7-Micro/WIN 提供了多种工具和特性用于完成和调试用户程序，其中编程方式有三种：梯形图（LAD）、语句表（STL）和功能块图（FBD）。它们之间尽管有一定限制，但是用任何一种方式编写的程序大多数都能用另外一种方式来浏览和编辑。

2) 梯形图程序是采用顺序信号和软元件地址号，在图形图像上作出顺序电路图的方法。这种方法用触点符号和线圈符号表示顺序电路，作为一种编程语言，绘制时应当有一定的规则。梯形图的各种符号，要以左母线为起点，线圈为终点从左向右分行绘出；触点应画在水平线上，不能画在垂直分支线上；不包含触点的分支应放在垂直方向；串联电路多的电路写在上方，并联电路多的电路写在左方；输出线圈、内部继电器线圈及运算处理框必须写在一行的最右端，它们的右边不许再有任何的触点存在。

3）常用典型环节应用十分广泛，是其他程序的基本单元。梯形图编程中有一些约定俗成的基本环节，它们都有一定的功能，可以像积木一样在许多地方应用。PLC 的编程，其根本点是找出符合控制要求的系统各个输出的工作条件，这些条件又总是以机内各种器件的逻辑关系出现的。梯形图的基本模式为启-保-停电路。"经验法"具有很强的实用性但并无一定的章法可循。在设计过程中如发现初步的设计构想不能实现控制要求时，可换个角度试一试。在准确了解控制要求后，合理地为控制系统中的事件分配输入输出口是编制程序的关键。

4）在安装时应合理布线，如 I/O 线、动力线及控制线应分开走线，尽量不要在同一线槽中；交流线与直流线、输入线与输出线最好分开走线；开关量与模拟量的 I/O 线最好分开走线，传送模拟量信号的 I/O 线最好用屏蔽线，且屏蔽线的屏蔽层应一端接地等。

5）调试时应先完成程序的调试，然后再系统调试。系统调试时应按照步骤逐步进行，如有异常应立即停止运行，待查明原因后再继续进行。未查明事故原因不得强行送电。

第 ② 章

■ 加盖控制系统的设计、安装与调试

■ 技能训练目标

1. 掌握周期往复工作控制要求的分析。
2. 熟练掌握顺序控制功能流程图（简称顺序控制流程图）的编制。
3. 熟练掌握用顺控指令构建梯形图。
4. 能按规范连接外部电路。
5. 能按规程调试控制电路。

■ 知识教学目标

1. 明确顺序控制编程法的作用。
2. 掌握编程组件S的特性。
3. 掌握SCR、SCRT、SCRE指令的含义。

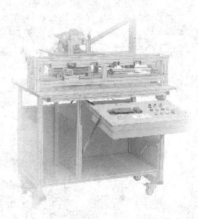

■ **2.1　项目任务说明** ■

2.1.1　工艺的描述

加盖单元是柔性生产线的第三个工作单元（见图 2.1），它的作用是给已经喷色并烘干后的工件加盖。

图 2.1　加盖单元的外形

工艺要求如下：传送带将托盘及工件送到加盖单元的托盘及工件检测位置，摆动臂上的电磁铁从支架上吸住盖子，然后摆动到工件一侧，将盖子放置在工件上。传感器检测到工件加上盖子后，传送带将托盘及已加盖工件送往顶销单元，一个周期完毕。

2.1.2　器件的组成

本单元由各种传感器件、执行器件、控制与显示器件组成其控制系统，各器件情况如下。

1）传感部分：托盘到位感知传感器（电感传感器），托盘到位后输出为"1"；

　　　　　　有无工件感知传感器（光电传感器），有工件时输出为"1"；

　　　　　　有无盖子感知传感器（光电传感器），有盖子时输出为"1"；

　　　　　　摆臂初始位置传感器（微动开关），摆臂在初始位置时输出为"1"；

　　　　　　摆臂加盖位置传感器（微动开关），摆臂在加盖位置时输出为"1"。

2）执行部分：传送带电动机（直流单向），单向运行带动托盘、工件前行；

　　　　　　摆臂电动机（直流双向），直流双向运行做吸盖、加盖工作；

　　　　　　吸盖电磁铁，吸合时吸附盖子；

　　　　　　限位电磁铁，吸合时放行托盘及工件。

3）控制部分：启动按钮、停止按钮、复位按钮、急停按钮；

交流电源（220V）、直流电源开关（24V）。

4）显示部分：运行显示（绿色指示灯）；

报警显示（红色指示灯）；

交流电源显示（红色指示灯）；

直流电源显示（红色指示灯）。

2.1.3 控制要求分析

通过对工艺要求及各部件工作状态的分析，得出如下控制要求。

1）初始状态：交、直流电源开关闭合；交、直流电源显示得电；摆臂初始位置开关闭合；其余各部件无信号。

2）运行状态：在以上初始状态下按启动按钮，传送带电动机运行，运行指示灯亮并等待托盘及工件到达；当托盘到位感知传感器与有无工件感知传感器为"1"时，吸盖电磁铁得电，2s 后摆臂电动机正转，至摆臂加盖位置开关为"1"，则摆臂电动机停止，1.5s 后吸盖电磁铁失电，再 1s 后摆臂电动机反转，同时限位电磁铁得电放行托盘及已加盖工件至下一单元；摆臂电动机反转至初始位置开关为"1"后停止，一个工作周期结束。此时，传送带电动机继续运行，运行指示灯仍亮，表示本单元处于工作状态。

3）停止运行：在以上运行状态下按停止按钮，则运行指示灯灭而停止指示灯亮；如系统处于运行周期内则继续运行，至一个周期结束后运行状态结束，传送带电动机停止，运行指示灯灭而停止指示灯亮。

4）报警状态：当摆臂做完加盖动作后，有无盖子感知传感器未检测到工件上有盖子时，则本站有报警情况发生，即该单元缺料，需要续加盖子。此时，报警指示灯亮，摆臂重复加盖动作直至有无盖子感知传感器检测到信号，则报警指示灯灭，运行周期进行下一步动作。

5）急停状态：在以上运行状态下按急停按钮，则整个系统停止运行，保持当前状态，并且运行指示灯以 1s 间隔闪烁；解除急停信号后，系统按停止前状态继续往下运行，运行指示灯恢复常亮。

6）复位控制：当电源开启后系统未处于初始状态时，按复位按钮则系统自动返回初始状态等待启动。

■ 2.2 基 础 知 识 ■

用梯形图或指令表方式编程虽然广为电气技术人员所接受，但对于一个复杂的控制系统，尤其是顺序控制程序，由于内部的联锁、互动关系极其复杂，其梯形图往往长达数百行，通常要由熟练的电气工程师才能编制出这样的程序。另外，如果在梯形图上不加上注释，则这种梯形图的可读性也会大大降低。

目前生产的 PLC 在梯形图语言之外加上了采用 IEC 标准的 SFC（sequential function chart）语言，用于编制复杂的顺控程序。利用这种先进的编程方法，初学者也很容易编出复杂的顺控程序。即便是熟练的电气工程师，用这种方法后也能大大提高工作效率。另外，这种方法也为调试、试运行带来许多方便。

SIMATIC S7-200 系列 PLC 在其指令集中设置了三条简单的步进顺控指令，同时辅以大量状态元件，就可以用 SFC 语言的状态转移图方式编程。

2.2.1　S 堆栈与顺序控制状态流程图

1. S 堆栈

装载 SCR 指令将 S 位的值装载到逻辑堆栈中，SCR 堆栈（即 S 堆栈）的结果值决定是否执行 SCR 程序段。SCR 堆栈的值会被复制到逻辑堆栈中，因此可以直接将盒形元件或者输出线圈连接到左侧的能流线上而不经过中间触点。图 2.2 给出了 S 堆栈和逻辑堆栈及执行 SCR 指令产生的影响。

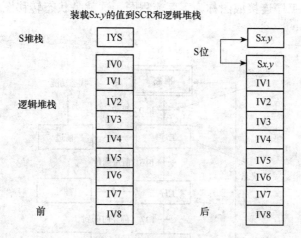

图 2.2　SCR 指令对逻辑堆栈的影响

2. 顺控流程图

在介绍顺控流程图（状态转移图）之前，先来讨论一个应用示例——斗车自动往返系统，该例控制要求如下：

一小车运行过程如图 2.3 所示，小车原位处于后端，压下后限位开关，当合上启动开关（I0.0）时，小车前进，当运行至压下前限位开关后，打开翻斗门，延时 8s 后小车向后运行，到后端时压下后限位开关，打开小车底门（停 6s），完成一次动作。假设斗车工作一个周期后，不会自行启动。

如果使用经验法进行程序设计则会存在以下一些问题：

1）工艺动作表达繁琐。

2）梯形图涉及的联锁关系较复杂，处理起来较麻烦。

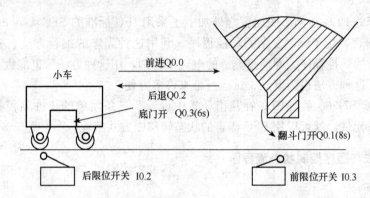

图 2.3   一小车工作过程示意图

3）梯形图可读性差，很难从梯形图看出具体控制工艺过程。

为此，人们一直寻求一种易于构思、易于理解的图形程序设计工具。它应有流程图的直观，又有利于复杂控制逻辑关系的分解与综合，这种图就是状态转移图。

依工作顺序将工序连接成图称为工序流程图，这就是状态转移图的原型，如图 2.4所示。

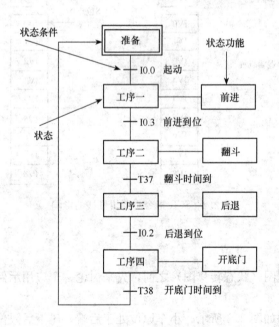

图 2.4   工序流程图

将图 2.4 中的"工序"更换为"状态"，就得到了状态转移图（见图 2.5），它是状态编程法的重要工具。状态编程的一般思想为：将一个复杂的控制过程分解为若干个工作状态，弄清各状态的工作细节（状态的功能、转移条件和转移方向），再依据总的控制顺序要求，将这些状态联系起来，形成状态转移图，进而编绘梯形图程序。

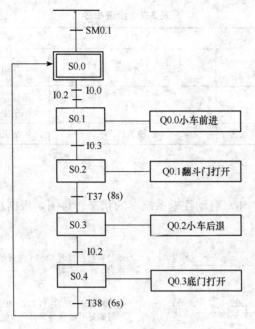

图 2.5　状态转移图

显而易见，图 2.4 及图 2.5 有以下特点：

1）将复杂的任务或过程分解成若干个工序（状态）。无论多么复杂的过程均能分化为小的工序，有利于程序的结构化设计。

2）相对某一个具体的工序来说，控制任务实现了简化，给局部程序的编制带来了方便。

3）整体程序是局部程序的综合，只要弄清各工序成立、转移的条件和转移的方向，就可进行这类图形的设计。

4）这种图很容易理解，可读性很强，能清晰地反映全部控制工艺过程。

2.2.2　步与步进指令

系统的工作过程可以分为若干个阶段，这些阶段称为"步"，"步"是控制过程中的一个特定状态。步又分为初始步和工作步，在每一步中要完成一个或多个特定的动作。初始步表示一个控制系统的初始状态，所以，一个控制系统必须有一个初始步，初始步可以没有具体要完成的动作。

S7-200 共有三条步进指令：SCR、SCRT、SCRE（见表 2.1）。

1. 指令功能说明

顺序步开始指令（SCR）：顺序控制继电器 S$x.y$ 为 1 时，该程序步执行。

顺序步转移指令（SCRT）：使能输入有效时，将本顺序步关闭，下顺序步打开。

顺序步结束指令（SCRE）：顺序步的处理程序在 SCR 和 SCRE 之间。

表 2.1   步进指令

LAD	STL	指令说明
S*_* ⊢[SCR]	LSCR n	步开始指令，执行该步
S*.* ——(SCRT)	SCRT n	步转移指令，使能输入有效时，将本顺序步关闭，下顺序步打开
⊢——(SCRE)	SCRE	步结束指令，为步结束标志

2. 步进指令示例

由上述应用示例"斗车自动往返系统"的状态转移图，根据步进指令功能可画出步进梯形图如图 2.6 所示。

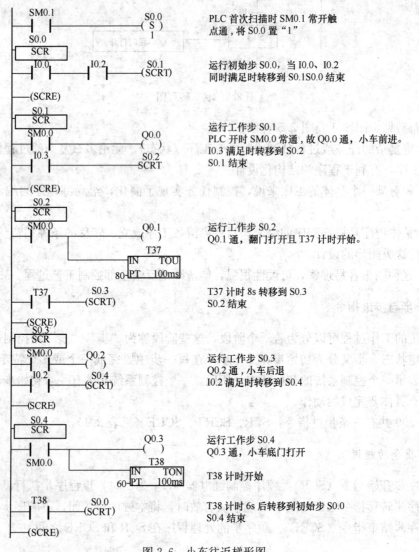

图 2.6   小车往返梯形图

步进指令应用注意事项：

1）不能把同一个 S 位用于不同程序中，如在主程序中用了 S0.1，则在各子程序中不能再使用它。

2）在 SCR 段之间不能使用 JMP、LBL 等指令，就是不允许跳入、跳出。但可以在 SCR 段附近使用跳转和标号指令或在段内跳转。

3）在 SCR 段中不能使用 END 指令。

4）步进编程时可采用 M 代替 S 编写梯形图，如用 M0.0 为初始步，M0.1 开始为工作步。在用 M 进行步进编程时应注意自锁环节。

2.2.3　分支状态转移图的处理

在步进顺序控制过程中，有时需要将同一控制条件转向多条支路，或把不同条件转向同一支路，或跳过某些工序、重复某些操作。以上这些称为多分支状态转移图。像这种多种工作顺序的状态流程图为分支、汇合流程图。根据转向分支流程的形式，可分为选择性分支与汇合流程图与并行分支与汇合流程图。

1. 选择性分支的处理

从多个流程顺序中选择执行哪一个流程，称为选择性分支。图 2.7 就是一个选择性分支的状态转移图。

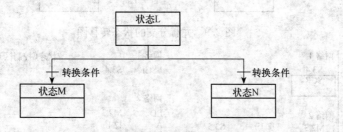

图 2.7　选择性分支的状态转移图

由图 2.7 可知，该状态转移图有两个流程顺序，分支状态为 L。

根据不同的转换条件，选择性分支状态会选择且只能选择执行其中的一个流程。即当满足不同转换条件时选择性的执行状态 M 或者状态 N。

选择性分支的条件转换梯形图及指令表如图 2.8 所示。

2. 并行分支的处理

可同时执行多个流程分支的分支流程称为并行分支，它同样有两个顺序，如图 2.9 所示。

一个顺序控制状态流程需要分成两个或多个不同分支流程时，所有分支控制流程必须同时激活，如图 2.9 所示。即当满足转换条件时，状态流 M 和状态流 N 同时被激活。并行分支梯形图及指令表如图 2.10 所示。

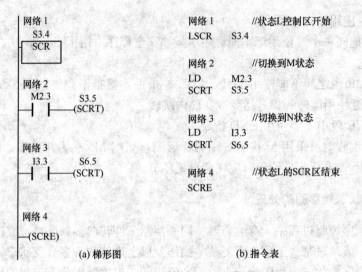

(a) 梯形图　　　　　　　　　　　(b) 指令表

图 2.8　选择性分支的条件转换梯形图及指令表

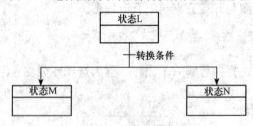

图 2.9　并行分支的状态转移图

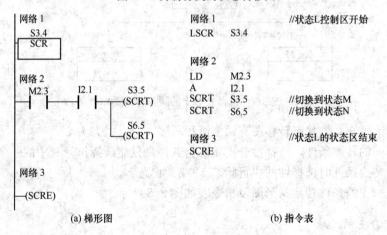

(a) 梯形图　　　　　　　　　　　(b) 指令表

图 2.10　并行分支图形图及指令表

3. 分支的汇合控制

与流程分支控制相类似，当多个状态流程需汇集成一个时称之为汇合。此时必须所有需汇合的控制流都已完成且转移条件满足，才能执行汇合后的那个状态，如图 2.11 所示。

当分支状态 L、M 都已完成且满足转换条件时，激活汇合状态 N。分支汇合的梯形图及指令表如图 2.12 所示。

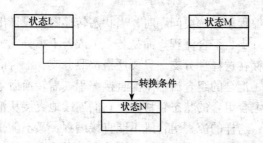

图 2.11　分支汇合的状态转移图

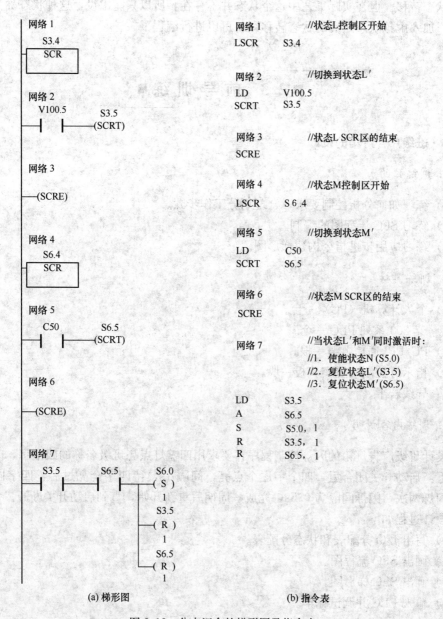

(a) 梯形图　　　　　　　　　　　　　　(b) 指令表

图 2.12　分支汇合的梯形图及指令表

另外在运用状态编程思想解决问题时，当状态转移图被设计出后，发现有些状态转移图不单单是某一种分支、汇合流程，而是若干个或若干类分支、汇合流程的组合，如并行分支、汇合中，存在选择性分支。只要严格按照分支、汇合的原则和方法，就能对其编程。但有些分支、汇合的组合流程不能直接编程，需转换后才能进行编程。

还有一些分支、汇合组合的状态转移图，它们连续地直接从汇合线移到下一个分支线，而没有中间状态。这样的流程组合既不能直接编程，又不能采用上述办法先转换后编程。这时需在汇合线到分支线之间插入一个状态，以改变直接从汇合线到下一个分支线的状态转移。但在实际工艺中这个状态并不存在，所以只能虚设，这种状态称为虚拟状态。加入虚拟状态之后的状态转移图就可以进行编程了。

■ 2.3　前 导 训 练 ■

2.3.1　班级广告灯箱的设计

1. 训练目的

1）练习如何分析控制要求，合理划分工作步骤。
2）练习 SFC 流程图的编制。
3）练习应用步进指令构建梯形图。

2. 训练器材

1）个人计算机（PC）一台。
2）S7-200 系列 PLC 一个。
3）PC/PPI 通信电缆一根。
4）指示灯控制装置实验板一块。
5）导线若干。

3. 训练内容说明

设计班级广告灯箱的闪烁控制程序，要求用四盏灯点亮班级名称的四个字，闪烁要求如下：启动开关闭合后，四个字逐个点亮，间隔 1s，待四字全亮过后，四字同时点亮并闪烁两次，闪烁间隔为 0.5s，完成一周期后重新开始，直到启动开关断开。

设计过程如下：
1）写出 I/O 分配表和状态分配表。
2）画出 SFC 流程图。
3）画出 SFC 梯形图。
4）输入 PLC 并调试完毕。

4. 训练步骤

1）I/O 分配表如下：

K1　　　　　　I0.0　　　　　启动、停止开关

HL1～HL4　Q0.0～Q0.3　点亮班级名称的四盏灯

2）状态分配表：

S0.0：初始状态；　　　　　　　　　S0.6：全灭一；

S0.1～S0.4：逐个点亮四个字；　　　S0.7：全亮二；

S0.5：全亮一；　　　　　　　　　　S0.8：全灭二。

3）SFC 流程图，如图 2.13 所示。

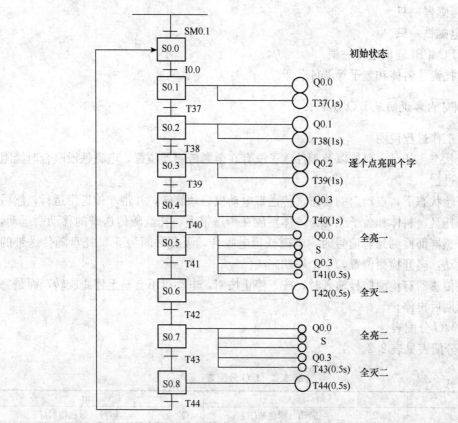

图 2.13　状态转移图

4）扩展思考：如果后字亮时前字不灭，如何编程？如果全亮闪烁五次，如何编程？

2.3.2　加盖单元托盘、料体与盖子的检测与放行系统设计

1. 训练目的

1）了解加盖单元托盘、料体与盖子的检测与放行的工作原理。

2）熟练掌握步进梯形图的设计。

3）练习应用实训模块进行模拟调试。

2. 训练器材

1）个人计算机一台。

2）PLC（CPU226）一个。

3）按钮两只。

4）转送电动机一台。

5）继电器一只。

6）指示灯两只。

7）急停开关一只。

8）传感器三只。

9）电磁铁一只。

10）PC/PPI 通信电缆一根。

11）托盘、料体和盖子等器件若干。

3. 训练内容说明及 I/O 分配表

（1）工作过程说明

初始状态：托盘、料体以及工件盖子没有在金属传感器位置，电磁铁没吸合时能阻挡托盘通过。

在初始状态下，点动启动按钮，传送带电动机启动旋转，并带动传送带运行，然后将托盘（托盘、料体和盖子三者为一体）放在传送带上，托盘随传送带的移动而运动，当三只传感器都检测到有信号时，电磁铁得电吸合，吸合时间为 5s，托盘随传送带的移动而运动，离开检测位置，一个周期完成。

如果传感器有检测信号输入时，按下停止按钮，电动机不会马上停止旋转，而是完成一个周期后再停止。

（2）I/O 分配表

I/O 分配表见表 2.2。

表 2.2　I/O 分配表

序　号	输　　入		输　　出	
1	I0.2	启动（绿色按钮）	Q0.0	运行（绿色指示灯）
2	I0.2	停止（红色按钮）	Q0.1	停止/报警（红色指示灯）
3	I0.4	复位（黄色按钮）	Q1.0	传送带电动机（继电器）
4	I0.5	急停（急停按钮）	Q1.4	限位电磁铁
5	I1.0	托盘到位感知传感器		
6	I1.1	有无工件感知传感器		
7	I1.2	有无盖子感知传感器		

4. 训练步骤

1）根据内容说明画出外部接线图及步进状态分配表。

2）依据分配表和控制要求画出状态转移图。

3）根据状态转移图编写正确梯形图。

4）将程序传送至 PLC，先进行离线调试。

5）程序正确后，在断电状态下，按照外部接线图进行正确接线。

6）调试系统直至正确运转。

■ 2.4 过 程 详 解 ■

2.4.1 I/O 端口分配

根据以上控制要求及输入输出器件的分布，I/O 分配表见表 2.3。

表 2.3 I/O 分配表

输 入				输 出			
控制部件		传感部分		执行部分		显示	
启动按钮	I0.0	托盘到位感知	I0.6	传送带电动机	Q0.0	报警指示灯	Q0.7
停止按钮	I0.1	有无工件感知	I0.7	摆臂电动机正转	Q0.1	运行指示灯	Q1.0
复位按钮	I0.2	有无盖子感知	I1.0	摆臂电动机反转	Q0.2		
急停开关	I0.3	摆臂初始位置	I1.1	吸盖电磁铁	Q0.3		
		摆臂加盖位置	I1.2	限位电磁铁	Q0.4		

2.4.2 状态转移图与梯形图的设计

1. 工序流程的分析

根据以上控制要求分析环节得出，本单元控制任务是比较典型的周期循环控制方式，且内部的联锁、互动关系复杂，因此采用 SFC 编程方式进行编程。下面用工序流程分析的方法对各控制要求逐个进行分析。

（1）初始状态

这是"准备"工序（S0.0），当交直流电源开关接通 PLC 得电后，即进入该工序。该工序控制任务是：交直流指示灯亮（后续工序一直保持，不再重复说明）；同时摆臂初始位置开关闭合。由于本单元不考虑复位控制，所以当该微动开关未闭合时可采用手动方式使其闭合，以达到初始状态的要求。初始状态梯形图如图 2.14 所示。

（2）运行状态

1）工序一（S0.1）。

条件：在准备工序时，如得到启动信号即进入工序一。启动信号不完全是启动按钮的信号，这个问题在停止状态时讨论。

任务：传送带电动机（Q0.0）运行，运行指示灯（Q1.0）亮。运送工件状态梯形图如图 2.15 所示。

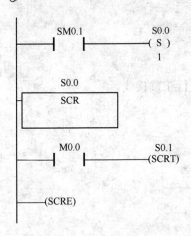

图 2.14　初始状态梯形图

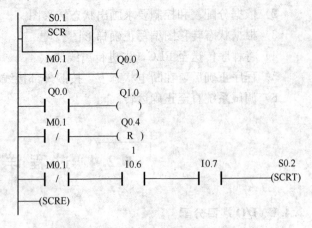

图 2.15　运送工件状态梯形图

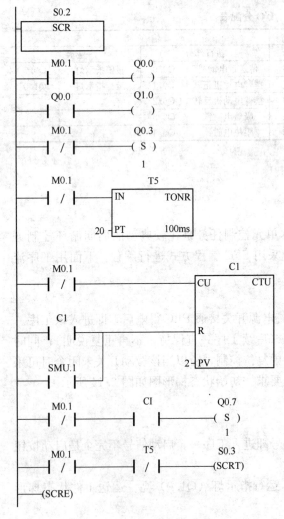

图 2.16　吸盖状态梯形图

2）工序二（S0.2）。

条件：托盘到位感知传感器为"1"且有无工件感知传感器为"1"，进入工序二。

任务：传送带电动机运行，运行指示灯亮；当计数器 C1 为"2"时即满足报警条件，报警指示灯（Q0.7）亮，C1 采取自复位和初始复位；吸盖电磁铁（Q0.3）通电。吸盖状态梯形图如图 2.16 所示。

3）工序三（S0.3）。

条件：进入工序二 2s 后即进入工序三。

任务：传送带电动机运行，运行指示灯亮；吸盖电磁铁得电；摆臂电动机正转（Q0.1）。摆臂状态梯形图如图 2.17 所示。

4）工序四（S0.4）。

条件：摆臂加盖位置传感器为"1"且有无盖子感知传感器为"1"即进入工序四。

任务：传送带电动机运行，运行指示灯亮；吸盖电磁铁得电；摆臂电动机停止。工件加盖状态梯形图如图 2.18 所示。

5）工序五（S0.5）。

条件：进入工序四 1.5s 后即进入工序五。

任务：传送带电动机运行，运行指示灯亮；吸盖电磁铁失电。工件入盖状态梯形图如图 2.19 所示。

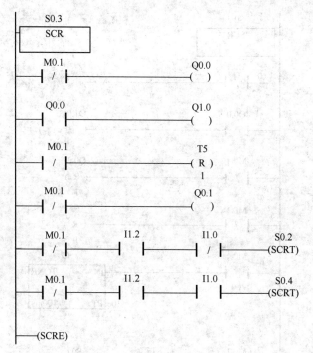

图 2.17　摆臂状态梯形图

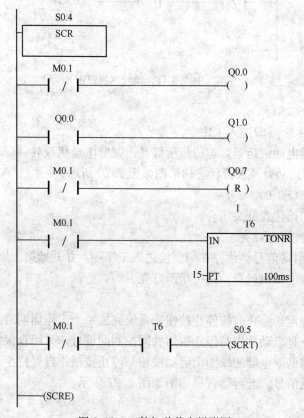

图 2.18　工件加盖状态梯形图

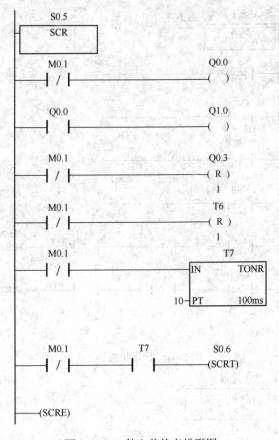

图 2.19　工件入盖状态梯形图

6）工序六（S0.6）。

条件：上工序 1s 后即进入工序六。

任务：传送带电动机运行，运行指示灯亮；摆臂电动机反转（Q0.2），限位电磁铁（Q0.4）得电放行。回臂及放行状态梯形图如图 2.20 所示。

7）准备工序（S0.0）。

条件：摆臂初始位置开关闭合。

任务：交/直流指示灯亮。

8）如果此时启动信号继续存在则直接进入工序一，并开始第二周期。

任务：传送带电动机运行，运行指示灯亮。

（3）停止运行

控制要求中规定：停止时按停止按钮，系统完成一个工作周期后停止。因此上面所述"启动信号"应是启动按钮与停止按钮共同控制的信号，采用自保持控制方式，用辅助继电器完成。辅助继电器的线圈由启动按钮与停止按钮作自保持控制，而其常开触点即成为系统的启动信号。起行运行梯形图如图 2.21 所示。

（4）报警状态

控制要求中规定：当摆臂做完加盖动作后，摆臂加盖传感器未检测到工件上有盖

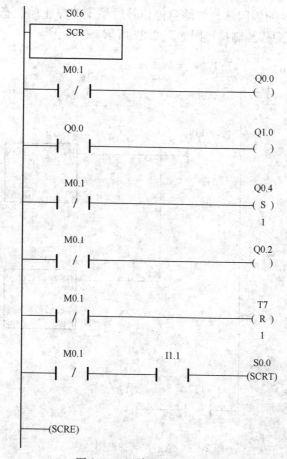

图 2.20 回臂及放行状态梯形图

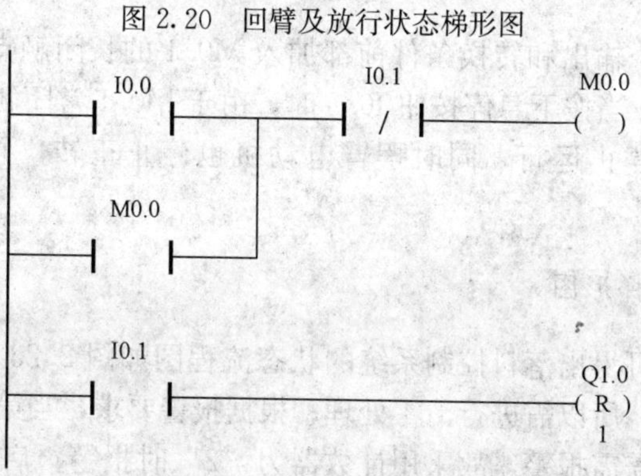

图 2.21 启停运行梯形图

子时，则本站有报警情况发生，即该单元缺料，需要续加盖子。此时（计数器 C1 为 2 时）报警指示灯亮，摆臂重复加盖动作直至摆臂加盖传感器检测到信号，则报警指示灯灭运行周期进行下一步动作。

梯形图如图 2.16 和图 2.18 所示。

（5）急停状态

控制要求中规定：在以上运行状态下按急停按钮，则整个系统停止运行，保持当前状态且运行指示灯以 1s 间隔闪烁；解除急停信号后系统按停止前状态继续往下运行，运行指示灯恢复常亮。急停控制梯形图如图 2.22 所示。

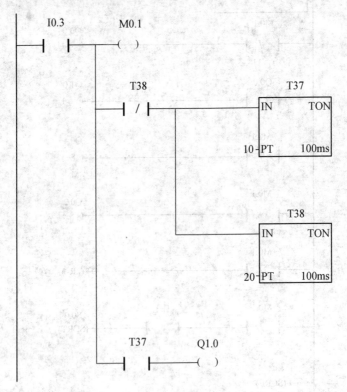

图 2.22　急停控制梯形图

急停状态是在每个输出和转换条件前都加入 M0.1 的长闭触点，如图 2.15 梯形图中的 M0.1 长闭触点。当按下急停按钮 I0.3 时，由于 M0.1 常闭触点断使 Q0.0 输出停止，即传送带电动机停止运行，同时摆臂电动机也停止正转，并使得转移条件不再满足。

2. 状态流程图与梯形图

根据以上分析，可得出落料控制系统的状态流程图如图 2.23 所示。由于采用了记忆型通电延时定时器，所以需进行清零处理；根据报警要求，当第一次吸盖摆臂后未检测到盖子，即认为缺盖需报警，故采用计数器为"2"时报警；启停和急停控制程序在本流程之外。落料控制系统的梯形图可由图 2.14～图 2.22 合并而成。

2.4.3　控制电路的连接

根据控制要求和 I/O 分配表，可画出 PLC 外部电路如图 2.24 所示。

2.4.4　系统的调试

对于采用 SFC 编程方式编制的程序，程序调试的主要任务是检查程序的运行是否

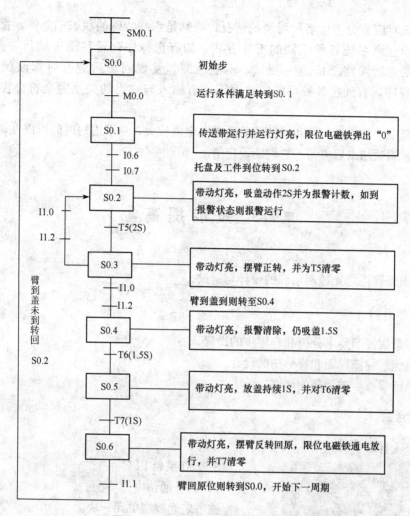

图 2.23　落料控制系统的状态流程图

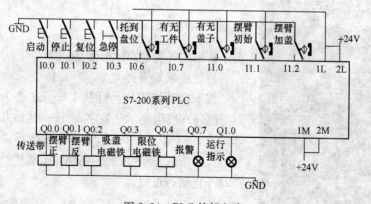

图 2.24　PLC 外部电路

符合顺序控制流程图的规定，即在某一转换条件实现时，是否发生步的正确转移，该转移后的前级步是否变为不活动步，以及各步所带负载是否被正常驱动等。

在调试时应充分考虑各种可能的情况，特别是那些特殊的状态如急停、报警状态等。同时应注意系统各种不同的工作方式，如有选择序列转移图中的每一条支路，各种可能的进展线路都应逐一测试，不能遗漏。发现问题后应及时修改梯形图和 PLC 中的程序，直到在各种可能的情况下所有输入与输出的关系完全符合控制要求为止。

如果程序中某些定时器和计数器的要求设定值较大，为了缩短时间可以在调试时将它们减小，调试结束后再写入它们的设定值。

■ 2.5 技 能 提 高 ■

本节训练铁塔之光控制系统的设计与调试。

1. 训练目的

1) 练掌握控制要求分析和程序步的设置。
2) 熟练掌握流程图和梯形图的设计。
3) 熟练掌握步进程序的调试。

2. 训练器材

1) 个人计算机（PC）一台。

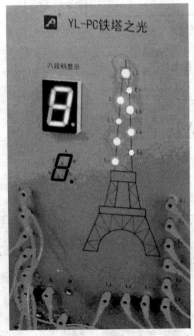

图 2.25 铁塔之光控制单元外形

2) S7-200 系列 PLC 一个。
3) PC/PPI 通信电缆一根。
4) 铁塔之光控制单元一块。
5) 导线若干。

3. 训练内容说明

铁塔之光控制单元外形如图 2.25 所示。

控制要求如下：

按下启动按钮后，灯从 L1～L9 逐个点亮，间隔 2s，期间八段码显示从数字 1～9。然后九个灯全灭闪烁三次，间隔 2s；闪烁时八段码显示"一""二""三"。完毕后停 3s 重复。在整个过程中按停止按钮可随时停止运行过程。

4. 训练步骤

1) 根据控制要求写出 I/O 分配表和状态分配表。
2) 依据分配表编写正确流程图和梯形图。

3）依据 I/O 分配表画出 PLC 外部电路。

4）正确连接并调试程序。

■ 2.6 知 识 拓 展 ■

2.6.1 立体式自动化停车库系统简述

随着社会的发展，人们的生活水平有了极大的提高，现代交通工具——家庭式轿车也逐渐进入千家万户，但受到土地的限制，停车场数量非常有限，这就需要设计出一种既不大量占用土地又可以提高停车数量的车库。立体式自动化停车库就可以提高土地利用率及空间利用率，做到在有限的土地上可以停放更多的车辆，并配备完善的安全装置及其运作系统，实现存取车的快捷，整体效果优良。该设备还可根据客户的场地及需要，实现二～四层的多车位设计。由于升降横移类停车设备规模可大可小，对场地的适应性较强，就可以最少的投资获取最具价值的回报。

（1）车库的特点

1）模块化设计，车位数从几个到上百个均可采用。可以在地面及地下停车场使用，也可设计成半地下形式，使用形式灵活，造价较低。

2）充分利用空间，可数倍提高停车数量。

3）系列化、标准化设计，结构合理，多种保护装置，安全可靠。

4）布局灵活，组合方便，可采用多种形式，形成大型停车场。

5）适应性强，地上、地下均可建造，可建造 2～6 层，可多种单元组合，既有单列式，又有重列式。

6）电动钢索（或链条）式升降驱动系统，运行平衡可靠。

7）操作方式采用类似电子储物柜的存取方式，（即存车时按存车按钮打印凭条，取车时把凭条的信息扫入系统取车）。

8）广泛适用于办公写字楼、居民集中住宅区等处地下室的车辆停放，可充分利用地下室的有效空间高度和柱间距宽度来布置停车位。

9）多层升降横移式停车设备，可以创造多层停车位，就同类型设备而言，空间利用率最高。

10）直接于地面空地架设，布置较为简单，工期施工短。

11）整体设计与楼面容为一体，美观大方。

12）安全系数大，系统具有以下安全保护装置：防坠落装置、紧急停止按钮、光电检测开关、离车保护、断电保护、超长报警装置等。

（2）系统各元件的介绍

1）PLC（S7-226＋EM223-32入/32出）：本系统采用的 S7-200 系列 PLC 是 SMI-ATIC S7 家族中的小型可编程序控制器，适用于各行各业、各种应用场合中的检测、监测及控制的自动化。S7-200 将高性能与小体积集成一体，运行快速，并且提供了丰富的通信选项，具有极高的性能/价格比。S7-200 的系统的硬件、软件都易于使用，S7-200 系统坚持一贯的模块化设计，不但能够经济地满足目前的项目要求，也为将来扩展提供了开放的接口。由于本系统输入和输出点众多，故采用数字量扩展模块 EM223（6ES7-223-1BM22），它具有 32 输入接点和 32 输出接点，能完全满足需要。

2）变频器（三菱 FR-E540-0.4K-CH）：它具有小型、高性能，功率范围在 0.4～7.5kW（三相 380V FR-E540 系列），采用磁通矢量控制，实现 1Hz 运行 150％转矩输出，15 段速度等多功能选择，内置独立 RS485 通信口，柔性 PWM，实现更低噪声运行。

3）条码打印机（Intermec PC41）：它具有独特的双层贝壳式结构，使标签和色带的装载和更换极为便利。体积小巧，结构坚固，功能强大，价格低廉，可靠性高，处理速度和打印输出速度快，打印机械速度甚至提高到 102mm/s。

4）条码扫描器（Intermec PULS 1800VT）：它是 Intermec 公司综合 CCD 和激光扫描技术的优点而开发的新产品，具有 CCD 技术的可靠性、安全性和激光技术的长距离、高亮度，是新一代的环保型产品。它具有模糊逻辑功能，可识读残损受污的条码。其高亮度的特性，使其可在暗室或日光下正常工作。它还具有人性化的结构造型，快捷的专用解码芯片，强化电缆模块的专利设计，通用性的接口设计，低功耗节能机芯，现场的软件设置和 Firmware 升级等。

5）传感器（BEN5M-MDT）：它是一种测距的光电传感器，具有测距远（最远可达到 5m），采用反射镜反射的检测方式，DC 12～24V 供电，NPN/PNP 同时输出，遮光 ON/入光 ON 选择。

6）TGS 减速电动机：采用德国技术进行模块化设计，于减速机、电动机、刹车器集成机电一体化组合使用，配置美国托林顿轴承，日本或德国原装电磁刹车器、减速机齿轮组，按照欧洲技术采用优质低碳合金钢制造，各项指标符合技术要求。TGS 专用减速机与国外进口专用减速机对比，优势是电机连续工作制，提升重量大，刹车扭矩大。

7）行程开关（YKXX1-111（T））：又称限位开关，可以安装在相对静止的物体（如固定架、门框等，简称静物）上或者运动的物体（如行车、门等，简称动物）上。当动物接近静物时，开关的连杆驱动开关的接点引起闭合的接点分断或者断开的接点闭合。由开关接点开、合状态的改变去控制电路和机构的动作。适用于操动机构交流电压 380V、直流 220V，发热电流为 5A 的控制电路中。

8）转换开关（YKXH28）：具有体积小、结构紧凑、功能齐全、操作灵活可靠、外形美观等优点，该开关产品结构设计，材料选用于传统开关有着较大差别，具有很高的技术含量，可与国外最先进的蓝系列开关相媲美，对于提高成套设备的可靠性及产品档次有着重要的意义。主要用于交流 50Hz，额定电压至 380V 及以下，直流额定电压至 220V 及以下的电路中作接通、分段和转换电路之用，也可直接控制小容量电动机和作主令控制之用。

9）按钮（YKXY6）：主要用于交流 50～60Hz 工作电压至 380V 和直流工作电压至 220V 的控制电路中，作控制、信号、联锁之用。

2.6.2 立体式自动化停车库系统的控制方案

升降横移立体停车库以停放轿车为主,其代价较昂贵,而且立体停车库使用时涉及到人身和车辆的安全,所以对设备的安全性和可靠性要求非常高。PLC 采用了以计算机为核心的通用自动控制装置,集微机技术、自动化技术、通信技术为一体,可靠性强、性价比高、设计紧凑、扩展性好、操作方便,适用于频繁启动和恶劣的环境,因此在立体停车库控制系统中通常采用 PLC 作为电控系统的核心。

作为网络底层的现场总线技术以其简单的结构,在控制系统的设计、安装、运行、维护上体现出极大的优越性,因此本文采用 Profibus-FMS 和 Profibus-DP 构成两层控制网络。Profibus-FMS 主要完成中等传输速度的循环和非循环通信任务,通常用于 PLC 与 PC、PLC 与 PLC 之间的互相通信。而底层网络则选择了 Profibus-DP,这主要因为 Profibus-DP 是经过优化的高速通信联接,用于设备级分散 I/O 之间的通信,构成获得最短总体循环时间的单主站系统。

同时,本系统以上位机作为监控机,利用上位机的数据通信手段,数据处理能力和图形显示、多媒体技术,通过现场总线,实时接收和处理下位机 PLC 从现场采集的各种状态、控制、报警信号,并利用这些信号驱动 PC 控制界面中的各种图形,实时显示现场的各种状况,在操作员和停车库之间构造出形象、直观的界面,对操作运行和故障给出提示、报警等。

2.6.3 立体式自动化停车库系统的工作原理及过程

升降横移类机械停车库利用托盘移位产生垂直通道,实现高层车位升降存取车辆。其车位结构为二维矩阵形式,可设计为多层和多列。由于受收链装置及进出车时间的限制,一般为二~四层(国家规定最高为四层),二层、三层者居多,现以典型的地上 3×3 升降横移式为例,说明停车库的运行原理。其外观如图 2.26 如下:

图 2.26 升降横移式自动化停车库外观

整个系统共有一个电控柜,一个存取车操作系统,另设一个按钮站,操作及维护简单,安全可靠性高。电气控制系统的主电路供电为三相四线制 AC 380V,控制回路用单相 220V 供电，信号电路由 PLC 本身提供 DC 24V 供电。在确保各设备都正常的情况下。接通电源，电源指示灯亮。该设备有以下几种工作情况：①手动运行：将电控柜的"自动-停止-手动"选择开关扳到"手动"位置时，手动指示灯亮，即可在电控柜面板上选择相应的手动按钮及动作升降横移选择开关进行操作；②自动运行：将电控柜的"自动-停止-手动"选择开关扳到"自动"位置，"自动运行"指示灯亮，即可按下存车按钮，此时条码打印机通过 PLC 传来的指示打印条码，然后把条码上的车位移出以存车。最后可凭此条码，在条码扫描器上把信息传到 PLC 中去，经过 PLC 的处理，就可把相应的车位移出，车主取车，这样便实现了自动存取车。③正常停止：将电控柜"自动-停止-手动"转换开关扳到"停止"位置时，设备恢复到原位正常停止，关闭电控柜电源开关，停止设备。还有以下几种保护功能：④断电保护：当设备突然断电，恢复供电后，系统能按断电前的动作继续工作下去。⑤车子超长保护：当遇到车子过长时，将会报警提示，直到解除报警后，车位才回到原位等待下一辆车的到来。⑥急停保护：当发生特殊情况或故障需紧急停机时，按下急停按钮开关，设备瞬时停止。当排除故障，将急停按钮复位，设备将按照停止前的状态继续运行下去，直到按停止按钮才恢复到原位正常停止。⑦离车保护：当驾驶员离车后走出黄色警戒线，车位才开始运转。

系统的运行由 PLC 内的预置程序来控制，用电动机的正/反转来控制车位的上下左右移动，由变频器的正/反转及输出停止来控制电动机移动和急停，存车由条码打印机来打出凭条，取车则把该凭条用条码扫描器扫进 PLC，实现存取车的自动化。最后完成时 PLC、上位机、Profibus 总线、变频器、条码打印机、条码扫描器电动机、转换开关、按钮站、电控柜、光电传感器、限位开关、车位和车库的安装及接线。

系统结构如图 2.27 所示。

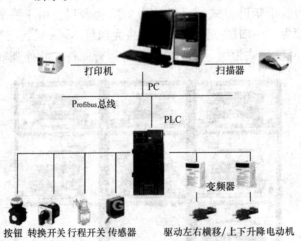

图 2.27   升降横移式自动化停车库控制系统结构

2.6.4 立体式自动化停车库系统的设计

（1）I/O 分配表

系统输入分配表见表 2.4。

表 2.4　立体式自动化停车库系统输入分配表

序　号	输入地址	说　明	序　号	输入地址	说　明
1	I0.0	存车按钮	24	I2.7	101 左限位开关
2	I0.1	停止	25	I3.0	101 下限位开关
3	I0.2	自动	26	I3.1	102 左限位开关
4	I0.3	手动	27	I3.2	102 右限位开关
5	I0.4	急停	28	I3.3	102 下限位开关
6	I0.5	车位上升	29	I3.4	103 右限位开关
7	I0.6	车位下降	30	I3.5	103 下限位开关
8	I0.7	车位左移	31	I3.6	201 上限位开关
9	I1.0	车位右移	32	I3.7	201 下限位开关
10	I1.1	101 车位按钮	33	I4.0	202 上限位开关
11	I1.2	201 车位按钮	34	I4.1	202 下限位开关
12	I1.3	202 车位按钮	35	I4.2	203 上限位开关
13	I1.4	203 车位按钮	36	I4.3	203 下限位开关
14	I1.5	301 车位按钮	37	I4.4	301 上限位开关
15	I1.6	302 车位按钮	38	I4.5	302 上限位开关
16	I1.7	303 车位按钮	39	I4.6	303 上限位开关
17	I2.0	101 车位光电传感器	40	I4.7	101 位置的测长传感器
18	I2.1	201 车位光电传感器	41	I5.0	102 位置的测长传感器
19	I2.2	202 车位光电传感器	42	I5.1	103 位置的测长传感器
20	I2.3	203 车位光电传感器	43	I5.2	101 位置离车检测传感器
21	I2.4	301 车位光电传感器	44	I5.3	102 位置离车检测传感器
22	I2.5	302 车位光电传感器	45	I5.4	103 位置离车检测传感器
23	I2.6	303 车位光电传感器			

立体式自动化停车库系统输出分配表见表 2.5。

表 2.5　立体式自动化停车库系统输出分配表

序　号	输出地址	说　明	序　号	输出地址	说　明
1	Q0.0	停止指示灯	16	Q1.7	202 车位右移
2	Q0.1	自动运行指示灯	17	Q2.0	203 车位左移
3	Q0.2	手动运行指示灯	18	Q2.1	203 车位右移
4	Q0.3	上升指示灯	19	Q2.2	201 车位上升
5	Q0.4	下降指示灯	20	Q2.3	201 车位下降
6	Q0.5	左移指示灯	21	Q2.4	202 车位上升
7	Q0.6	右移指示灯	22	Q2.5	202 车位下降
8	Q0.7	提示离车报警	23	Q2.6	203 车位上升
9	Q1.0	提示离车报警指示灯	24	Q2.7	203 车位下降
10	Q1.1	车身过长报警	25	Q3.0	301 车位上升
11	Q1.2	101 车位左移	26	Q3.1	301 车位下降
12	Q1.3	101 车位右移	27	Q3.2	302 车位上升
13	Q1.4	201 车位左移	28	Q3.3	302 车位下降
14	Q1.5	201 车位右移	29	Q3.4	303 车位上升
15	Q1.6	202 车位左移	30	Q3.5	303 车位下降

（2）梯形图

由于此系统工程量大，所以只给出手动操作的部分梯形图，如图 2.28 所示。

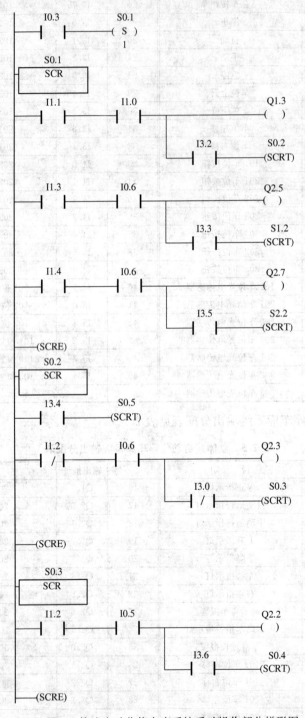

图 2.28　立体式自动化停车库系统手动操作部分梯形图

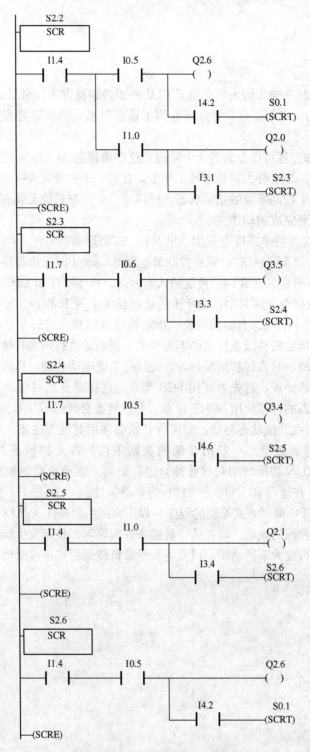

图 2.28　立体式自动化停车库系统手动操作部分梯形图（续）

本章小结

本章以加盖控制系统为切入点介绍了 PLC 的步进编程方法（SFC 语言），借助案例描述了 SFC 语言的优点与要点，并逐步介绍了该控制系统的编程过程及步进程序的调试方法。

1）系统的工作过程可以分为若干个阶段，这些阶段称为"步"，"步"是控制过程中的一个特定状态。步又分为初始步和工作步，在每一步中要完成一个或多个特定的动作。初始步表示一个控制系统的初始状态，所以，一个控制系统必须有一个初始步，初始步可以没有具体要完成的动作。

2）S7-200 共有三条步进指令 SCR、SCRT、SCRE。

① 顺序步开始指令（SCR）：顺序控制继电器 S$x.y$=1 时，该程序步执行。

② 顺序步转移指令（SCRT）：使能输入有效时，将本顺序步关闭，下顺序步打开。

③ 顺序步结束指令（SCRE）：顺序步的处理程序在 SCR 和 SCRE 之间。

3）状态转移图中的状态有驱动负载、指定转移目标和指定转移条件三个要素。其中指定转移目标和指定转移图条件是必不可少的，而驱动负载则视具体情况，也可能不进行实际的负载驱动。状态转移图编程时，先进行负载驱动处理，然后进行状态转移处理。负载驱动及转移处理，首先要使用 SCR 指令，这样保证负载驱动和状态转移均是在该步中进行。状态的转移使用 SCRT 指令，并且状态必须以 SCRE 指令结束。

4）初始状态可由其他状态驱动，但运行开始必须用其他方法预先作好驱动，否则状态流程不可能向下进行。一般用系统的初始条件，若无初始条件，可用 SM0.1（PLC 从 STOP→RUN 切换时的初始脉冲）进行驱动。驱动负载时如无其他条件，可采用 SM0.0（PLC 在运行 RUN 时为"1"）为驱动条件。

5）对于采用 SFC 编程方式编制的程序，程序调试的主要任务是检查程序的运行是否符合顺序控制流程图的规定，即在某一转换条件实现时，是否发生步的正确转移，该转移后的前级步是否变为不活动步，以及各步所带负载是否被正常驱动等。

第 3 章

顶销控制系统的设计、安装与调试

技能训练目标

1. 掌握功能指令的应用方法。
2. 掌握复杂程序的编制方法。
3. 掌握PLC程序的调试方法。

知识教学目标

1. 了解功能指令的表达方式。
2. 了解PLC程序的质量标准。
3. 了解PLC程序的组成结构。

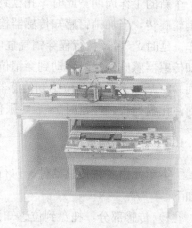

■ 3.1 项目任务说明 ■

3.1.1 工艺的描述

顶销单元是柔性生产线的第四个工作单元（见图 3.1），它的作用是给已经加盖后的工件顶入销钉。

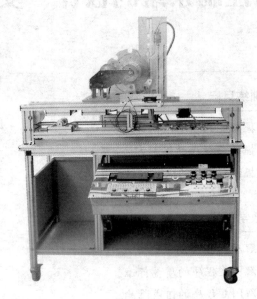

图 3.1 顶销单元外形结构

工艺要求如下：当顶销单元位于运行原点，按下启动按钮后，该单元传送带开始转动，运行指示灯点亮。当托盘及工件运动到工位时，限位气缸阻止其前行，该单元开始一个新的工作周期。此时，托盘到位感知传感器检测到有托盘到位，电动机启动带动拨销轮旋转，当加销钉感知传感器检测到拨销轮上的定位金属时，电动机断电，拨销轮停车。延时 2s 后，长行程穿销气缸电磁阀通电前伸，将销钉顶入工件中。当穿销到位感知传感器感应到气缸运动到穿销位时，销钉被顶入工件内，然后穿销气缸电磁阀断电缩回。2s 后，若销钉到位感知传感器检测到工件中有销钉时，限位气缸电磁阀通电缩回，允许托盘通行，经延时 2s 后，限位气缸电磁阀断电伸出，一个工作周期结束。

3.1.2 器件的组成

本单元由各种传感器件、执行器件、控制与显示器件组成其控制系统，各器件情况如下。

1）传感部分：托盘到位感知传感器，托盘到位后输出为"1"；

加销钉感知传感器，拨销轮上的销钉到位为"1"；

销钉到位感知传感器，工件中有销钉时为"1"；

穿销初始位感知传感器，长行程直线气缸缩回为"1"；

穿销到位感知传感器，长行程直线气缸伸出为"1"；

限位气缸阻挡位感知传感器，限位气缸电磁阀断电伸出为"1"；

限位气缸放行位感知传感器，限位气缸电磁阀通电缩回为"1"。

2）执行部分：传送带电动机（直流单向），单向运行带动托盘、工件前行；

加销钉电动机（直流单向），单向运行带动拨销轮单向转动；

穿销气缸电磁阀，通电时长行程直线气缸伸出，断电时缩回；

限位气缸电磁阀，通电时限位气缸缩回，断电时伸出。

3）控制部分：启动按钮、停止按钮、复位按钮、急停按钮；

交流电源开关（220V）、直流电源开关（24V）。

4）显示部分：运行显示（绿色指示灯）；

报警显示（红色指示灯）；

交流电源显示（红色指示灯）；

直流电源显示（红色指示灯）。

3.1.3　控制要求分析

通过对工艺要求及各部件工作状态的分析，得出如下控制要求。

1）初始状态：传送带上托盘检测位置处没有放置托盘；长行程穿销气缸处于未穿销位；限位气缸处于阻挡位。

2）运行：在以上初始状态下按启动按钮，传送带电动机运行，运行指示灯亮并等待托盘及工件到达；当托盘到位感知传感器为"1"时，加销钉电动机运行并带动拨销轮旋转；当加销钉感知传感器为"1"时，加销钉电动机断电，拨销轮停车。延时 2s 后，穿销气缸电磁阀通电，使长行程穿销气缸前伸，将销钉顶入工件中；当穿销到位感知传感器为"1"时，穿销气缸电磁阀断电使长行程穿销气缸缩回。2s 后，若销钉到位感知传感器为"1"时，限位气缸电磁阀通电缩回，允许托盘通行，经延时 2s 后，限位气缸电磁阀断电伸出，一个工作周期结束。

3）停止：在以上运行状态下按停止按钮，如系统处于运行周期内则继续运行，至一个周期结束后运行状态结束，传送带电动机停止，运行指示灯灭。

4）报警：若长行程穿销气缸做完四次顶销动作后，销钉到位感知传感器仍未检测到工件中有销钉时，说明该单元有报警情况发生，即该站缺料需要续加销钉；此时报警灯点亮，长行程穿销气缸电磁阀重复通、断电做穿销动作，直至该站续加销钉后，销钉到位感知传感器检测工件中有销钉后穿销动作停止。

5）急停：在以上运行状态下按急停按钮，则整个系统停止运行，保持当前状态，并且运行指示灯以 1s 间隔闪烁；解除急停信号后，系统按停止前状态继续往下运行，运行指示灯恢复常亮。

6）复位控制：当电源开启后系统未处于初始状态时，按复位按钮，则系统自动返回初始状态等待启动。

■ 3.2　基　础　知　识 ■

第 1 章介绍的位逻辑指令、定时器与计数器指令是 PLC 最基本和最常用的指令，功能指令又称应用指令，一般是指上述指令之外的指令，如第 2 章介绍的顺序控制指令。功能指令的数量很多，而且与所使用机型有关，不同类型的 PLC 其功能指令差别很大。

功能指令可以分为两类，一类属于最基本的数据操作，如数据和数据块的传送、数据的比较、移位、循环移位、数学运算和逻辑运算等，这类指令与第 1 章中数字的表示方法有很大的关系。如果学过别的计算机语言（如汇编语言），这类指令是比较容易理解的。另一类功能指令与子程序、中断、高速计数、位置控制、闭环控制和通信等 PLC 的高级应用有关，涉及到相应的专业知识，可能需要阅读有关的书籍或教材才能正确地理解和使用它们。

功能指令的使用涉及到很多细节问题，例如每个操作数允许的存储器区、寻址方式和数据类型、受影响的特殊存储器位、该指令支持的 CPU 型号、执行时出错的条件等。在编程时要想了解指令的详细信息，可以查阅 S7-200 的系统手册。在编程软件的指令树或程序编辑区中选中某条指令，按 F1 键可以得到该指令详细的使用方法。

初学者首先应学好第 1 章的基本指令和第 2 章顺序控制控制系统的设计方法。在学习功能指令时，应重点了解指令的基本功能和有关的基本概念，而不是指令的细节，与其他计算机编程语言一样，应通过读程序、编程序和调试程序来学习指令。仅仅阅读和背诵指令有关的信息，是无法掌握指令的使用方法的。

熟练掌握基本逻辑指令、顺序步进指令后，再掌握功能指令，编起程序来就能得心应手。

3.2.1　功能指令概述

1. 使能输入与使能输出

梯形图中用方框表示某些指令，在 SIMATIC 指令系统中将这些方框称为“盒子”（box），在 IEC 61131-3 指令系统中将他们称为“功能块”。功能块的输入端均在左边，输出端均在右边。梯形图中有一条提供“能流”的左侧垂直电源线，图 3.2 中 I2.4 的常开触点接通时，能流流到功能块 SQRT（求实数平方根）的使能输入端 EN（enable in），指令被执行。如果执行时无错误，则通过使能输出端 ENO（enable output）将能流传递给下一个元件。

ENO 作为下一个功能块的 EN 输入，可以将几个功能块串联在一行中（见图 3.2），只有前一个功能块被正确执行，后面的功能块才能被执行。EN 和 ENO 的操作数均为能流，其数据类型为 BOOL（布尔）型。

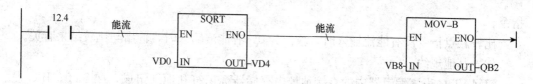

图 3.2　EN 和 ENO

在 RUN 模式用程序状态功能监视程序的运行情况，令输入量 VD0 的值为负数，当 I2.4 为 ON 时，可以看到有能流流入 SQRT 指令的 EN 输入端。因为被开方数为负数，指令执行失败，SQRT 指令框变为红色，没有能流从它的 ENO 输出端流出。

语句表（STL）中没有 EN 输入，执行 STL 指令的条件是堆栈的栈顶值为 1。与梯形图中的 ENO 相对应，语句表用 ENO 位来产生与功能块的 ENO 相同的效果，可以用 AENO（AndENO）指令存取 ENO 位。

用编程软件可以将图 3.2 中的梯形图转换为下面的语句表：

```
LD      I2.4
SQRT    VD0，VD4
AENO
MOVB    VB8，QB2
```

如果删除其中的 AENO 指令，再将语句表转换为梯形图，图 3.2 中的两个功能块将由串联变为并联。

与功能块的并联相比，功能块的串联使梯形图程序更加紧凑。串联结构还能在指令出错时及时停止执行后续的指令，防止错误的蔓延和扩大。

2. 梯形图中的网络与指令

（1）网络

在梯形图中，程序被划分为成为网络（network）的独立的段，编程软件按顺序自动地给网络编号，一个网络中只能有一块独立电路，有时一条指令（如 SCRE）也算一个网络。如果一个网络中有两块独立电路，在编译时将会显示"无效网络或网络太复杂无法编译"。

STL 程序可以不使用网络，但是只有将没有语法错误的 STL 程序正确地划分为网络，才能将 STL 程序转换为梯形图程序。

（2）与能流有关的规则

能流只能从左往右流动，网络中不能有短路、开路和反方向的能流。

必须有能流输入才能执行的功能块或线圈指令称为条件输入指令，它们不能直接连接到左侧垂直"电源线"上。如果需要无条件地执行这些指令，如跳转指令 JMP，可以用接在左侧"电源线"上一直闭合的 SM0.0 的常开触点来驱动它们。

有的线圈或功能块的执行与能流无关，如标号指令 LBL 和顺序控制指令 SCR 等，称为无条件输入指令，应将它们直接接在左侧电源线上。

不能级连的指令块没有 ENO 输出端和能流流出，LBL、SCR 和 TON 等属于这类指令。

比较触点指令没有能流输入时，输出为 0，有能流输入时，输出与比较结果有关。

（3）其他规约

SIMATIC 程序编辑器中的直接地址由存储器标识符和地址组成，如 I0.0。IEC 程序编辑器％表示直接地址，如％I0.0。

可以用数字和字母组成的符号来代替存储器的地址，符号地址便于记忆，使程序更容易理解。程序编译后下载到 PLC 时，所有的符号地址被转换为绝对地址。

全局符号名被编程软件自动加双引号，如"INPUT1"，符号"♯INPUT1"中的"♯"号表示该符号是局部变量，生成新的编程元件时出现的红色问号"?? . ?"或"????"表示需要输入的地址或数值。

梯形图中的"→"是一个开路符号，或需要能流连接；"→|"表示输出是一个可选的能流，用于指令的级联；符号"＞＞"表示可以使用能流。

3.2.2　常用的功能指令

1. 条件结束指令与停止指令

条件结束指令 END（见表 3.1）的作用是根据前面的逻辑关系终止当前的扫描周期，只能在主程序中使用条件结束指令。

表 3.1　程序控制指令

梯形图	语句表	描述	梯形图	语句表	描述
END STOP	END STOP	程序的条件结束 切换到 stop 模式	— RET	CALL n（N1，…） CRET	调用子程序 从子程序条件返回
JMP LBL	JMP n LBL n	跳到定义的标号 定义跳转的标号	FOR NEXT	FOR INDX，INIT， FINALNEXT	循环 循环结束
WDR	WDR	看门狗复位	DIAG _ LED	DLED	诊断 LED

停止指令 STOP 的作用是 PLC 从运行（RUN）模式进入停止（STOP）模式，立即终止程序的执行。如果在中断程序中执行停止指令，中断程序立即终止，并忽略全部等待执行的中断，继续执行主程序的剩余部分，在主程序的结束处，完成从运行方式至停止方式的转换。

2. 监控定时器复位指令

监控定时器又称看门狗（watchdog），它的定时时间为 500ms，每次扫描它都被操作系统自动复位一次，正常工作时扫描周期小于 500ms，它不起作用。

由于用户程序很长、执行中断程序的时间较长、循环指令的循环次数过大等原因，扫描周期可能大于 500ms，监控定时器会停止执行用户程序。

为了防止在正常情况下监控定时器动作，可以将监控定时器（WDR）指令插入到程序中适当的地方，使监控定时器复位。带数字量输出的扩展模块也有一个监控定时器，在使用 WDR 指令时，应对每个扩展模块的某一个输出字节使用立即写（BIW）指令来复位扩展模块的监控定时器。

3. 循环指令

在需要重复执行若干次同样的任务时，可以使用循环指令。FOR 语句表示循环开始，NEXT 语句表示循环结束，并将堆栈的栈顶值设为 1。驱动 FOR 指令的逻辑条件满足时，反复执行 FOR 与 NEXT 之间的指令。在 FOR 指令中，需要设置指针 INDX（或称为当前循环次数计数器）、起始值 INIT 和结束值 FINAL，它们的数据类型均为整数。

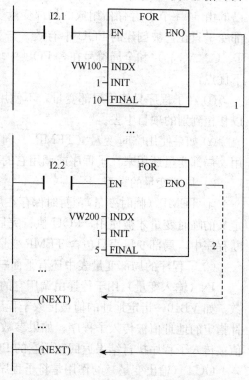

假设 INIT 等于 1，FINAL 等于 10，将会循环执行 10 次 FOR 与 NEXT 之间的指令。从 INIT 的值开始，每循环一次，INDX 的值加 1，并将运算结果与 FINAL 相比较。如果 INDX 的值大于 FINAL，则循环终止；如果指令中的 INIT 大于 FINAL，则不执行循环。

FOR 指令必须与 NEXT 指令配套使用，并允许循环嵌套，即 FOR/NEXT 循环可以在另一个 FOR/NEXT 循环之中，最多可以嵌套 8 层，图 3.3 中的 I2.1 接通时，执行 10 次标有 1 的外层循环，I2.1 和 I2.2 同时接通时，每执行一次外层循环，要执行 5 次标有 2 的内层循环。

图 3.3　循环指令

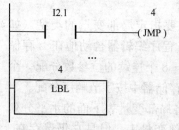

图 3.4　跳转与标号指令

4. 跳转与标号指令

图 3.4 中 JMP 线圈通电时，跳转条件满足，跳转指令 JMP（jump）使程序流程转到对应的标号 LBL（label）处，标号指令用来指示跳转指令的目的位置。JMP 与 LBL 指令中的操作数为常数 0～255，JMP 和对应的 LBL 指令必须在同一程序块中。图 3.4 中 I2.1 的常开触点闭合时，程序流程将跳动标号 LBL4 处。

JMP 指令与对应的 LBL 指令之间的区域称为跳转区，在跳转期间因为没有执行跳转区内的指令，线圈匹跳转区内的位元件的 ON/OFF 状态保持不变。如果跳转开始时跳转区内的定时器正在定时，100ms 的定时器将停止定时，当前值保持不变，跳转结束后继续定时；但是 1ms 定时器和 10ms 定时器将继续定时，定时时间到时，它们的定时器位变为 ON，并且可以在跳转区外起作用。

5. 局部变量表与子程序

（1）局部变量表

1）局部变量与全局变量。在 SIMSTIC 符号表或 IEC 的全局变量表中定义的变量为全局变量。程序中的每个程序组织单元（program organizational unit，POU）均有自己的由 64 字节 L 存储器组成的局部变量表。它们用来定义有使用范围限制的变量，局部变量只在它被创建的 POU 中有效，与之相反，全局变量（I、Q、AI、AQ、M、V、T、C、AC 等）和全局符号在各 POU 中均有效，只能在符号表中定义。局部变量有以下优点：

① 在子程序只使用局部变量，不使用全局变量或全局符号，子程序不需修改就可以移植到别的项目中去。

② 如果使用临时变量（TEMP），同一片物理存储器可以在不同的程序中重复使用。局部变量还用来在子程序或调用它的程序之间传递输入参数和输出参数。

2）局部变量的类型。

① TEMP（临时变量）：暂时保存在局部数据区中的变量。只有在执行该 POU 时，定义的临时变量才被使用，POU 执行完后，不再使用临时变量的数值。在主程序或中断程序中，局部变量表只包含 TEMP 变量。

② 子程序的局部变量表中还有下面三种变量：

IN（输入变量）用于传递由调用它的 POU 提供的输入参数。如果是直接寻址的参数，如 VB10，指定地址的值被传入子程序；如果是间接寻址的参数，如 * AC1，用指针指定的地址值被传入子程序；如果参数是常数或地址（如 &VB100），常数或地址的值被传入子程序执行结果返回调用它的 POU。

OUT（输出变量）的作用是将子程序的执行结果返回给调用它的 POU。

IN_OUT（输入/输出变量）的初始值由调用它的 POU 提供，用同一个地址将子程序的执行结果返回给调用它的 POU。

常数和地址不能作子程序的输出变量和输入/输出变量。

3）局部变量的赋值。在局部变量表中赋值时，只需要指定局部变量的类型（如 TEMP）和数据类型（如 BOOL），不用指定存储器地址：程序编辑器自动地在 L 存储区中为所有局部变量指定存储器位置，起始地址为 L0，1~8 个连续的位参数分配一个字节，不足 8 位也占一个字节。字节、字和双字值在局部存储器中按字节顺序分配。

4）在局部变量表中增加和删除变量。在编程软件中将局部变量表下面的水平分列的条拉至程序编辑器的顶部（见图 3.5），则不再显示局部变量表，但是它仍然存在。将分列条下拉，将显示局部变量表。

右键单击局部变量表中的某一行（该行的局部变量类型应与要插入的局部变量类型相同），在弹出的菜单中执行"插入"→"行"命令，即可在所选择的行的上部插入新的行。执行菜单命令"插入"→"下一行"指令，即可在所选择的行的下部插入新的行。

鼠标单击局部变量表最左边的地址列，选中某一行，该行变为黑色，再按删除键就可以删除该行。

（2）子程序的编写与调用

S7-200CPU 的控制程序由主程序 OB1、子程序和中断程序组成。STEP 7-Micro/WIN 在程序编辑器窗口里为每个 POU（程序组织单元）提供一个独立的页。主程序总是第 1 页，生成项目时，将自动生成一个子程序和一个中断程序。

各个 POU 在编辑器窗口里被分页放置，编程软件在编译时将无条件结束指令或无条件返回指令自动加入 POU 结束之处，用户程序只能使用条件结束指令 END 和条件返回指令 CRET。

1）子程序的作用：子程序常用于需要多次反复执行相同任务的地方，这时只需要写一次子程序，可以多次调用它，而无需重写该程序。子程序的调用是有条件的，满足调用条件时，每个扫描周期都要执行一次被调用的子程序。未调用它时不会执行子程序中的指令，因此使用子程序可以减少扫描时间。

使用子程序可以将程序分成容易管理的小块，使程序结构简单清晰，易于查错和维护。

子程序的局部变量只在该子程序中使用，不会与别的 POU 发生地址冲突，将子程序移植到别的项目时不用修改局部变量的地址。为了减少移植子程序时修改地址的工作量，应尽量避免在子程序中使用全局符号和全局变量。

同一编程元件的线圈可以在不同时调用的子程序中分别出现一次。

2）创建子程序：在"编辑"菜单中执行命令"插入"→"子程序"；或在程序编辑器视窗中单击鼠标右键，从弹出的菜单中执行命令"插入"→"子程序"，将会生成新的子程序。用鼠标右键单击指令树中的子程序或中断程序的图标，在弹出的菜单中选择"重新命名"，可以修改它们的名称。

调用带参数的子程序时需要设置调用的参数，参数在子程序的局部变量表中定义，最多可以传递 16 个参数，参数的变量名最多 23 个字符。

名为"模拟量计算"的子程序如图 3.5 所示。在该子程序的局部变量表中，定义了名为"转换值"、"系数 1"和"系数 2"的输入（IN）变量，名为"模拟值"的输出（OUT）变量和名为"暂存 1"的临时（TEMP）变量。局部变量表最左边的一列是自动分配的每个参数在局部存储器（L）中的地址。

3）子程序的调用：可以在主程序、其他子程序或中断用子程序，调用子程序时将执行子程序的全部指令，直至子程序结束，然后返回调它的程序中该子程序调用指令的下一条指令处。

一个项目中最多可以创建 64 个子程序，子程序可以嵌套调用（在子程序中调用别的子程序），最大嵌套深度为 8。在中断服务程序中调用的子程序不能再调用别的子程序。

创建上述的子程序后，STEP 7-Micro/WIN 在指令树最下面的"调用子例行程序"文件夹中自动生成刚创建的子程序"模拟量计算"的图标（见图 3.5）。在子程序的局部变量表中为该子程序定义参数后，将生成客户化调用指令块，指令块自动包含了子程序的输入参数和输出参数（见图 3.6）。

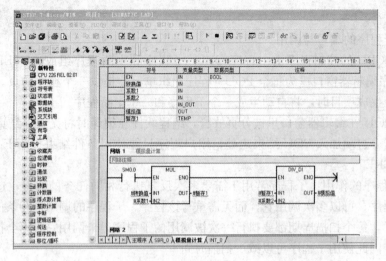

图 3.5　局部变量表与模拟量计算子程序

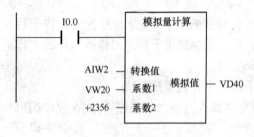

图 3.6　主程序调用子程序

在梯形图中调用子程序，首先打开程序编辑器中需要调用子程序的 POU，找到准备放置子程序的地方。双击打开指令树最下面的"调用子例行程序"文件夹，将需要调用的子程序图标从指令树"拖"到程序编辑器中希望的位置，放开左键，子程序块便被放置在该位置。也可以将矩形光标置于程序编辑器中需要放置该子程序的地方，然后双击指令树中要调用的子程序图标，子程序指令块将会自动地出现在光标所在的位置。

如果用语句表编程，子程序调用指令的格式为

CALL　子程序号，参数 1，参数 2，…，参数 n　$n = 0 \sim 16$

图 3.6 中的梯形图对应的语句表程序为

LD　　I0.0

CALL　模拟量计算，AIW2，VW20，+2356，VD40

在语句表中调用带参数的子程序时，参数必须按一定的顺序排列，输入参数在最前面，其次是输入/输出参数，最后是输出参数。子程序调用指令中的有效操作数为存储器地址、常量、全局符号和调用指令所在的 POU 中的局部变量，不能指定被调用子程序中的局部变量。

在调用子程序时，CPU 保存当前的逻辑堆栈，将栈顶值置为 1，堆栈中的其他值清零，控制转移至被调用的子程序，子程序执行完后，用调用时保存的数据恢复堆栈，返回调用程序。子程序和调用程序共用累加器，不会因为使用子程序自动保存或恢复累加器。

调用子程序时，输入参数被复制到子程序的局部存储区，子程序执行完后，从局部存储器区复制输出参数到指定的输出参数地址。

如果在使用子程序调用指令后修改子程序中的局部变量表，调用指令将变为无效。必须删除无效调用，并用能反映正确参数的新的调用指令代替。

局部变量作为参数向子程序传递时，在该子程序的局部变量中指定的数据类型必须与调用它的 POU 中的数据类型值匹配。如在上面的例子中，主程序 OBI 调用子程序"模拟量计算"，在该子程序的局部变量表中，定义了一个名为"系数 1"的局部变量作为输入参数。在 OBI 调用该子程序时，"系数 1"被指定为 VW20，VW20 的数值被传入"系数 1"。

停止调用子程序时，线圈在子程序内的位元件的 ON/OFF 状态保持不变。如果在停止调用时子程序中的定时器正在定时，100ms 定时器将停止定时，当前值保持不变，重新调用时继续定时；但是 1ms 定时器和 10ms 定时器将继续定时，定时时间到时，它们的定时器位变为 ON，并且可以在子程序之外起作用。

6. 比较指令

比较指令用来比较两个数 IN1 与 IN2 的大小（见表 3.2），在梯形图中，比较指令用触点的形式表示，满足比较关系式给出的条件时，触点接通（见图 3.7）。在语句表中，满足条件时，将堆栈的栈顶置 1。

表 3.2 比较指令

触点类型	字节比较	整数比较	双字整数比较	实数比较	字符串比较
起始的比较触点	LDBx IN1，IN2	LDWx IN1，IN2	LDDx IN1，IN2	LDRx IN1，IN2	LDSx IN1，IN2
串联的比较触点	ABx IN1，IN2	AWx IN1，IN2	ADx IN1，IN2	ARx IN1，IN2	ASx IN1，IN2
并联的比较触点	OBx IN1，IN2	OWx IN1，IN2	ODx IN1，IN2	ORx IN1，IN2	OSx IN1，IN2

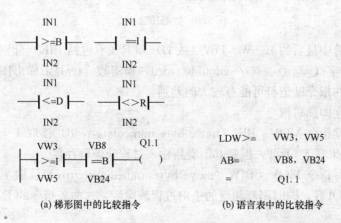

(a) 梯形图中的比较指令　　　　(b) 语言表中的比较指令

图 3.7　比较指令

表 3.2 的指令中的 LD、A、O 分别表示电路中的起始比较触点、并联比较触点和串联比较触点。表 3.2 及图 3.7 中的 B、I、D、R、S 分别表示对字节、字、双字、实数和字

符串进行比较。字符串比较指令中的"x"可以取"＝"和"＜＞"，比较两个字符串的 ASCII 码值是否相等或不相等；其他比较指令中的"x"，可以取"＜"、"＜＝"、"＝"、"＞＝"、"＞"和"＜＞"。

字节比较指令用来比较两个无符号数字节的大小；整数、双字和实数比较指令用来比较有符号数的大小，如 16♯7FFF＞16♯8000（后者为负数）。

7. 数据传送指令

（1）字节、字、双字和实数的传送

数据传送指令（见表 3.3 和图 3.8）将输入（IN）的数据传送到输出（OUT），传送过程不改变数据的原始值。

表 3.3   数据传送指令

梯 形 图	语 句 表	描 述	梯 形 图	语 句 表	描 述
MOV _ B	MOVB IN, OUT	传送字节	MOV _ BIW	BIW IN, OUT	字节立即写
MOV _ W	MOVW IN, OUT	传送字	BLKMOV _ B	BMB IN, OUT	传送字节块
MOV _ DW	MOVD IN, OUT	传送双字	BLKMOV _ W	BMW IN, OUT	传送字块
MOV _ R	MOVR IN, OUT	传送实数	BLKMOV _ D	BMD IN, OUT	传送双字块
MOV _ BIR	BIR IN, OUT	字节立即读	SWAP	SWAP IN, OUT	字节交换

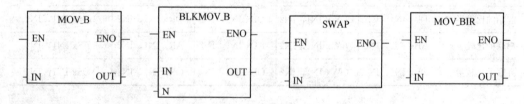

图 3.8   数据传送指令

指令助记符中最后的 B、W、DW（或 D）和 R（不包括 BIR）分别表示操作数为字节（Byte）、字（word）、双字（double word）和实数（real），梯形图中的指令助记符与语句表中的指令助记符可能有较大的差别。

（2）字节立即读写指令

字节立即读指令 MOV _ BIR（move byte immediate read）读取 1 个字节的物理输入 IN，并将结果写入 OUT，但是并不刷新输入过程映像寄存器。

字节立即写指令 MOV _ BIW（move byte immediate write）读取 1 个字节的数值写入物理输出 OUT，同时刷新相应的输出过程映像区，这两条指令的 IN 和 OUT 都是字节变量。

（3）字节、字、双字的块传送指令

块传送指令将从地址 IN 开始的 N 个数据传送到从地址 OUT 开始的 N 个单元，$N=1\sim255$，N 为字节变量。以快传送指令"BMB VB20，VB100，4"为例，执行后 VB20～VB23 中的数据被传送到 VB100～VB103 中。

（4）字节交换指令

字节交换指令 SWAP（swap bytes）用来交换输入字 IN 的高字节与低字节。

8. 加减乘除指令

在梯形图（见图 3.9）中，整数、双整数与浮点数的加减乘除指令（见表 3.4）分别执行下列运算：

IN1＋IN2＝OUT, IN1－IN2＝OUT, IN1 * IN2＝OUT, IN1/IN2＝OUT

表 3.4　加减乘除指令

梯形图	语句表		描述	梯形图	语句表		描述
ADD_I	+I	IN1, OUT	整数加法	DIV_DI	/D	IN1, OUT	双整数除法
SUB_I	−I	IN1, OUT	整数减法	ADD_R	+R	IN1, OUT	实数加法
MUL_I	*I	IN1, OUT	整数乘法	SUB_R	−R	IN1, OUT	实数减法
DIV_I	/I	IN1, OUT	整数除法	MUL_R	*R	IN1, OUT	实数乘法
ADD_DI	+D	IN1, OUT	双整数加法	DIV_R	/R	IN1, OUT	实数除法
SUB_DI	−D	IN1, OUT	双整数减法	MUL	MUL	IN1, OUT	整数乘法产生双整数
MUL_DI	*D	IN1, OUT	双整数乘法	DIV	DIV	IN1, OUT	带余数的整数除法

在语句表中，整数、双整数与浮点数的加、减、乘、除指令分别执行下列运算：

IN1＋OUT＝OUT, OUT−IN1＝OUT, IN1 * OUT＝OUT, OUT/IN1＝OUT

这些指令影响 SM1.0（零），SM1.1（溢出），SM1.2（负）和 SM1.3（除数为 0）。

整数（integer）、双整数（double integer）和实数（浮点数，real）运算指令的运算结果分别为整数、双整数和实数，除法不保留余数。运算结果如果超出允许的范围，溢出位被置 1。

整数乘法产生双整数指令 MUL（multiply integer to double integer）将两个 16 位整数相乘，产生一个 32 位乘积。在 STL 的 MUL 指令中，32 位变量 OUT 的低 16 位被用作乘数。

带余数的整数除法指令 DIV（divide integer with remainder）将两个 16 位整数相除，产生一个 32 位结果，高 16 位为余数，低 16 位为商。在 STL 的 DIV 指令中，32 位变量 OUT 的低 16 位被用作被除数。

如果在乘除法运算中有溢出（运算结果超出允许的范围），SM1.1 被置 1，结果不写到输出，其他状态位均置 0。如果在除法运算中除数为零，SM1.3 被置 1，其他算术状态不变，原始输入操作数也不变。否则，运算完成后其他算术状态有效。

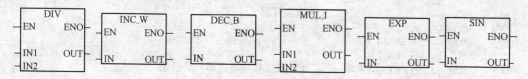

图 3.9　数学运算指令

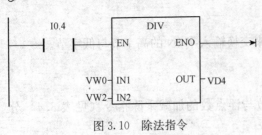

图 3.10 除法指令

应注意梯形图与语句表中的数学运算指令的差异，梯形图中除法指令有两个输入量和一个输出量，操作为 IN1/IN2＝OUT。语句表中除法指令的输出量 OUT 同时又是被除数，其 操 作 为 OUT/IN＝OUT，将图 3.10 中的梯形图转换为下面的语句。

```
LD     I0.4
MOVW   VW0, VW6
DIV    VW2, VD4
```

在上面的程序中，应注意 VD4 的低位字为 VW6。

一个浮点数占 4 个字节，浮点数可以很方便地表示小数、很大的数和很小的数，用浮点数还可以实现函数运算。用浮点数做乘法、除法和函数运算时，有效位数（即尾数的位数）保持不变。整数不能用于函数运算，整数运算的速度比浮点数运算要快一些。

输入 PLC 的数和 PLC 输出的数往往是整数，例如用拨码开关和用模拟块输入 PLC 的数，以及 PLC 输出给七段显示器和模拟量输出模块的数都是整数。在进行浮点数运算之前，需要将整数转换为浮点数。在 PLC 输出数据之前，需要将浮点数转换为整数，因此使用浮点数比较麻烦。

【例 3.1】用模拟电位器调节时定时器 T37 的设定值，要求定时范围为 5～20s。

CPU221 和 CPU222 有 1 个模拟电位器，其他 CPU 有两个模拟电位器。CPU 将电位器的位置转换为 0～255 的数字值，然后存入两个特殊存储器字节 SMB28 和 SMB29 中，分别对应电位器 0 和电位器 1 的值。可以用小螺钉旋具来调整电位器的位置。

要求在输入信号 I0.4 的上升沿，用电位器 0 来设置定时器 T37 的设定值，设定的时间范围为 5～20s，即从电位器读出的数字 0～255 对应于 5～20s。设读出的数字为 N，100ms 定时器的设定值（以 0.1s 为单位）为

$$(200～50) \times N/255＋50＝150 \times N/255＋50 \quad (0.1s)$$

为了保证运算的精度，应先乘后除。M 的最大值为 255，使用整数乘整数得双整数的乘法指令 MUL。乘法运算的结果可能大于一个字能表示的最大正数 32 767，所以需要使用双字除法指令"/D"。运算结果为双字，但是不会超过一个字的长度，所以只用商的低位字来在数学运算时使用累加器来存放操作数和运算的中间结果比较方便。

```
网络 1

LD     I0.4

EU              //取上升沿

MOVB   SMB28, AC0

MUL    +150, AC0    //150 乘以模拟电位器的转换值

/D     +255, AC0    //除以 255，双整数除法
```

```
        +I          +50，AC0

        MOVW        AC0，VW10

        网络 2

        LD          I0.5

        TON         T37，VW10        //用 VW10 中的数作 T37 设定值
```

9. 加 1 与减 1 指令

在梯形图中，加 1 (increment) 和减 1 (decrement) 指令（见表 3.5）分别执行 IN+1=OUT 和 IN−1=OUT。在语句表中，加 1 指令和减 1 指令分别执行 OUT+1=OUT 和 OUT−1=OUT。

表 3.5　加 1 与减 1 指令

梯形图	语句表	描述	梯形图	语句表	描述
INC_B	INCB　IN	字节加 1	DEC_W	DECW　IN	字减 1
DEC_B	DECB　IN	字节减 1	INC_D	INCD　IN	双字加 1
INC_W	INCW　IN	字加 1	DEC_D	DECD　IN	双字减 1

字节加 1、减 1 操作是无符号的，其余的操作是有符号的。这些指令影响标志位 SM1.0（零）、SM1.1（溢出）和 SM1.2（负）。SM1.1 用于表示溢出错误和非法数值。如果 SM1.1 被置 1，则 SM1.0 和 SM1.2 状态无效，而且 SM1.0 和 SM1.2 的状态有效。

10. 函数运算指令

函数运算指令见表 3.6。

(1) 三角函数指令

正弦（SIN）、余弦（COS）和正切指令（TAN）计算角度输入值（IN）的三角函数，结果存放在 OUT 中，输入量以弧度为单位，求三角函数前应先将角度值乘以 $\pi/180$ (1.745329×10^{-2})，转换为弧度值。

(2) 自然对数和自然指数指令

自然对数指令 LN (natural logarithm) 计算输入值 IN 的自然对数，并将结果存放在 OUT，即 LN (IN)=OUT 中，求以 10 为底的对数时，应将自然对数值除以 10 的自然对数值 2.302585.

自然指数指令 EXP (natural exponential) 计算输入值 IN 的以 e 为底的指数，结果存放在 OUT。该指令与自然对数指令配合，可以实现以任意实数为底，任意实数为指数（包括分数指数）的运算。系统手册中用“*”作为乘号。

例如，求 5 的立方即为 5^3=EXP (3*LN (5))=125；求 5 的 3/2 次方即为 $5^{3/2}$= EXP((3/2)*LN (5))=11.18034。

（3）平方根指令

平方根指令 SQRT（square root）将 32 位正实数（IN）开平方，得到 32 位实数结果（OUT），即 $\sqrt{IN} = OUT$。

表 3.6　函数运算指令

梯 形 图	语 句 表	描　述	梯 形 图	语 句 表	描　述
SIN	SIN IN1，OUT	正弦	SQRT	SQRT IN1，OUT	平方根
COS	COS IN1，OUT	余弦	LN	LN IN1，OUT	自然对数
TAN	TAN IN1，OUT	正切	EXP	EXP IN1，OUT	指数

11. 逻辑运算指令

梯形图中的逻辑运算指令对两个输入变量 IN1 和 IN2 逐位进行逻辑运算（见图 3.11），语句表中的指令（见表 3.7）对变量 IN 和 OUT 逐位进行逻辑运算，运算结果存放在 OUT 中。

表 3.7　逻辑运算指令

梯 形 图	语 句 表	描　述	梯 形 图	语 句 表	描　述
INV_B	INVB OUT	字节取反	WAND_W	ANDW IN1，OUT	字与
INV_W	INVW OUT	字取反	WOR_W	ORW IN1，OUT	字或
INV_DW	INVD OUT	双字取反	WXOR_W	XORW IN1，OUT	字异或
WAND_B	ANDB IN1，OUT	字节与	WAND_DW	ANDD IN1，OUT	双字与
WOR_B	ORB IN1，OUT	字节或	WOR_DW	ORD IN1，OUT	双字或
WXOR_B	XORB IN1，OUT	字节异或	WXOR_DW	XORD IN1，OUT	双字异或

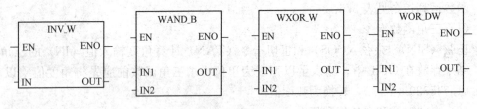

图 3.11　逻辑运算指令

（1）取反指令

梯形图中的取反（求反码）指令将输入 IN 中的二进制数逐位取反，即二进制数的各位由 0 变为 1，由 1 变为 0〔见图 3.12（a）〕，并将运算结果装入输出 OUT。取反指令影响零标志 SM1.0。

语句表中的取反指令将 OUT 中的二进制逐位取反，并将结果装入 OUT 中。

（2）字节、字、双字逻辑运算指令

字节、字、双字进行"与"运算时，如果两个操作数的同一位均为 1，运算结果的对应位为 1，否则为 0［见图 3.12（b）］。"或"运算时运算时如果两个操作数的同一位均为 0，运算结果的对应位为 0，否则为 1［见图 3.12（c）］。"异或"运算时如果两个操作数的同一位不同，运算结果的对应位为 1，否则为 0［见图 3.12（d）］。这些指令影响零标志 SM1.0。

【例 3.2】逻辑运算举例。

```
LD      I1.0
NBV     VB0
ANDB    VB1，VB2
ORB     VB3，VB4
XORB    VB5，VB6
```

运算前后各存储单元中的值如图 3.12 所示。

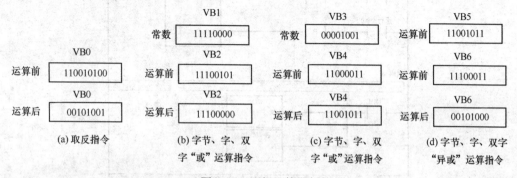

图 3.12　逻辑运算举例

（3）逻辑运算指令的应用

1）将字或字节中的某些位清零。图 3.12（b）中变量 VB2 的各位与 VB1 中的十六进制常数 16♯F0（即二进制常数 2♯1111 0000）相"与"，因为 16♯F0 的低 4 位为 0，所以运算结束后 VB2 的低 4 位被清零，高 4 位不变。

2）将字或字节中的某些位置为 1。图 3.12（c）中变量 VB4 的各位与十六进驻常数 16♯09（即二进制常数 2♯0000 1001）相"或"，因为 16♯09 的第 3 位和第 0 位为 1，不论 VB4 这两位为 0 还是为 1，运算结束后 VB4 这两位都被置为 1，VB4 的其余各位则不变。

3）判断有哪些位发生变化。两个相同的字节异或运算后运算结果如果不是全 0，说明有的位的状态发生了变化。状态发生了变化的位的异或为 1。

【例 3.3】求 VW10 中的整数的绝对值，结果存放在 VW10 中。

```
LDW＜    VW10.0    //如果 VW10 中的数为负数
INVW     VW10
INCW     VW10      //求反加 1 得到原数的绝对值
```

3.2.3　复杂程序的设计思路与步骤

1. 概述

实际的 PLC 应用系统往往比较复杂，复杂系统不仅需要的 PLC 输入/输出点数多，而且为了满足生产的需要，很多工业设备都需要设置多种不同的工作方式，常见的有复位、通讯、手动和自动（连续、单周期、单步）等工作方式，如图 3.13 所示。

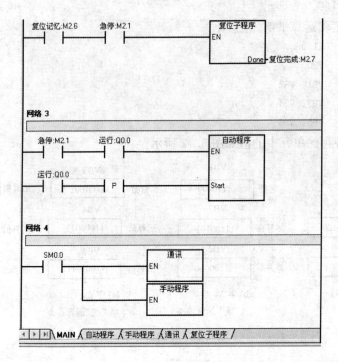

图 3.13　程序结构图

2. 设计思路与步骤

（1）确定程序的总体结构

将系统的程序按工作方式和功能分成若干部分，如公共程序、手动程序、自动程序等。手动程序和自动程序是不同时执行的，所以用子程序将它们分开，用工作方式的选择信号作为调用的条件。

（2）分别设计局部程序

公共程序和手动程序相对较为简单，一般采用经验设计法进行设计；自动程序相对比较复杂，对于顺序控制系统一般采用顺序控制设计法。

（3）程序的综合与调试

进一步理顺各部分程序之间的相互关系，并进行程序的调试。

3.2.4　PLC 程序的质量标准与调试方法

1. PLC 程序的内容

PLC 程序应最大限度地满足控制要求，完成所要求的控制功能。除此以外，通常还应包括以下几个方面的内容。

1）初始化程序：在 PLC 上电后，一般都要做一些初始化的操作。其作用是为启动作必要的准备，并避免系统发生误动作。

2）检测、故障诊断、显示程序：应用程序一般都设有检测、故障诊断和显示程序等内容。

3）保护、连锁程序：各种应用程序中，保护和连锁是不可缺少的部分。它可以杜绝由于非法操作而引起的控制逻辑混乱，保证系统的运行更安全可靠。

2. PLC 程序的质量标准

程序的质量可以由以下几个方面来衡量：

1）程序的正确性：所谓正确的程序必须能经得起系统运行实践的考验，离开这一条对程序所做的评价都是没有意义的。

2）程序的可靠性：好的应用程序可以保证系统在正常和非正常（短时掉电再复电、某些被控量超标、某个环节有故障等）工作条件下都能安全可靠地运行，也能保证在出现非法操作（如按动或误触动了不该动作的按钮）等情况下不至于出现系统控制失误。

3）参数的易调整性：容易通过修改程序或参数而改变系统的某些功能。例如，有的系统在一定情况下需要变动某些控制量的参数（如定时器或计数器的设定值等），在设计程序时必须考虑怎样编写才能易于修改。

4）程序的简洁性：编写的程序应尽可能简练。

5）程序的可读性：程序不仅仅给设计者自己看，系统的维护人员也要读。另外，为了有利于交流，也要求程序有一定的可读性。

3. 程序的调试

PLC 程序的调试可以分为模拟调试和现场调试，调试之前首先仔细检查 PLC 外部接线无误，也可以用事先编写好的试验程序对外部接线做扫描通电检查来查找接线故障。为了安全考虑，最好将主电路断开，当确认接线无误后再连接主电路，将模拟调试好的程序送入用户存储器进行调试，直到各部分的功能都正常，并能协调一致地完成整体的控制功能为止。

（1）模拟调试

将设计好的程序写入 PLC 后，首先逐条仔细检查，并改正写入时出现的错误。用户程序一般先在实验室模拟调试，实际的输入信号可以用钮子开关和按钮来模拟，各输出量的通/断状态用 PLC 上有关的发光二极管来显示，一般不用接 PLC 实际的负载（如接触器、电磁阀等）。在调试时应充分考虑各种可能的情况，各种可能的进展路线都应逐一检查，不能遗漏。发现问题后应及时修改梯形图和 PLC 中的程序，直到在各种可能的情况下输入量与输出量之间的关系完全符合要求。程序中某些定时器或计数器应该选择合适设定值。

（2）现场调试

将 PLC 安装在控制现场进行联机总调试，在调试过程中将暴露出系统梯形图程序设计中的问题，应对可能存在的传感器、执行器和硬接线等方面的问题，以及 PLC 的外部接线问题加以解决。如果调试达不到指标要求，则对相应硬件和软件部分作适当调整，通常只需要修改程序就可能达到调整的目的。全部调试通过后，经过一段时间的考验，系统就可以投入实际的运行。

■ 3.3　前 导 训 练 ■

3.3.1　左右运动送料车的 PLC 控制

1. 训练目的

1）练习如何根据实际工艺设计程序。
2）掌握功能指令的应用。
3）练习应用实训模块进行模拟调试。

2. 训练器材

1）个人计算机（PC）一台。
2）S7-200 系列 PLC 一个。
3）PC/PPI 通信电缆一根。
4）送料车控制单元一块。
5）导线若干。

3. 训练内容说明

某车间有六个工作台，送料车往返于工作台之间送料，每个工作台设有一个到位开关（SQ＊）和一个呼叫按钮（SB＊）。具体控制要求如下：

1）送料车开始应能停留在六个工作台中任意一个到位开关的位置上。

2）设送料车现暂停于 m 号工作台（SQm 为 ON）处，这时 n 号工作台呼叫（SQn 为 ON），若：

① $m>n$，送料车左行，直至 SQn 动作，到位停车。即送料车所停位置 SQ 的编号大于呼叫按钮 SB 的编号时，送料车往左行运行至呼叫位置后停止。

② $m<n$，送料车右行，直至 SQn 动作，到位停车。即送料车所停位置 SQ 的编号小于呼叫按钮 SB 的编号时，送料车往右行运行至呼叫位置后停止。

③ $m=n$，送料车原位不动。即送料车所停位置 SQ 的编号与呼叫按钮 SB 的编号相同时，送料车不动。

4. 训练步骤

1) I/O 分配表见表 3.8。

表 3.8　左右运动送料车控制系统 I/O 分配表

输　　入		功 能 说 明	输　　出		功 能 说 明
SB0	I0.0	启动	KM1	Q0.0	右行
SB1	I0.1	呼叫 1	KM2	Q0.1	左行
SB2	I0.2	呼叫 2			
SB3	I0.3	呼叫 3			
SB4	I0.4	呼叫 4			
SB5	I0.5	呼叫 5			
SB6	I0.6	呼叫 6			
SB7	I1.0	停止			
SQ1	I1.1	限位 1			
SQ2	I1.2	限位 2			
SQ3	I1.3	限位 3			
SQ4	I1.4	限位 4			
SQ5	I1.5	限位 5			
SQ6	I1.6	限位 6			

2) PLC 外部电路如图 3.14 所示。

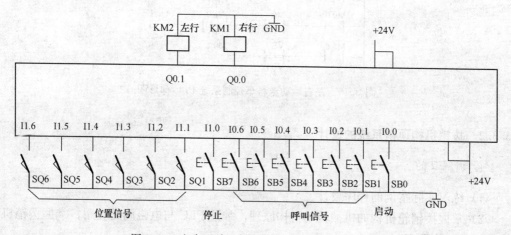

图 3.14　左右运动送料车控制系统 PLC 外部电路

3) PLC 程序如图 3.15 所示。

梯形图中将送料车当前位置送到数据寄存器 VB0 中，将呼叫工作台号送到数据寄存器 VB1 中，然后通过 VB0 与 VB1 中数据的比较，决定送料车的运行方向和到达的目标位置。

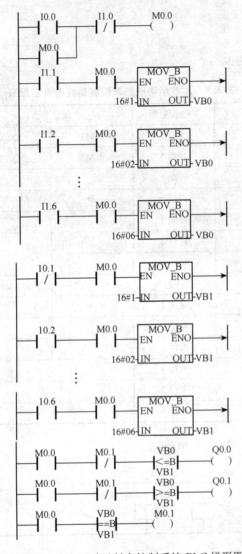

图 3.15　左右运动送料车控制系统 PLC 梯形图

3.3.2　拨销机构顶销系统的设计

1. 训练目的

1）练习实际案例的程序设计。

2）掌握拨销轮机构的机械转动机构原理，掌握 PLC 与电磁阀的应用，掌握拨销机构顶销的工作原理。

3）学习光电开关等低压电器的使用，对系统规范的接线并调试。

2. 训练器材

1）个人计算机一台。

2）PLC（S7-200）一台。

3）光电传感器一只。

4）电磁阀一只。

5）磁性开关两只。

6）PC/PPI 通信电缆一根。

7）按钮两只。

8）指示灯两只。

9）继电器一只。

10）直流电动机一台。

3. 训练内容说明

原位状态：加销钉检测传感器检测到信号；穿销初始位传感器检测到信号。

在原位状态下，按下启动按钮，加销钉电动机（继电器）得电运行，通过机械传动（齿轮）带动拨销轮转动。当加销钉检测传感器检测到信号时，穿销电磁阀得电，气缸充气并将行程推出，推动销钉（工件插销）；当穿销到位检测传感器检测到信号后，电磁阀断电，气缸反向充气，行程退回；当穿销初始位传感器再次检测到信号时，单次穿销过程完成，同时进入下一次穿销。

按下停止按钮，在加销钉检测传感器检测到信号时电动机停止运行，否则电动机将继续运行。

当穿销到位检测传感器没有检测到信号时，电磁阀不动作，不进行穿销，加销钉电动机继续运行，拨销轮继续转动，如果 1min 内穿销到位检测传感器没有检测到信号，则报警（红色指示灯闪烁）。说明有故障，检查传感器。

按下急停按钮，销钉电动机立即停止运行，拨销轮也立即停止转动，报警指示灯闪烁。

按下复位按钮，拨销机构及顶销机构复位，可按启动按钮可重复运行（若急停应先复位）。

4. 训练步骤

1）根据内容说明画出外部接线图及 I/O 分配表。

2）依据 I/O 分配表和控制要求编写正确梯形图。

3）程序正确后，在断电状态下，按照外部接线图进行正确接线。

4）调试系统直至正确运转。

■ 3.4　过 程 详 解 ■

3.4.1　输入/输出端口分配

根据以上控制要求及输入输出器件的分布，可作出以下 I/O 分配表（见表 3.9）和存储区分配表（见表 3.10）。

表 3.9　顶销控制系统 PLC 的 I/O 分配表

输　入		输　出	
单机联机切换	I0.0	运行	Q0.0
启动按钮	I0.2	报警	Q0.1
停止按钮	I0.3	传送	Q1.0
复位按钮	I0.4	加销钉电机	Q1.1
急停按钮	I0.5	穿销汽缸	Q1.2
托盘	I1.0	放行	Q1.3
加销钉	I1.1		
穿销	I1.2		
穿销汽缸后限位	I1.3		
穿销汽缸前限位	I1.4		
汽缸后限位	I1.5		
汽缸前限位	I1.6		

表 3.10　顶销控制系统 PLC 的 M 存储区和 V 存储区分配

M 存储区		V 存储区	
停止记忆	M2.5	启动命令 _ 主站	V0.0
复位完成	M2.7	停止命令 _ 主站	V0.1
复位记忆	M2.6	复位命令	V0.2
穿销完成标志	M3.0	急停命令 _ 主站	V0.3
急停	M2.1	放料允许	V0.4
复位	M2.0	联机准备完毕	V0.7
		紧急停止报警	V200.0
		电机运行超时报警	V200.3
		汽缸穿销超时报警	V200.2
		工件放行超时报警	V200.1

3.4.2　程序的设计

1. 复杂程序的结构

程序是由一条条的指令组成的，一些指令的集合总是完成一定的功能。在控制要求复杂，程序也变庞大时，这些表达一定功能的指令块又需合理地组织起来，这就是程序的结构。

程序结构至少在以下几个方面具有重要的意义：

1）方便于程序的编写：编程序和写文章类似，合适的文章结构有利于作者思想的表达，选取了合适的文章结构后写作会得心应手。好的程序结构也有利于体现控制要求，能给程序设计带来方便。

2）有利于读者阅读程序：好的程序结构体现了程序编写者清晰的思路，读者在阅读时容易理解，易于和编写者产生共鸣。读程序的人往往是做维修或调试的人，这对程序的正常运行有利。

3）好的程序结构有利于程序的运行，可以减少程序的冲突，使程序的可靠性增加。

4）好的程序结构有利于减少程序的实际运行时间，使 PLC 的运行更加有效。

常见的程序结构类型有以下几种：

1）简单结构。这是小程序的常用结构，也称线性结构。指令平铺直叙地写下来，执行时也是平铺直叙地运行下去。程序中也会分一些段，如交通灯程序，放在程序最前边的是灯的总开关程序段，中间是时间点形成程序段，最后是灯输出控制程序段。简单结构的特点是每个扫描周期中每一条指令都要被扫描。

2）有跳跃及循环的简单结构。由控制要求出发，程序需要有选择地执行时要用到跳转指令。前边已有这样的例子，如自动、手动程序段的选择，初始化程序段和工作程序段的选择。这时在某个扫描周期中就不一定全部指令被扫描了，而是有选择的，被跳过的指令不被扫描。循环可以看作是相反方向的选择，当多次执行某段程序时，其他程序就相当于被跳过。

3）组织模块式结构。虽然有跨越及反复、有跳跃及循环的简单程序从程序结构来说仍旧是纵向结构。而组织模块式结构的程序则存在并列结构。组织模块式程序可分为组织块、功能块、数据块。组织块专门解决程序流程问题，常作为主程序；功能块则独立地解决局部的、单一的功能，相当于一个个子程序；数据块则是程序所需的各种数据的集合。在这里，多个功能块和多个数据块相对组织块来说是并列的程序块。前边讨论过的子程序指令及中断程序指令常用来编制组织模块式结构的程序。

组织模块式程序结构为编程提供了清晰的思路。各程序块的功能不同，编程时就可以集中精力解决局部问题。组织块主要解决程序的入口控制，子程序完成单一的功能，程序的编制无疑得到了简化。当然，作为组织块中的主程序和作为功能块的子程序，也还是简单结构的程序。不过并不是简单结构的程序就可以简单地堆积而不要考虑指令排列的次序，PLC 的串行工作方式使得程序的执行顺序和执行结果有十分密切的联系，这在任何时候的编程中都是重要的。

和先进编程思想相关的另一种程序结构是结构化编程结构。它特别适合具有许多同类控制对象的庞大控制系统，这些同类控制对象具有相同的控制方式及不同的控制参数。编程时先针对某种控制对象编出通用的控制方式程序，在程序的不同程序段中调用这些控制方式程序时再赋予所需的参数值。结构化编程有利于多人协作的程序组织，有利于程序的调试。

2. 本单元程序的总体结构

将程序分为 MAIN 程序、运行程序、报警程序、通信和复位程序等六个部分，其中 MAIN 程序是主干即主程序，起到合理安排各功能块的入口，各数据块集中清零，使得运行程序、报警程序和复位程序不会同时执行等功能，程序的总体结构如图 3.16 所示。

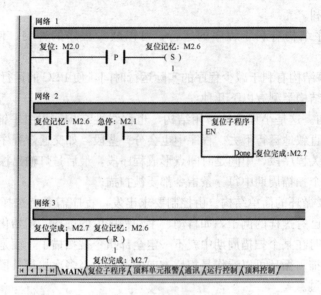

图 3.16　程序的总体结构

(1) 主程序

当复位 M2.0 出现上升沿信号时，置位复位记忆 M2.6，如图 3.17 所示。

调用复位子程序，进行上电和停止初始化，如果复位完成则置位 M2.7，如图 3.18 所示。

图 3.17　主程序 1

如果复位操作完成，则复位复位记忆 M2.6 和复位完成 M2.7，如图 3.19 所示。

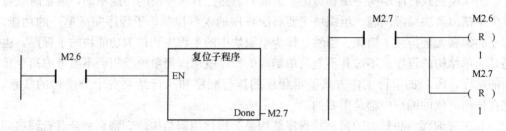

图 3.18　主程序 2　　　　　　　　　　图 3.19　主程序 3

系统急停，复位 Q0.0、M2.6、Q1.0 和 SB0，如图 3.20 所示。

单机/联机复位、急停，如图 3.21 所示。

顶料单元初始状态，如图 3.22 所示。

联机启动准备完毕，如图 3.23 所示。

单机/联机启动停止，如图 3.24 所示。

单机/联机状态下，系统停止记忆 M2.5，如图 3.25 所示。

图 3.20　主程序 4

图 3.21　主程序 5

图 3.22　主程序 6

图 3.23　主程序 7

图 3.24　主程序 8

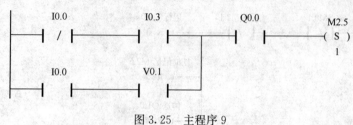

图 3.25　主程序 9

如果 M2.5＝1，复位 M2.5、Q0.0、Q1.0、Q1.0 并且将常数 0 送到 SD0，如图 3.26 所示。

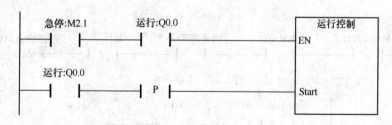

图 3.26　主程序 10

调用运行控制子程序，如图 3.27 所示。

调用通讯及报警子程序，如图 3.28 所示。

（2）复位子程序

复位所有输出，使输出 Q 全部为 0；复位穿销状态字节；复位 SCR 位；复位完成则 L0.0＝1。复位子程序如图 3.29 所示。

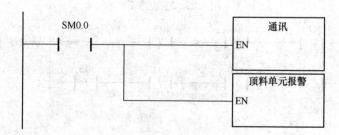

图 3.27　主程序 11

图 3.28　主程序 12

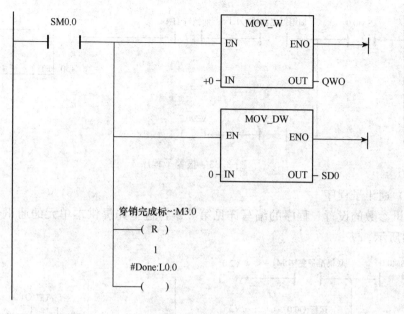

图 3.29　复位子程序

（3）报警子程序

急停报警，如图 3.30 所示。

工件放行超时报警，如图 3.31 所示。

汽缸穿销超时报警，如图 3.32 所示。

电动机运行超时报警，如图 3.33 所示。

图 3.30　报警子程序 1

图 3.31　报警子程序 2

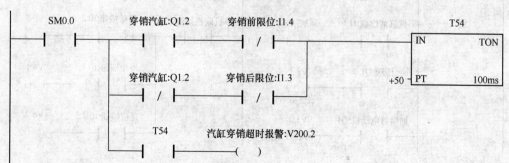

图 3.32　报警子程序 3

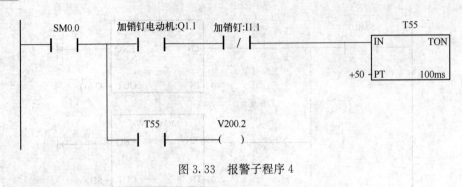

图 3.33　报警子程序 4

（4）通讯子程序

通讯参数的设置、程序的编写详见第 8 章，这里先提供本单元的通讯子程序，如图 3.34 所示。

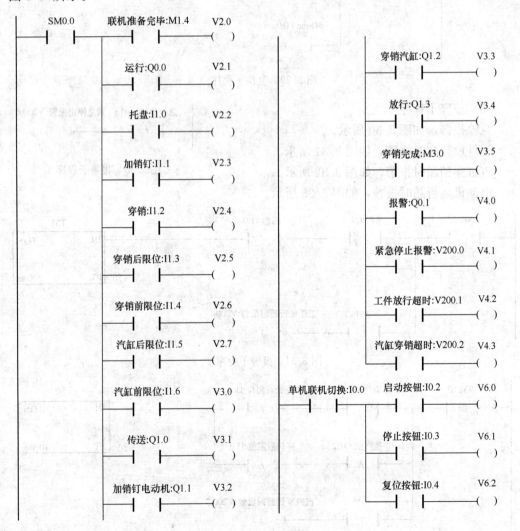

图 3.34　通讯子程序

（5）运行控制子程序

穿销运行程序采用的是步进编程方式，如第 2 章所述首先系统启动原点，当 L0.0 为 1 时，置位 S0.0 开始步进运行，具体如图 3.35 所示。

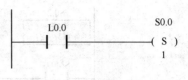

图 3.35　运行子程序 1

1）第一步：托盘检测，如图 3.36 所示。

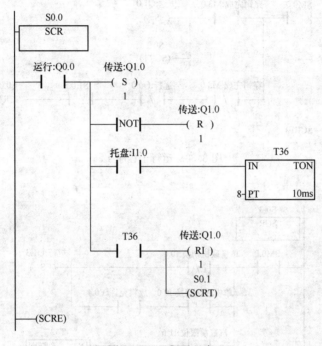

图 3.36　运行子程序 2

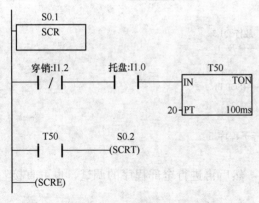

图 3.37　运行子程序 3

2）第二步：延时 2s，如图 3.37 所示。

3）第三步：启动穿销工作，若穿销工作时给出停止命令，要等本次穿销工作流程完成后再转移到初始步 S0.0，如图 3.38 所示。

4）第四步：料盘放行，如图 3.39 所示。

5）第五步：延时 2s 后限位伸出并返回初始步，如图 3.40 所示。

3. 程序综合与模拟调试

1）由于在各部分程序设计时已经考虑它们之间的相互关系，因此只要将公用程序、运行程序、报警程序、急停程序和回原位程序按照程序总体结构综合起来即为本单元控制系统的 PLC 程序。

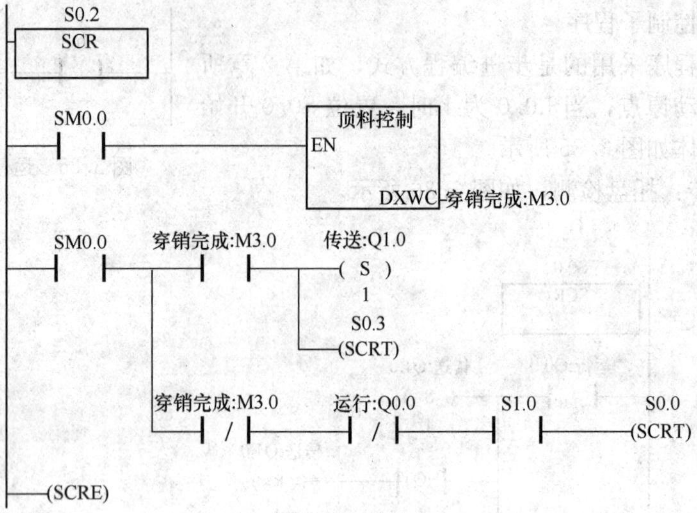

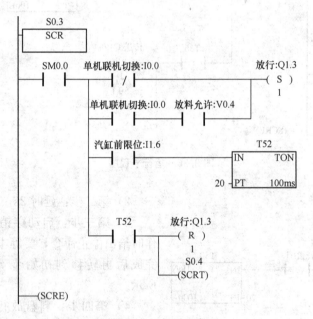

图 3.38　运行子程序 4

图 3.39　运行子程序 5

2）模拟调试时各部分程序可先分别调试，然后再进行全部程序的调试，也可直接进行全部程序的调试。

3.4.3　PLC 外部电路

根据控制要求和 I/O 分配表，可画出 PLC 外部电路如图 3.41 所示。

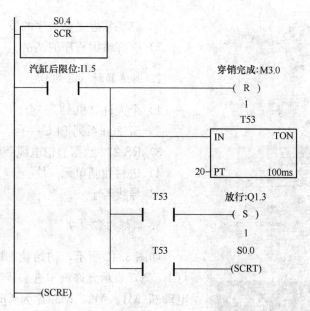

图 3.40　运行子程序 6

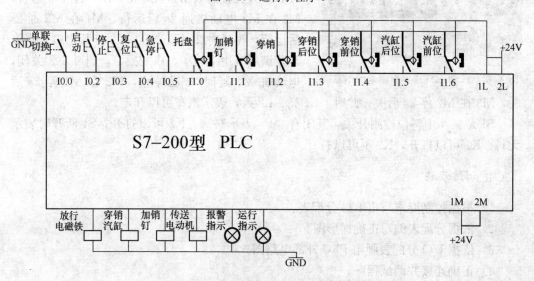

图 3.41　顶销控制系统 PLC 的外部电路

■3.5　技能提高■

本节训练自动送料装车控制系统的设计、安装与调试。

1. 训练目的

1) 熟练掌握控制要求的分析。

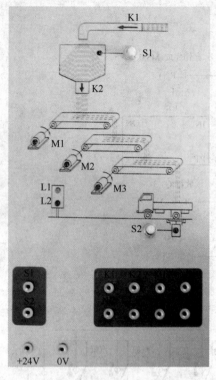

图 3.42　自动送料装车控制系统示意图

2）熟练掌握复杂程序的设计。

3）熟练掌握程序的调试。

2. 训练器材（每组）

1）个人计算机 PC 一台。

2）S7-200 系列 PLC 一台。

3）RS-232 数据通信电缆一根。

4）送料控制单元一块。

5）导线若干。

3. 训练内容说明

如图 3.42 所示，初始状态时红灯 L2 灭，绿灯 L1 亮，表示允许汽车进来装料，此时料斗 K2、电动机 M1、M2、M3 皆为 OFF。汽车到来时（用 S2 开关接通表示），L2 亮、L1 灭。M3 运行，M2 在 M3 电动机通 2s 后运行，M1 在 M2 通 2s 后运行。再延时 2s 后，料斗 K2 打开出料。当汽车装满后（用 S2 为"0"表示），料斗 K2 关闭，电动机 M1 延时 2s 后停止，M2 在 M1 停 2s 后关，M3 在 M2 停 2s 后关。此时，L1 亮、L2 灭，表示汽车可以开走。

S1 是料斗中料位检测开关，其闭合"1"表示料满，K2 可以打开；S1 断开时表示无料，K1 可以打开，K2 不可以打开。

4. 训练步骤

1）根据控制要求写出 I/O 分配表。

2）依据分配表编写正确梯形图。

3）依据 I/O 分配表画出 PLC 外部电路图。

4）正确连接并调试程序。

■3.6　知 识 拓 展■

3.6.1　S7-200 系列 PLC 中数的表达形式

1. 用 1 位二进制数表示开关量

二进制的 1 位（bit）只有 0 和 1 两种不同的取值，可以用来表示开关量（或称数字量）的两种不同的状态。如果该位为 1，则表示梯形图中对应的编程元件的线圈"通电"，

其常开触点接通，常闭触点断开，以后称该编
程元件为 1 状态，或称该编程元件 ON（接通）。
如果该位为 0，对应的编程元件的线圈和触点的
状态与上述的相反，称该编程元件为 0 状态，
或称该编程元件 OFF（断开），位数据的数据类
型为 BOOL（布尔）型。

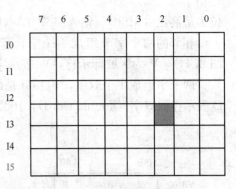

图 3.43　位数据的存放

S7-200 的位存储单元的地址由字节地址和位
地址组成，如 I3.2（见图 3.43），其中的区域标
示符"I"表示输入，字节地址为 3，位地址为 2。
这种存取方式称为"字节. 位"寻址方式。

2. 多位二进制数

可以用多位二进制数来表示数字，二进制数遵循逢 2 进 1 的运算规则，每一位都有
一个固定的权值，从右往左的第 n 位（最低位为第 0 位）的权值为 $2n$，第 3～0 位的权
值分别为 8、4、2、1，所以二进制数又称为 8421 码。以二进制数 1100 为例，对应的
十进制数可以用下式计算：

$$1\times2^3+1\times2^2+0\times2^1+0\times2^0=12$$

S7-200 用 2♯ 来表示二进制常数，如 2♯1101 1010。

3. 十六进制数

十六进制数的 16 个数字分别用 0～9 和 A～F 来表示（见表 3.11），遵循"逢 16 进
1"的运算规则，从右往左的第 n 位的权值为 16^n（最低位的 n 为 0）。十六进制数可以
用数字后面加"H"来表示，如 2FH。S7-200 用数字前面的 16♯ 来表示十六进制常数，
16♯2F 对应的十进制数为 $2\times16^1+15\times16^0=47$。

表 3.11　不同进制数的表示方法

十进制数	十六进制数	二进制数	BCD 码	十进制数	十六进制数	二进制数	BCD 码
0	0	00000	0000 0000	9	9	01001	0000 1001
1	1	00001	0000 0001	10	A	01010	0001 0000
2	2	00010	0000 0010	11	B	01011	0001 0001
3	3	00011	0000 0011	12	C	01100	0001 0010
4	4	00100	0000 0100	13	D	01101	0001 0011
5	5	00101	0000 0101	14	E	01110	0001 0100
6	6	00110	0000 0110	15	F	01111	0001 0101
7	7	00111	0000 0111	16	10	10000	0001 0110
8	8	01000	0000 1000	17	11	10001	0001 0111

4. 字节、字与双字

8 位二进制数组成 1 个字节（Byte，简称 B），其中的第 0 位为最低位（LSB），第 7

位为最高位（MSB）。输入字节 IB3（B 是 Byte 的缩写）由 I3.0～I3.7 这 8 位组成。

相邻的两个字节组成 1 个字，VW100 是由 VB100 和 VB101 组成的 1 个字（见图 3.44），V 为区域标示符，W 表示字（word），100 为起始字节的地址。

两个字组成 1 个双字，VD100 是由 VB100～VB103 组成的双字，V 为区域标示符，D 表示存取双字（double word），100 为起始字节的地址。

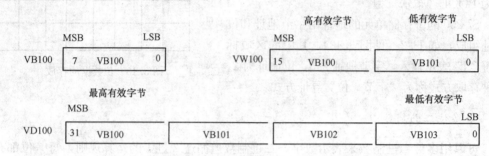

图 3.44   对同一地址进行字、字节和双字存取操作

数据的位数与取值范围见表 3.12。

表 3.12   数据的位数与取值范围

数据的位数	无符号数		有符号整数	
	十进制	十六进制	十进制	十六进制
B（字节）：8 位值	0～255	0～FF	−128～127	80～7F
W（字）：16 位值	0～65 535	0～FFFF	−32 768～32 767	8000～7FFF
D（双字）：32 位值	0～4 294 967 295	0～FFFFFFFF	−2 147 483 648～2 147 483 647	80000000～7FFFFFFF

5. 负数的表示方法

PLC 一般用二进制补码来表示有符号数，其最高位为符号位，最高位为 0 时为正数，为 1 时为负数，最大的 16 位正数为 16♯7FFF（即 32 767）。正数的补码是它本身，将正数的补码逐位取反后加 1，得到绝对值与它相同的负数的补码。将负数的补码的各位求反后加 1，便得到了它的绝对值。例如，十进制数 35 对应的二进制补码为 0010 0011，十进制数 −35 对应的二进制数补码为 1101 1101。

6. BCD 码

BCD 是 binary coded decimal numbers（二进制编码的十进制数）的缩写。BCD 码用 4 位二进制数的组合来表示一位十进制数。例如，BCD 码 0010 0011 表示十进制数 23，而十六进制数 16♯23（0010 0011）对应十进制数为 35（$2 \times 16^1 + 3 \times 16^0$）。BCD

码常用于输入/输出设备，如拨码开关输入的是 BCD 码，送给七段显示器的数字也是 BCD 码。

3.6.2　S7-200 系列 PLC 的其他数据存储区

（1）变量存储区（V）

V 存储器在程序执行过程中存放中间结果，或用来保存与工序、任务有关的其他数据。

（2）位存储区（M）

位存储区（M0.0～M31.7）作为控制继电器用来存储中间操作状态或其他控制信息，虽然名为"位存储器区"，但是也可以按字节、字或双字来存取。

（3）高速计数器（HC）

高数计数器用来累计比 CPU 的扫描速率更快的事件，计数过程与扫描周期无关。其当前值和设定值为 32 位有符号整数，当前值为只读数据。高速计算器的地址由区域标示符 HC 和高速计数器组成，如 HC2。

（4）累加器（AC）

累加器是可以像存储器那样使用的读/写单元，CPU 提供了 4 个 32 位累加器（AC0～AC3），可以按字节、字和双字来存取累加器中的数据，按字节、字只能存取累加的低 8 位或低 16 位，按双字能存取全部的 32 位，存取的数据长度由指令决定。例如，在指令"MOVW AC2，VW100"中，AC2 按字（W）存取。

（5）局部存储器（L）

S7-200 将主程序、子程序和中断程序统称为程序组织单元（program organizational unit，POU），各 POU 都有自己的 64B 局部变量表，局部变量仅仅在它被创建的 POU 中有效。局部变量表中的存储器称为局部存储器，它们可以作为暂时存储器，或用于子程序传递它的输入、输出参数。变量存储器（V）是全局存储器，可以被所有的 POU 存取。

S7-200 给主程序和中断程序各分配 64B 局部存储器，给每一级子程序嵌套分配 64B 局部存储器，各程序不能访问别的程序的局部存储器。因为局部变量使用临时的存储区，子程序每次被调用时，应保证它使用的局部变量被初始化。

（6）模拟量输入（AI）

S7-200 用 A/D 转换器将现实世界连续变化的模拟量（例如温度、压力、电流、电压等）转换为 1 个字长（16 位）的数字量，用区域表示符 AI、表示数据长度的 W 和起始字节的地址来表示模拟量输入的地址。因为模拟量输入是一个字长，应从偶数字节地址开始存放，例如 AIW2 和 AIW4，模拟量输入值为只读数据。

（7）模拟量输出（AQ）

S7-200 将 1 个字长的数字用 D/A 转换器转换为现实世界的模拟量，用区域标识符 AQ、表示数据长度的 W 和字节的起始地址来表示存储器模拟量输出的地址。因为模拟量输出是一个字长，应从偶数字节地址开始存放，例如 AQW2 和 AQW4，模拟量输出值是写数据，用户不能读取模拟量输出值。

（8）顺序控制继电器（S）

顺序控制继电器（SCR）位用于组织设备的顺序操作，SCR 提供控制程序的逻辑分段，详细的使用方法见第 2 章。

（9）常数的表示方法与范围

常数值可以是字节、字或双字，CPU 以二进制方式存储常数，常数也可以用十进制、十六进制 ASCII 码（如"text"）或浮点数（如 2.0）的形式来表示。

（10）实数

实数（REAL）又称浮点数，可以表示为 $1.m \times 2^E$，如 123.4 可表示为 1.234×10^2。

ANSI/IEEE 754—1985 标准格式的 32 位实数（见图 3.45）可表示为浮点数 $1.m \times 2e$，式中指数 $e = E + 127$（$1 \leq e \leq 254$）为整数。

实数的最高位（第 31 位）为符号位，最高位为 0 时为正数，为 1 时负数；因为规定尾数的整数部分总是为 1，只保留了尾数的小数部分 m（0～22 位），浮点数的表示范围为 $\pm 1.175\,495 \times 10^{-38} \sim \pm 3.402\,823 \times 10^{38}$。

（11）字符串的格式

字符串由若干个 ASCII 码字符组成，每个字符占 1B（见图 3.46）。字符串的第一个字节定义了字符串的长度（0～254），即字符的个数。一个字符串的最大长度为 255，一个字符串常量的最大长度为 128B。

31	30	23	22	0
S	指数		尾数	

符号位

图 3.45　浮点数的格式

长度	字符1	字符2	字符3	字符4		字符254
字节0	字节1	字节2	字节3	字节4		字节254

图 3.46　字符串的格式

（12）CPU 存储器的范围与特性

S7-200 CPU 存储器的范围和操作的范围见表 3.13。

表 3.13　S7-200 CPU 存储器的范围与特性

描　述	CPU221	CPU222	CPU224	CPU224XP	CPU226
输入映像寄存器	I0.0～I15.7				
输出映像寄存器	Q0.0～Q15.7				
模拟量输入（只读）	AIW0～AIW30		AIW0～AIW62		
模拟量输出（只写）	AQW0～AQW30		AQW0～AQW62		
变量存储器（V）	VB0～VB2047		VB0～VB8191	VB0～VB10239	
局部存储器（L）	LB0～LB63				
位存储器（M）	M0.0～M31.7				
特殊存储器（SM） 特殊存储器（只读）	SM0.0～SM179.7 SM0.0～SM29.7	SM0.0～SM299.7 SM0.0～SM29.7	SM0.0～SM549.7 SM0.0～SM29.7		
定时器	T0～T255				

续表

描　述	CPU221	CPU222	CPU224	CPU224XP	CPU226
计数器			C0~C255		
高速计算器			HC0~HC5		
顺序控制继电器			S0.0~S31.7		
累加寄存器			AC0~AC3		
跳转标号			0~255		
调用子程序		0~63			0~127
中断子程序			0~127		
正负跳变			256		
PID 回路			0~7		
串行通信端口		端口 0		端口 0，1	

3.6.3　直接寻址与间接寻址

（1）直接寻址

直接寻址指定了存储器的区域、长度和位置，例如 VW790 是 V 存储区中的字，其地址为 790，可以用字节（B）、字（W）或双字（DW）方式存取 V、I、Q、M、S 和 SM 存储器区（如 IB0、MW12 和 VD104）。

取代继电器控制的数字量控制系统一般只用直接寻址。

（2）建立间接寻址的指针

S7-200 CPU 允许使用指针对下述存储区域进行间接寻址：I、Q、V、M、S、AI、AQ、T（仅当前值）和 C（仅当前值）。间接寻址不能用于位（bit）地址、HC 或 L 存储区。

使用间接寻址之前，应创建一个指向该位置的指针。指针为双字传达指令（MOVD）将需要间接寻址的存储器地址送到指针中，例如指令 "MOVD&VB200，AC1" 将 VB200 的地址 &VB200 传送到 AC1。指针也可以为子程序传递参数。

（3）用指针存取数据

用指针存取数据时，操作数前加 "＊" 号，表示该操作数为一个指针。图 3.47 中的 ＊AC1 表示 AC1 是一个指针，＊AC1 是 AC1 所指的地址中的数据。此例中，存于 VB200 和 VB201 的数据被传送到累加器 AC0 的低 16 位。

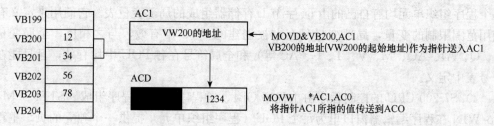

图 3.47　使用指针的间接寻址

（4）修改指针

连续存取指针所指的数据时，因为指针是 32 位的数据，应使用双字指令来修改指针值，如双字加法（ADDD）或双字加 1（INCD）指令。存取字节时，指针值加 1；存取字时，指针值加 2；存取双字时，指针值加 4。

【例 3.4】某发电机在计划发电时每小时有一个有功功率给定值，从 0 时开始，这些给定值依次存放在 VW100～VW146，共有 24 个字，从实时时钟读取的小时值保存在 VD20 中，用间接寻址取出当时的有功功率给定值。

```
LD      SM0.0
MOVD    &VB100，VD10        //表的起始地址送 VD10
+ D     VD20，VD10
+ D     VD20，VD10          //起始地址加偏移量
MOVW    * VD10，VW30        //读取表中的数据，* VD10 为当前的有功功率给定值
```

一个字由两个字节组成，地址相邻的两个字的地址的增量为 2，所以用了两条加法指令。在上午 8 时，VD20 的值为 8，执行两次加法指令后，VD10 中为 VW116 的地址。

 本章小结

本章以顶销控制系统为切入点介绍了 PLC 的功能指令以及复杂程序的程序结构，借助案例描述了采用功能指令的编程方法，并逐步介绍了该控制系统的编程过程。

1）功能指令实际上就是一个个功能不同的子程序，随着芯片技术的进步，小型 PLC 的运算速度、存储量不断增加，其功能指令的功能也越来越强。和基本指令不同，功能指令不含表达梯形图符号间相互关系的成分，而是直接表达本指令要做什么。SIMATIC 指令系统中将这些方框称为"盒子"（BOX），IEC 61131-3 指令系统中将他们称为"功能块"。

2）必须有能流输入才能执行的功能块或线圈指令称为条件输入指令，它们不能直接连接到左侧垂直"电源线"上。如果需要无条件地执行这些指令，则可以用接在左侧"电源线"上一直闭合的 SM0.0 的常开触点来驱动它们。能流只能从左往右流动，网络中不能有短路、开路和反方向的能流。

3）在 SIMSTIC 符号表或 IEC 的全局变量表中定义的变量为全局变量。程序中的每个程序组织单元均有自己的由 64 字节 L 存储器组成的局部变量表。它们用来定义有使用范围限制的变量，局部变量只在它被创建的 POU 中有效，与之相反，全局变量（I、Q、AI、AQ、M、V、T、C、AC 等）和全局符号在各 POU 中均有效，且只能在符号表中定义。

4）S7-200 CPU 的控制程序由主程序 OB1、子程序和中断程序组成。STEP 7-Micro/WIN 在程序编辑器窗口里为每个 POU（程序组织单元）提供一个独立的页。主程序总是第 1 页，生成项目时，将自动生成一个子程序和一个中断程序。子程序常用于需

要多次反复执行相同任务的地方，只需要写一次子程序，可以多次调用它，而无需重写该程序。

5）直接寻址指定了存储器的区域、长度和位置，如 VW790 是 V 存储区中的字，其地址为 790；间接寻址是指使用指针对 I、Q、V、M、S、AI、AQ、T 等存储区进行寻址，故使用间接寻址之前，应创建一个指向该位置的指针。

6）复杂程序的结构：程序是由一条条的指令组成的，一些指令的集合总是完成一定的功能。在控制要求复杂，程序也变庞大时，这些表达一定功能的指令模块又需合理地组织起来，这就是程序的结构。模块化程序结构为编程提供了清晰的思路，各程序块的功能不同，编程时就可以集中精力解决局部问题。组织块主要解决程序的入口控制，子程序完成单一的功能，这样程序的编制无疑得到了简化。

第 4 章

检测及链条传送控制系统的设计、安装与调试

技能训练目标

1. 掌握根据检测对象合理选择传感器的方法。
2. 掌握各类相关传感器的使用方法。
3. 能按规程调试控制系统。

知识教学目标

1. 了解传感器的基本知识。
2. 掌握各类传感器的工作原理。
3. 掌握传感器的选用原则。

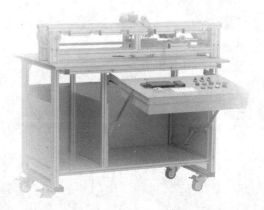

■ 4.1　项 目 任 务 ■

4.1.1　工艺的描述

检测与链条传送单元主要对前面单元加工过的工件进行盖子、销钉、金属销钉及工件颜色的检测；检测完毕后，由链条传送到下一单元。检测控制系统的外形图见图 4.1。

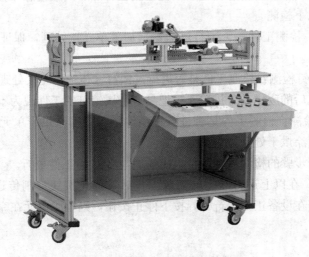

图 4.1　检测控制系统的外形

4.1.2　器件的组成

本单元由各传感器件、执行器件、控制与显示器件组成其控制系统，各器件情况如下：

1）传感部分：托盘到位感知传感器，当受料位置有托盘时为"1"否则为"0"；
　　　　　　　有无工件感知传感器，当托盘上有工件时为"1"否则为"0"。

2）执行部分：传送带电动机控制继电器；
　　　　　　　链条电动机控制继电器；
　　　　　　　限位电磁铁。

3）控制部分：启动按钮、停止按钮；
　　　　　　　交流电源开关（220V）、直流电源开关（24V）；
　　　　　　　可编程控制器（PLC）。

4）显示部分：运行显示（绿色指示灯）；
　　　　　　　交流电源显示（红色指示灯）；
　　　　　　　直流电源显示（红色指示灯）。

4.1.3　控制要求分析

首先要明确本控制单元在整个柔性生产线中的作用，才能分析其具体的控制要求。本单元就是为后续的控制单元提供合适的加工件，因此，该单元的控制要求如下。

1）初始状态：交、直流电源开关闭合；交、直流电源显示得电。

2）运行状态：在以上初始状态下按启动按钮，传送带电动机控制继电器吸合，电动机正转。

当托盘及工件运动到该单元时，限位电磁铁阻止其放行，该单元一个新的工作周期开始。此时，托盘到位感知传感器检测到托盘到位，然后其余传感器分别对前面单元加工后的工件进行以下检测。

① 盖子检测：检测工件是否进行过加盖（加盖单元）处理，保证所有工件已加盖处理。

②（金属）销钉检测：检测工件是否进行过销钉（顶销单元）处理，保证所有销钉已钉入工件。在之后的废成品分拣单元中把具有金属销钉的工件视为不合格产品。

③ 工件颜色检测：检测工件是否进行过喷涂烘干（喷涂烘干单元）处理，保证所有工件已进行过喷涂烘干处理。

通过以上各个步骤的检测后，限位电磁铁通电 3s，将工件放行。

3）停止运行：在以上运行状态已完成工作后按停止按钮，则传送带电动机停止，运行指示灯灭；若在设备正常运行时，按下停止按钮，则检测单元在完成当前工作周期后，停止运行。

■ 4.2　基 础 知 识 ■

4.2.1　传感器的定义与分类

根据国家标准《传感器通用术语》（GB/T 7665—2005），传感器定义为："能感受被测量并按照一定的规律转换成可用输出信号的器件或装置，通常由敏感元件和转换元件组成"。传感器是一种检测装置，能感受到被测量的信息，并能将检测感受到的信息按一定规律变换成为电信号或其他所需形式的信息输出，以满足信息的传输、处理、存储、显示、记录和控制等要求。

传感器的敏感元件就是用来直接感受被测量，并输出与被测量成某一确定关系的物理量的元件；其转换元件把敏感元件的输出信号转换为电信号，如电流、电压等。传感器的组成如图 4.2 所示。

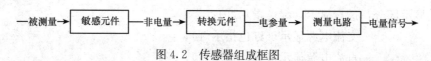

　—被测量→ 敏感元件 —非电量→ 转换元件 —电参量→ 测量电路 —电量信号→

图 4.2　传感器组成框图

传感器延伸了人类的五官，能够完成某些人类不能直接检测和测量的物理量，必将在工业控制中发挥巨大的作用；随着科学技术的日新月异，传感器的种类也越来越多。

传感器的分类方法比较常用的主要有以下几种。

1）按被测量性质分类：可分为位移、力、速度、温度等传感器。

2）按工作原理分类：可分为电阻式、电容式、电感式、霍尔式、光电式、热电偶等传感器。

3）按传感器输出信号的性质分类：可分为数字传感器和模拟传感器。

4）按传感器的结构分类：可分为直接传感器、差分传感器和补偿传感器。

因为在检测控制系统这个单元中，主要使用了电感式、电容式和光电式三种传感器，所以本书主要以这三种传感器来讲述其工作原理和应用。

4.2.2　传感器的静态特性

传感器的静态特性是指被测量的值处于稳定状态时的输出和输入关系。衡量静态特性的重要指标是线性度、灵敏度、迟滞和重复性等。

1. 线性度

传感器的线性度是指传感器的输出与输入之间数量关系的线性程度。输出与输入关系可分为线性特性和非线性特性。从传感器的性能看，希望具有线性关系，即具有理想的输出和输入关系。但实际遇到的传感器大多为非线性，如果不考虑迟滞和蠕变等因素，传感器的输出与输入关系可用一个多项式表示：

$$y = a_0 + a_1 x_1 + a_2 x_2 + \cdots + a_n x_n$$

式中，a_0 为输入量 x 为零时的输出量；a_1，a_2，$\cdots$，a_n 为非线性项系数。

各项系数不同，决定了特性曲线的具体形式各不相同。

静态特性曲线可通过实际测试获得。在实际使用中，为了标定和数据处理的方便，希望得到线性关系，因此引入各种非线性补偿环节。如采用非线性补偿电路或计算机软件进行线性化处理，从而使传感器的输出与输入关系为线性或接近线性。但如果传感器非线性的方次不高，输入量变化范围较小时，可用一条直线（切线或割线）近似地代表实际曲线的一段，如图 4.3 所示，使传感器输出-输入特性线性化，所采用的直线称为拟合直线，实际特性曲线与拟合直线之间的偏差称为传感器的非线性误差（或线性度），通常用相对误差 γ_L 表示，即

$$\gamma_L = \pm \frac{\Delta L_{max}}{Y_{FS}} \times 100\%$$

式中，ΔL_{max} 为最大非线性绝对误差；Y_{FS} 为满量程输出。

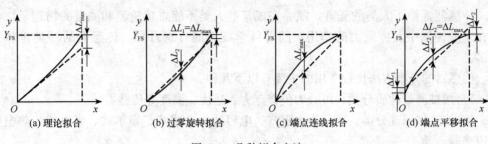

图 4.3　几种拟合方法

2. 灵敏度

传感器的灵敏度指到达稳定工作状态时输出变化量与引起此变化的输入变化量之比。

$$S = \frac{\Delta y}{\Delta x}$$

对于线性传感器，其灵敏度就是其静态特性的斜率，即 $S = \frac{\Delta y}{\Delta x}$ 为常数；而非线性传感器的灵敏度为一变量，用 $S = \frac{\mathrm{d}y}{\mathrm{d}x}$ 表示。传感器的灵敏度如图 4.4 所示。

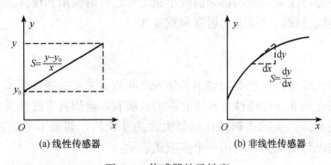

图 4.4　传感器的灵敏度

3. 迟滞

迟滞是指传感器在正/反行程中输出与输入曲线不重合的现象，如图 4.5 所示。其数值用最大偏差或最大偏差的一半与满量程输出值的百分比表示，即

$$\gamma_H = \pm \frac{1}{2} \times \frac{\Delta H_{max}}{Y_{FS}} \times 100\%$$

式中，ΔH_{max} 为正/反行程输出值间的最大差值。

迟滞现象反映了传感器材料本身响应及传感器机械结构和制造工艺上的缺陷，如轴承摩擦、间隙、螺丝钉松动、元件腐蚀及灰尘等。

4. 重复性

重复性是指传感器在输入量按同一方向作全量程连续多次变化时，所得特性曲线不一致的程度，如图 4.6 所示。重复性误差属于随机误差，常用标准偏差表示，也可用

正/反行程中的最大偏差表示，即

$$\gamma_R = \pm \frac{(2 \sim 3)\sigma}{Y_{FS}} \times 100\%$$

$$\gamma_R = \pm \frac{1}{2} \frac{\Delta R_{max}}{Y_{FS}} \times 100\%$$

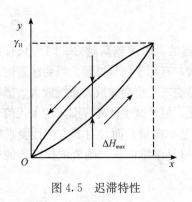
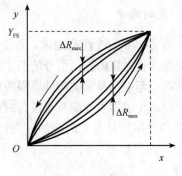

图 4.5　迟滞特性　　　　　　　　　　图 4.6　重复性

4.2.3　传感器的动态特性

从 4.2.2 节中传感器的静态特性可以看出，被测信号是一个不随时间变化的量，因此在测量时不受时间的影响。但是在实际的测量过程中，很多被测信号是随时间变化的，对这种动态信号的测量不仅需要精确地测量信号的幅值，而且还要测量和记录这种动态信号的变化过程，因此，就需要传感器能迅速、准确地测出信号幅值和被测信号随时间变化的规律。

传感器的动态特性是指其输出对随时间变化的输入量的响应特性。当被测量随时间变化，即是时间的函数时，传感器的输出量也是时间的函数，它们之间的关系要用动态特性来表示。一个动态特性好的传感器，其输出将再现输入量的变化规律，即具有相同的时间函数。实际上除了具有理想的比例特性外，输出信号将不会与输入信号具有相同的时间函数，这种输出与输入间的差异就是所谓的动态误差。

4.2.4　传感器的选用原则

传感器在原理与结构上千差万别，如何根据具体的测量目的、测量对象以及测量环境合理地选用传感器，是在进行某个量的测量时首先要解决的问题。当传感器确定之后，与之相配套的测量方法和测量设备也就可以确定了。测量结果的成败，在很大程度上取决于传感器的选用是否合理。

1. 根据测量对象与测量环境确定传感器的类型

要进行一个具体的测量工作，首先要考虑采用何种原理的传感器，这需要分析多方面的因素才能确定。因为，即使是测量同一物理量，也有多种原理的传感器可供选用，哪一种原理的传感器更为合适，则需要根据被测量的特点和传感器的使用条件考虑以下一些具体问题：量程的大小；被测位置对传感器体积的要求；测量方式为接触式还是非接触式；信号的引出方法，有线或是非接触测量；传感器的来源，国产还是进口；价格能否承受，是购买还是自行研制等。

在考虑上述问题之后就能确定选用何种类型的传感器，然后再考虑传感器的具体性能指标。

2. 灵敏度的选择

通常，在传感器的线性范围内，希望传感器的灵敏度越高越好。因为只有灵敏度高时，与被测量变化对应的输出信号的值才比较大，有利于信号处理。但要注意的是：传感器的灵敏度高，与被测量无关的外界噪声也容易混入，也会被放大系统放大，影响测量精度。因此，要求传感器本身应具有较高的信噪比，尽量减少从外界引入的干扰信号。

传感器的灵敏度是有方向性的。当被测量是单向量，而且对其方向性要求较高，则应选择其他方向灵敏度小的传感器；如果被测量是多维向量，则要求传感器的交叉灵敏度越小越好。

3. 频率响应特性

传感器的频率响应特性决定了被测量的频率范围，必须在允许频率范围内保持不失真的测量条件，实际上传感器的响应总有一定延迟，希望延迟时间越短越好。

传感器的频率响应高，可测的信号频率范围就宽，而由于受到结构特性的影响，机械系统的惯性较大，因此频率低的传感器可测信号的频率较低。

在动态测量中，应根据信号的特点（稳态、瞬态、随机等）响应特性，以免产生较大的误差。

4. 线性范围

传感器的线性范围是指输出与输入成正比的范围。以理论上讲，在此范围内，灵敏度保持定值。传感器的线性范围越宽，则其量程越大，并且能保证一定的测量精度。在选择传感器时，当传感器的种类确定以后首先要看其量程是否满足要求。

但实际上，任何传感器都不能保证绝对的线性，其线性度也是相对的。当所要求测量精度比较低时，在一定的范围内，可将非线性误差较小的传感器近似看作线性的，这会给测量带来极大的方便。

5. 稳定性

传感器使用一段时间后，其性能保持不变化的能力称为稳定性。影响传感器长期稳定性的因素除传感器本身结构外，主要是传感器的使用环境。因此，要使传感器具有良好的稳定性，传感器必须要有较强的环境适应能力。

在选择传感器之前，应对其使用环境进行调查，并根据具体的使用环境选择合适的传感器，或采取适当的措施，减小环境的影响。

传感器的稳定性有定量指标，在超过使用期后，在使用前应重新进行标定，以确定传感器的性能是否发生变化。

在某些要求传感器能长期使用而又不能轻易更换或标定的场合，所选用的传感器稳定性要求更严格，要能够经受住长时间的考验。

6. 精度

精度是传感器的一个重要的性能指标，它是关系到整个测量系统测量精度的一个重要环节。传感器的精度越高，其价格越昂贵，因此，传感器的精度只要满足整个测量系统的精度要求就可以，不必选得过高。这样就可以在满足同一测量目的的诸多传感器中选择比较便宜和简单的传感器。

如果测量目的是定性分析的，选用重复精度高的传感器即可，不宜选绝对量值精度高的；如果是为了定量分析，必须获得精确的测量值，就需选用精度等级能满足要求的传感器。

对某些特殊使用场合，无法选到合适的传感器，则需自行设计制造传感器。自制传感器的性能应满足使用要求。

4.2.5　常用传感器介绍

1. 电容式传感器

电容式传感器是一种将被测非电量的变化转换为电容量变化的传感器。它结构简单、体积小、分辨力高，具有平均效应，测量精度高，可实现非接触测量，并能在高温、辐射和强烈振动等恶劣条件下工作，广泛应用于压力、差压、液位、振动、位移、加速度、成分含量等方面的测量。

常用的电容式传感器的结构形式有变面积型、变极距型、变介电常数型，其中变面积型和变极距型应用较广，如图 4.7 所示。

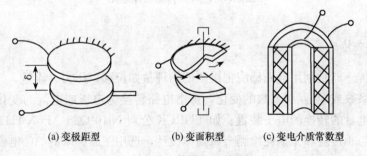

(a) 变极距型　　　　　(b) 变面积型　　　　　(c) 变电介质常数型

图 4.7　电容式传感器的结构形式

电容式传感器是一个具有可变参数的电容器。多数场合有两个金属平行板组成，并且以空气为介质。

由两个平行板组成的电容器的电容量如下：

$$C = \frac{\varepsilon S}{d}$$

式中，C 为平板电容器的电容量（单位：F）；ε 为电容器极板间介质的介电常数（单位：F/m）；S 为两极板相互覆盖的有效面积（单位：m^2）；d 为两极板间的距离（单位：m）。

当被测参数使 S、D 或 ε 发生变化时，由上式可见，电容 C 也将随之变化。因此，电容量变化的大小与被测参数的大小成比例。在实际使用中，电容式传感器常以改变平行板间距来进行测量，因为这样获得的测量灵敏度高于改变其他参数的电容传感器的灵敏度。

工作原理如下：

如图 4.8 所示，电容式传感器的感应面由两个同轴金属电极构成，很像"打开的"电容器电极，该两个电极构成一个电容，串接在 RC 振荡回路内。电源接通时，RC 振荡器不振荡，当一目标朝着电容器的电板靠近时，电容器的容量增加，振荡器开始振荡。通过后级电路的处理，将振荡信号转换成开关信号，从而起到了检测有无物体存在的目的。该传感器能检测金属物体，也能检测非金属物体。对金属物体可以获得最大的动作距离；对非金属物体动作距离决定于材料的介电常数，材料的介电常数越大，可获得的动作距离越大。

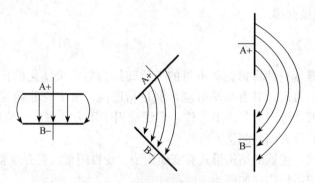

图 4.8　电容式传感器原理图

2. 电感式传感器

电感式传感器是利用电磁感应把被测的物理量如位移、压力、流量、振动等转换成线圈的自感系数或/和互感系数的变化，再由电路转换为电压或电流的变化量输出，实现非电量到电量的转换的电子装置。如 TURCK 公司 Ni10-Q25-AP6X-H1141 型电感式传感器是专为非接触和无损耗检测金属物体设计，选用了高频率的 AC 电磁场，为了保护传感器，磁场由带有铁心的 LC 线圈产生。

电感式传感器具有以下特点：

1）结构简单，传感器无活动电触点，因此工作可靠寿命长。

2）灵敏度和分辨力高，能测出 $0.01\mu m$ 的位移变化。传感器的输出信号强，电压灵敏度一般每毫米的位移可达数百毫伏的输出。

3）线性度和重复性都比较好，在一定位移范围（几十微米至数毫米）内，传感器非线性误差可达 $0.05\%\sim0.1\%$。同时，这种传感器能实现信息的远距离传输、记录、显示和控制，它在工业自动控制系统中广泛被采用。但它有频率响应较低、不宜快速动态测控等缺点。

电感式传感器种类很多，常见的有自感式、互感式和涡流式三种。

（1）自感式电感传感器

自感式传感器是由铁心和线圈构成、将直线或角位移的变化转换为线圈电感量变化的传感器，又称电感式位移传感器。这种传感器的线圈匝数和材料磁导率都是一定的，其电感量的变化是由于位移输入量导致线圈磁路的几何尺寸变化而引起的。当把线圈接入测量电路并接通激励电源时，就可获得正比于位移输入量的电压或电流输出。

电感式传感器主要用于位移测量和可以转换成位移变化的机械量（如力、张力、压力、压差、加速度、振动、应变、流量、厚度、液位、体积质量、转矩等）的测量。

常用电感式传感器有变极距型、变面积型和螺管型，如图 4.9 所示。在实际应用中，这三种传感器多制成差动式，以便提高线性度和减小电磁吸力所造成的附加误差。

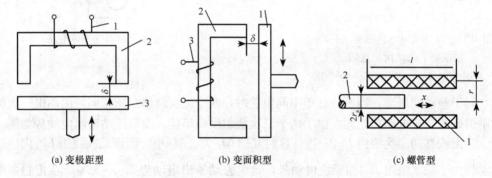

(a) 变极距型　　　　　　　(b) 变面积型　　　　　　　(c) 螺管型

图 4.9　电感式传感器的结构形式

1—线圈；2—铁心；3—衔铁　　　1—衔铁；2—铁心；3—线圈　　　1—线圈；2—衔铁

注 1："↕↔"表示电感式传感器的衔铁"上下、左右"移动；

注 2：δ 表示衔铁和线圈之间的气隙宽度；

注 3：r 表示螺管型传感器线圈的半径，r_a 表示中心衔铁的半径，l 表示传感器线圈的长度。

1）变极距型电感传感器。这种传感器的气隙 δ 随被测量的变化而改变，从而改变磁阻。它的灵敏度和非线性都随气隙的增大而减小，因此常常要考虑两者兼顾。δ 一般取在 0.1～0.5mm 之间。

2）变面积型电感传感器。这种传感器的铁心和衔铁之间的相对覆盖面积（即磁通截面）随被测量的变化而改变，从而改变磁阻。它的灵敏度为常数，线性度也很好。

3）螺管型电感传感器。它由螺管线圈和与被测物体相连的柱型衔铁构成。其工作原理基于线圈磁力线泄漏路径上磁阻的变化。衔铁随被测物体移动时改变了线圈的电感量。这种传感器的量程大，灵敏度低，结构简单，便于制作。

（2）互感式电感传感器

互感式电感传感器的工作原理类似变压器的工作原理。这种类型的传感器主要包括有衔铁、一次绕组和二次绕组等。一、二次绕组间的耦合能随衔铁的移动而变化，即绕组间的互感随被测位移改变而变化。由于在使用时采用两个二次绕组反向串接，以差动方式输出，所以把这种传感器称为差动变压器式电感传感器，通常简称差动变压器。图 4.10 为差动变压器的结构示意图。

差动变压器工作在理想情况下（忽略涡流损耗、磁滞损耗和分布电容等影响），它的等效电路如图 4.11 所示。图中 U_1 为一次绕组激励电压；M_1、M_2 分别为一次绕组与两个二次绕组间的互感；L_1、R_1 分别为一次绕组的电感和有效电阻；$L_{2,1}$、$L_{2,2}$ 分别为两个二次绕组的电感；$R_{2,1}$、$R_{2,2}$ 分别为两个二次绕组的有效电阻。

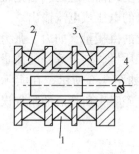

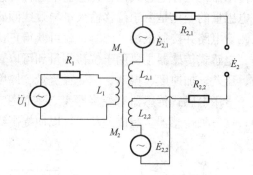

图 4.10　互感式电感传感器（差动
　　　　变压器）的结构示意图
1—一次绕组；2，3—二次绕组；4—衔铁

图 4.11　差动变压器的等效电路

对于差动变压器，当衔铁处于中间位置时，两个二次绕组互感相同，因而由一次侧激励引起的感应电动势相同。由于两个二次绕组反向串接，所以差动输出电动势为零。

当衔铁移向二次绕组 $L_{2,1}$ 一边，这时互感 M_1 大、M_2 小，因而二次绕组 $L_{2,1}$ 内感应电动势大于二次绕组 $L_{2,2}$ 内感应电动势，这时差动输出电动势 $\dot{E}_2$ 不为零。在传感器的量程内，衔铁移动越大，差动输出电动势就越大。

同样道理，当衔铁向二次绕组 $L_{2,2}$ 一边移动，差动输出电动势仍不为零，但由于移动方向改变，所以输出电动势反相。因此，通过差动变压器输出电动势的大小和相位可以知道衔铁位移量的大小和方向。

（3）涡流式电感传感器

涡流式电感传感器是一种建立在涡流效应原理上的传感器。

涡流式电感传感器可以实现非接触地测量物体表面为金属导体的多种物理量，如位移、振动、厚度、转速、应力、硬度等参数。这种传感器也可用于无损探伤。

涡流式电感传感结构简单、频率响应宽、灵敏度高、测量范围大、抗干扰能力强，特别是有非接触测量的优点，在工业生产和科学技术的各个领域得到了广泛的应用。

当通过金属体的磁通量变化时，就会在导体中产生感应电流，这种电流在导体中是自行闭合的，这就是所谓电涡流。电涡流的产生必然要消耗一部分能量，从而使产生磁场的线圈阻抗发生变化，这一物理现象称为涡流效应。涡流式电感传感器是利用涡流效应，将非电量转换为阻抗的变化而进行测量的。

3. 光电式传感器

光电式传感器通常是指能敏感到由紫外线到红外线光产生的光能量，并能将光能转化成电信号的器件。光电元件的理论基础是光电效应。

光电效应就是在光线作用下，物体吸收光能量而产生相应电效应的一种物理现象，对不同频率的光，其光子能量 $E=hV$ 是不相同的，光波频率 V 越高，光子能量越大。用光照射某一物体，可以看作是一连串能量为 A_u 的光子轰击在这个物体上，此时光子能量就传递给电子，并且是一个光子的全部能量一次性地被一个电子所吸收，电子得到光子传递的能量后其状态就会发生变化，从而使受光照射的物体产生相应的电效应，这种物理现象称为光电效应。通常可分为外光电效应和内光电效应两种类型。

（1）外光电效应

在光线作用下，电子从物体内逸出的物理现象，称为外光电效应，也称光电发射效应。基于外光电效应的光电元件有光电管。

（2）内光电效应

在光线作用下，物体电导性能发生变化或产生一定方向电动势的现象称为内光电效应。它又可分为光电导效应、光敏晶体管效应和光生伏特效应。基于内光电效应的光电元件有光敏电阻、光敏晶体管和光电池。其中，光电池的响应速度较慢，很少用于自动控制系统中，所以在此不作详细介绍。

1）光敏电阻。光敏电阻是一种光电效应半导体器件，应用于光存在与否的感应（数字量）以及光强度的测量（模拟量）等领域。它的体电阻率随照明强度的增强而减小，容许更多的光电流流过。

光敏电阻是薄膜元件，它是由在陶瓷底衬上覆一层光电半导体材料制成。金属接触点盖在光电半导体面下部。这种光电半导体材料薄膜元件有很高的电阻，所以在两个接触点之间做的狭小、交叉，使得在适度的光线时产生较低的阻值。

2）光敏二极管和晶体管。光敏二极管和晶体管其结构如图 4.12 所示，只是它的

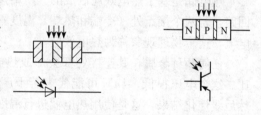

(a) 光敏二极管　　　　　　(b) 光敏晶体管

图 4.12　结构示意图和图形符号

PN 结装在管壳顶部，光线通过透镜制成的窗口，可以集中照射在 PN 结上，有光照时反向导通。

4. 温度传感器

常用的温度传感器有热电阻、热敏电阻、热电偶等。

温度传感器是将温度变化转化为电量变化的装置，它利用敏感元件的电磁参数随温度变化而变化的特性来达到测量目的。通常把被测温度变化转换为敏感元件的电阻变化、电动势的变化，再经过相应的测量电路输出电压或电流，然后由这些参数的变化来检测对象的温度变化。

（1）热电阻

热电阻是中低温区常用的一种测温元件。热电阻是利用物质在温度变化时本身电阻也随着发生变化的特性来测量温度的。热电阻的受热部分（感温元件）是用细金属丝均

匀的缠绕在绝缘材料制成的骨架上，当被测介质中有温度梯度存在时，所测得的温度是感温元件所在范围内介质层中的平均温度。它的主要特点是测量精度高，性能稳定。其中，铂热电阻的测量精确度最高。

热电阻大都由金属材料制成，其中应用最多的是铂和铜。

以 PT100 热电阻为例进行介绍。

铂电阻的特点是精度高，稳定性好，性能可靠；铂在氧化性环境中，甚至在高温下的物理、化学性质都非常稳定。因此，被公认为是目前制造热电阻的最好材料。铂电阻主要作为标准电阻温度计使用，也常被用在工业测量中。

铂电阻的阻值与温度之间的关系，在 0～850℃范围内可用下式表示：

$$R_t = R_0(1 + At + Bt^2)$$

在 −200～0℃范围内则用下式表示：

$$R_t = R_0[1 + At + Bt^2 + C(t - 100)t^3]$$

式中，R_t 和 R_0 分别为 t℃和 0℃时铂电阻阻值；A、B、C 为常数。

在 S7-200 系列 PLC 中，建议采用扩展模块 EM 231 模拟量输入（热电阻）2×RTD 或 EM231 模拟量输入（热电阻）4×RTD 进行模拟信号的采集。

（2）热电偶

热电偶在温度的测量中应用十分广泛，其构造简单，使用方便，测温范围宽，并且有较高的精确度和稳定性。

热电偶是基于热电效应制成的。所谓热电效应，是指将两种不同的材料构成一闭合回路，若两个接点处（冷端和热端）温度不同，则此回路中会产生热电动势，从而形成电流，这个物理现象称为热电效应。

任何两种金属，其连接处都会形成热电偶。热电偶产生的电压与连接点温度成正比。这个电压很低，$1\mu V$ 可能代表若干度。测量来自热电偶的电压，进行冷端补偿，然后线性化结果，这是使用热电偶进行温度测量的基本步骤。

当将一个热电偶连接到 EM231 热电偶模块时，两根不同的金属导线连接到模块的输入信号接线端子。两根不同金属导线彼此连接处形成传感器的热电偶。

在两根不同金属导线连接到输入信号接线端子的地方形成其他两个热电偶。接线端子处的温度产生一个电压，加到从传感器热电偶来的电压上。如果这个电压不校正，那么，所测量的温度会偏离传感器的温度。

冷端点补偿用来补偿接线端子处的热电偶。热电偶表基于基准连接点温度，通常是 0℃。模块冷端补偿将接线端子处的温度补偿到 0℃。冷端补偿补偿了由于接线端子热电偶电压所引起的电压增加。模块温度是在内部测量的。这个温度转换成一个值，它加到传感器的转换值上。然后，用热电偶表线性化被修正后的传感器转换值。

在 S7-200 系列 PLC 中，建议采用扩展模块 EM231 模拟量输入（热电偶）4×TC 或 EM 231 模拟量输入（热电偶）8×TC 进行模拟信号的采集。

EM231 TC 支持 J、K、E、N、S、T 和 R 型热电偶，不支持 B 型热电偶。

EM231 TC 可以设置为由模块实现冷端补偿，但仍然需要补偿导线进行热电偶的自由端补偿。

4.2.6 传感器接线方式

传感器一般有二线传感器、三线传感器、四线传感器等几种类型。

直流二线制：负载必须串接在传感器内进行工作。有短路保护和极性变换保护。

直流三线制：这些传感器的电源和负载分开连接。它们有过载保护、短路保护和极性保护，其剩余电流可以忽略不计。

直流四线制：这些传感器与三线制相同，只是同时提供一个常闭和一个常开输出。

常用的有二线制传感器、三线制传感器和四线制传感器，其接线图如图 4.13～图 4.15所示。

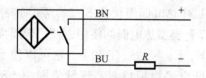

图 4.13 二线制传感器接线

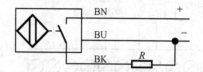

图 4.14 三线制传感器接线

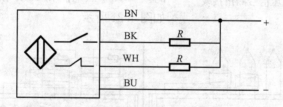

图 4.15 四线制传感器接线

注：电路图中，BN 代表棕色，BU 代表蓝色，BK 代表黑色，WH 代表白色。

并联和串联连接：接近开关可以采用并联或串联的连接，以实现简单的逻辑功能（与、或、与非、或非），与机械开关组合在一起也是可能的。

模拟量输入模块的接线以模拟量输入模块 EM231 为例进行介绍。

输入阻抗与连接有关：电压测量时，输入是高阻抗为 $10M\Omega$；电流测量时，需要将 Rx 和 x 短接，阻抗降到 250Ω。不同类型（电流型或电压型）的不同线制（二线制、三线制或四线制）如图 4.16～图 4.20 所示。

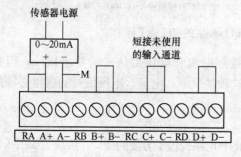

图 4.16 四线制电流型信号接线

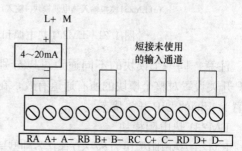

图 4.17 二线制电流信号测量接线

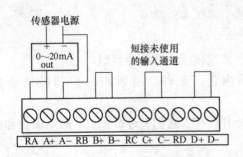

图 4.18　三线制电流信号测量接线

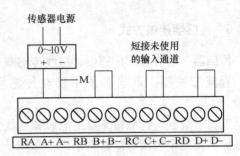

图 4.19　四线制电压信号测量接线

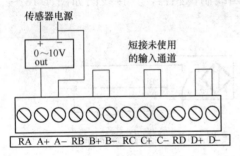

图 4.20　三线制电压信号测量接线

一个模拟量输入模块的不同通道，可以同时分别连接两线制信号、三线制信号和四线制信号。

EM231 热电偶模块为 S7-200 系列产品提供了连接 7 种类型热电偶的使用方便、带隔离的接口：J、K、E、N、S、T 和 R。它可以使 S7-200 能连接低电平模拟信号，测量范围为±80mV。所有连接到该模块的热电偶都必须是同一类型的。EM231 热电偶和 RTD 模块的接线端子标识如图 4.21 所示。

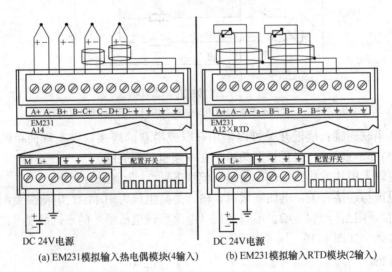

(a) EM231模拟输入热电偶模块(4输入)   (b) EM231模拟输入RTD模块(2输入)

图 4.21　EM231 热电偶和 RTD 模块的接线端子标识

注意：同一个模块的不同通道可以分别按照电流和电压型信号的要求接线，但是 DIP 开关设置对整个模块的所有通道有效，在这种情况下，电流、电压信号的规格必须能设置为相同的 DIP 开关状态。

EM231 热电阻模块

EM231 热电阻模块为 S7-200 连接各种型号的热电阻提供了方便的接口，接线图如图 4.22 所示。它也允许 S7-200 测量三个不同的电阻范围。连接到模块的热电阻必须是相同的类型。

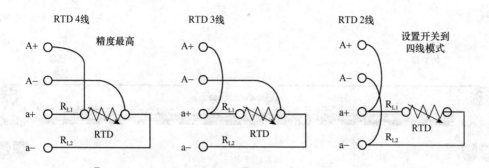

图 4.22　RTD 传感器的接线（四线、三线和二线）

■ 4.3　前 导 训 练 ■

4.3.1　金属材料的检测

1. 训练目的

1) 掌握在具体工作环境及控制要求下，传感器型号的选择。
2) 掌握传感器的接线方式
3) 练习利用编程设备进行程序编写，完成对金属材料的检测

2. 训练器材

1) 带有 STEP 7-Micro/WIN 软件的计算机一台。
2) PC/PPI 编程电缆一根。
3) S7-200 型 PLC（CPU226）一个。
4) 传感器（PNP 常开，三线直流，DC 10～30V）两个。
5) 交流电动机两台。
6) 按钮、导线若干。

3. 训练内容说明

在生产车间经常有需要对生产材料进行传送。此运货小车可以在 A、B 两地进行自由运行，实现材料的两地传输，如图 4.23 所示。控制要求如下：

当 A 地有材料需要运到 B 地，操作人员在 A 地按下启动按钮，两地报警器同时报警，此时当 B 地人员发现报警并按下启动按钮后，则电动机 2 运行，拖动运货小车向右运行；直到运货小车到达 B 地限位传感器，则停止电动机 2 并关闭报警器。如 B 地有材料需要运到 A 地，其步骤相反。

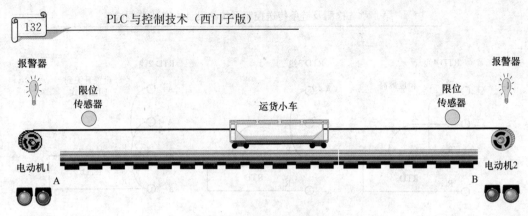

图 4.23　运货小车控制图

4. 训练步骤

（1）I/O 分配表

根据以上控制要求及输入输出器件的分布，可作出 I/O 分配表，见表 4.1。

表 4.1　I/O 分配表

输　　入		输　　出	
A 地启动	I0.0	电动机 1	Q0.0
A 地停止	I0.1	电动机 2	Q0.1
A 地限位传感器	I0.4	灯光报警器	Q0.2
B 地启动	I0.2		
B 地停止	I0.3		
B 地限位传感器	I0.5		

（2）硬件接线图

根据控制要求和 I/O 分配表，可画出 PLC 外部电路，如图 4.24 所示。

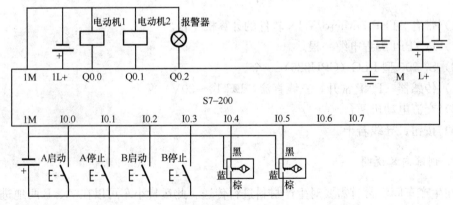

图 4.24　PLC 外部电路

（3）程序设计

运货小车可以在 A、B 两地进行自由运行，其梯形图程序如图 4.25 所示。

4.3.2　用 PT100 型温度传感器进行温度测量

1. 训练目的

1）掌握在具体工作环境及控制要求下，模拟量传感器型号的选择。

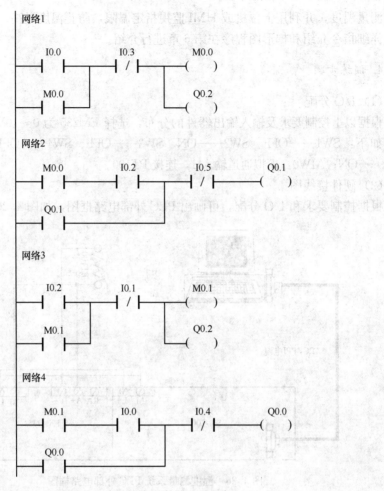

图 4.25　运货小车梯形图程序

2）掌握传感器的接线方式。

3）练习利用编程设备进行程序编写，完成对环境温度的测量。

2. 训练器材

1）带有 STEP 7-Micro/WIN 软件的计算机一台。

2）PC/PPI 编程电缆一根。

3）S7-200 型 PLC（CPU226）＋EM235 型模拟量扩展模块一个。

4）PT100 型温度传感器一只。

5）按钮、导线若干。

3. 训练内容说明

某仓库需要对环境温度进行实时监视，防止温度过高使仓库物资发生变化而造成经济损失。利用 S7-200 型 PLC 和 EM235 型模拟量扩展模块，配套以 PT100 型温度传感器来测量温度，并利用上位机或 HMI 监视指定温限，防止温度过高。

详细指令介绍和梯形图程序在第 6 章进行介绍。

4. 训练步骤

（1）I/O 分配

根据以上控制要求及输入输出器件的分布，选择 EM235 为 0～10V 输入，设置配置开关如下：SW1——OFF、SW2——ON、SW3——OFF、SW4——OFF、SW5——OFF、SW6——ON；AIW0：模拟通道输入 1，连接 PT100。

（2）硬件接线图

根据控制要求和 I/O 分配，可画出 PLC 外部电路框图，如图 4.26 所示。

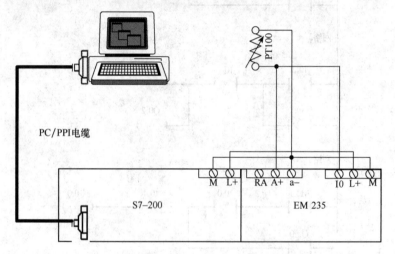

图 4.26　温度测量系统 PLC 外部电路框图

注：按照传感器接线方法短接 EM235 模块上其他所有未使用的模拟量输入通道。

4.3.3　工件颜色检测

1. 实训要求

掌握颜色传感器的实际操作与应用。

2. 实训器材

1）传送带电动机一台。

2）按钮两只。

3）急停按钮一只。

4）指示灯两只（红色和绿色）。

5）计算机一台。

6）PLC（S7-200）一台。

7）PC/PPI 编程电缆一根。

8）真彩传感器一只。

9) 电磁铁一只。

10) 托盘与料体等器件若干。

3. 实训原理

分别对三种颜色（分别为红色、黄色和蓝色）的工件进行设定与检测，并判断是否放行。

原位状态：工件颜色检测位没工件，真彩传感器处于正常工作状态，电磁铁没得电时能挡住托盘。

在原位状态下，按下启动按钮，传送带电动机启动运行，传送带也随之运行，将托盘和料体放在传送带上，它也随之移动。到达彩色传感器检测位检测料体的颜色，当检测的料体为红色时，电磁铁动作放行；当检测到的是黄色时，传送带电动机停止，3s 后，电磁铁吸合（时间为 6s），传送带电动机重新启动运行，工件放行；当检测到的是蓝色时，传送带电动机停止，5s 后，电磁铁吸合（时间为 6s），传送带电动机重新启动运行，工件放行。

按下停止按钮，完成一个检测周期后传送带电动机才停止（彩色传感器没有检测到信号）。

按下急停按钮，无论处于何种状态，传送带电动机都马上停止运行。

按下复位按钮，真彩传感器检测可按启动按钮重新启动（急停按钮先复位）。

4. I/O 分配表

I/O 分配表见表 4.2。

表 4.2　工件颜色检测系统 I/O 分配表

输　入		输　出	
I0.2	启动	Q0.0	运行
I0.3	停止	Q0.1	停止/报警
I0.4	复位	Q1.0	传送带电动机
I0.5	急停	Q1.1	限位电磁铁
I1.4	红色工件检测		
I1.5	黄色工件检测		
I1.6	蓝色工件检测		

5. 实训步骤和方法

1) 打开 STEP 7-Micro/WIN 编程软件，根据要求编写程序。

2) 在 PLC 主机断电的情况下将 PC/PPI 通信电缆插在 PLC 与 PC 上。

3) 将编辑好的程序下载到 PLC，下载完后，再将 PLC 串口置于 RUN 状态。

4) 操作与现象：见实训原理。

5) 撰写实训报告。

6. 注意事项

1) 在连接 PC/PPI 电缆时，PLC 应断电。

2）需要人工清除传送带上剩余的托盘。

■ 4.4　过程详解 ■

4.4.1　输入/输出端口分配

根据检测及链条传送控制系统的控制要求，其 I/O 地址分配见表 4.3，内部存储位地址分配见表 4.4。

表 4.3　检测及链条传送控制系统 I/O 地址分配

输入信号				输出信号			
序号	输入地址	符号	备注	序号	输出地址	符号	备注
1	I0.0	单机联机切换		1	Q0.0	运行	
2	I0.2	启动按钮		2	Q0.1	报警	
3	I0.3	停止按钮		3	Q1.0	传送	
4	I0.4	复位按钮		4	Q1.1	加销钉电机	
5	I0.5	急停按钮		5	Q1.2	穿销汽缸	
6	I1.0	托盘		6	Q1.3	放行	
7	I1.1	盖子					
8	I1.2	销钉					
9	I1.3	金属销钉					
10	I1.4	黄工件					
11	I1.5	绿工件					
12	I1.6	红工件					

表 4.4　检测及链条传送控制系统 M 存储区和 V 存储区分配

M 存储区				V 存储区			
序号	输入地址	符号	备注	序号	输入地址	符号	备注
1	M1.1	初始状态		1	V0.0	启动命令 _ 主站	
2	M1.4	联机启动准备完毕		2	V0.1	停止命令 _ 主站	
3	M2.0	复位		3	V0.2	复位命令 _ 主站	
4	M2.1	急停		4	V0.3	急停命令 _ 主站	
5	M2.2	检测状态存储脉冲		5	V0.4	放料允许	
6	M2.5	停止记忆		6	V0.7	联机准备完毕	
7	M2.6	复位记忆		7	V200.0	紧急停止报警	
8	M2.7	复位完成					
9	MB11	工件检测状态	字节				

4.4.2　梯形图的设计

只有满足原点条件时，按下启动按钮后，设备才可能处于运行工作状态。检测及链条传送单元的原点启动条件为：传送带上托盘检测位置处没有放置托盘。

当检测单元位于运行原点时，按下启动按钮后，该单元传送带及链条传送单元的传送带开始转动，本站的运行指示灯点亮。

当托盘及工件运动到该单元时，限位电磁铁阻止其放行，该单元一个新的工作周期开始。此时，托盘到位感知传感器（5SQ1）检测到托盘到位，然后传感器分别对前 4 单元加工后的工件进行盖子检测、销钉检测、金属销钉检测、工件颜色检测，检测时间为 10s。然后，电磁铁（5YA1）通电 3s，将工件放行，工件通过链条传送单元后，一个工作周期结束。

1. 主程序

当复位 M2.0 出现上升沿信号时，置位复位记忆 M2.6，如图 4.27 所示。

调用复位子程序，进行上电和停止初始化，如果复位完成则置位 M2.7，如图 4.28 所示。

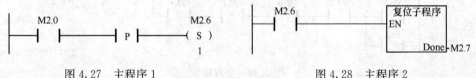

图 4.27　主程序 1　　　　　　　　图 4.28　主程序 2

如果复位操作完成，则复位复位记忆 M2.6 和复位完成 M2.7，如图 4.29 所示。

系统急停，复位 Q0.0、M2.6、Q1.0、Q1.2 和 SB0，如图 4.30 所示。

单机/联机复位、急停，如图 4.31 所示。

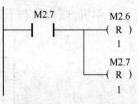

图 4.29　主程序 3

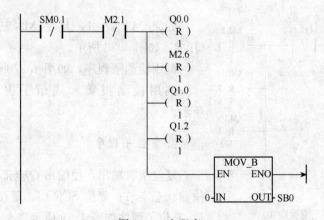

图 4.30　主程序 4

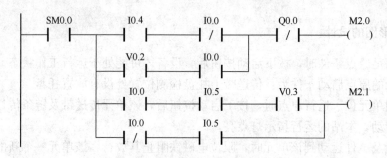

图 4.31　主程序 5

初始状态，如图 4.32 所示。

联机启动准备完毕，如图 4.33 所示。

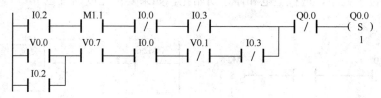

图 4.32　主程序 6　　　　　　　　　　　　　图 4.33　主程序 7

单机/联机启动停止，如图 4.34 所示。

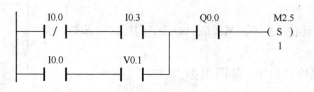

图 4.34　主程序 8

单机/联机状态下，系统停止记忆 M2.5，如图 4.35 所示。

图 4.35　主程序 9

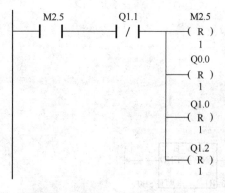

图 4.36　主程序 10

如果 M2.5＝1，复位 M2.5、Q0.0、Q1.0、Q1.2，如图 4.36 所示。

调用检测子程序，如图 4.37 所示。

调用检测报警和通信子程序，如图 4.38 所示。

2. 复位子程序

复位所有输出，使输出 Q 全部为 0；复位工件检测状态字节；复位 SCR 位；复位完成则 L0.0＝1。复位子程序如图 4.39 所示。

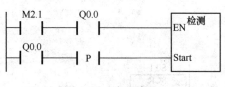

图 4.37　主程序 11

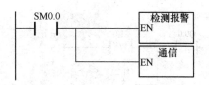

图 4.38　主程序 12

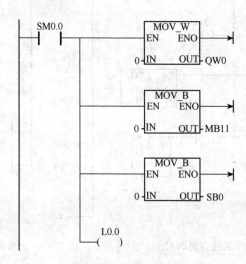

图 4.39　复位子程序

3. 检测子程序

系统启动原点。当 L0.0 为 1 时，置位 S0.0 开始步进运行，如图 4.40 所示。

第一步：托盘延时检测，如图 4.41 所示。

第二步：工件状态检测，如图 4.42 所示。

第三步：检测完毕放行，如图 4.43 所示。

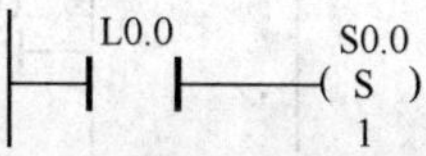

4. 检测报警子程序

检测报警子程序如图 4.44 所示。

图 4.40　检测子程
序之原点程序段

4.4.3　控制电路的连接

选择好合适的传感器后，在实际连接线过程中，按照传感器的说明书接线，但也要注意选择传感器的类型：交流型还是直流型，二线制还是三线制、四线制等。接线图如图 4.45 所示。

4.4.4　系统的调试

1）接线前的准备工作：

① 静电的隔离；

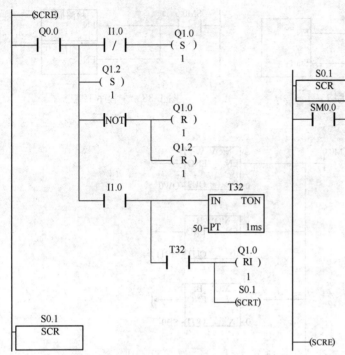

图 4.41　检测子程序之托盘延时检测

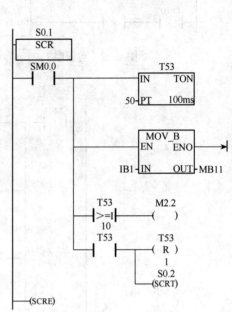

图 4.42　检测子程序之工件状态检测

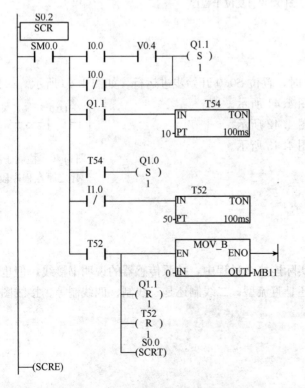

图 4.43　检测子程序之检测完毕放行

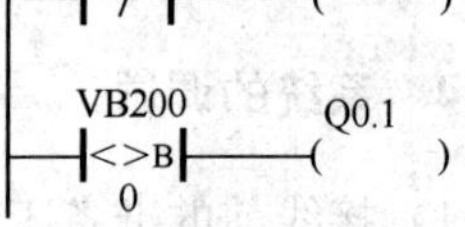

图 4.44　检测报警子程序

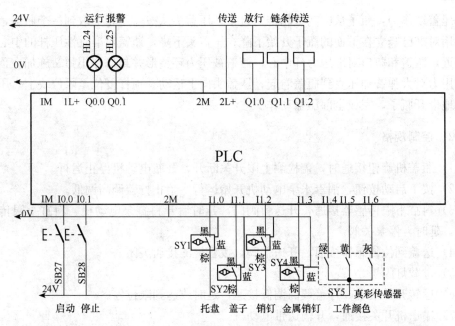

图 4.45　接线图

① 传感器接地应可靠，传感器的导线连接不得短路。

② 图中传感器边上标明的颜色为传感器信号线的颜色，并非被检测物件的颜色。

② 接线的工具是否到位。

2）按照电气原理图完成 PLC 的接线。

3）硬件模块的组态和确认：

① 系统的规划；

② 模块选择与地址设定；

③ 梯形图程序的编写与系统配线；

④ 梯形图程序的仿真与修改；

⑤ 系统试运行与实际运转；

⑥ 程序注释和归档。

4）通信方式的选择。

■4.5　技 能 提 高■

4.5.1　玻璃瓶压盖机控制系统的设计、安装与调试

玻璃瓶压盖机是饮品包装生产线的关键设备之一（如啤酒瓶压盖机）。压盖机是针对使用皇冠盖的瓶子而设计的，主要由压盖机护瓶装置、拨盖星轮、输盖轨道、翻盖器、振动机构、磁性搅拌机构、压盖头、机体、调高机构组成。

压盖动作为：瓶子从中间星轮传送过来，压盖头从拨盖星轮上取到一个瓶盖，受凸轮作用对准已竖立在下面的瓶子开始下降；压盖头下降，瓶子对准磁性压杆的中心；瓶口接近，瓶盖和瓶口对准压力环中心；瓶盖被压力环整形并封口；小弹簧施加在顶杆上的作用力对大弹簧加压直到瓶盖卷起；压盖头向上运动。顶杆复位至限位块上，压力环缓缓地推开瓶子，完成全部压盖动作。

4.5.2　控制规格

1）瓶盖机旋钮接通时，盖检测上限开关断开，开瓶电动机停止运行。

2）按下启动按钮，消毒水泵电动机开始运行，禁止拧盖调高调低。

3）料缸下限传感器接通，开送料阀门，延时后开料缸泵电动机，料缸上限传感器接通，延时，停泵关阀。

4）送盖到位传感器接通，开送盖阀，拨杆检测接通关闭。

5）过载灯闪烁。

6）运转开关接通，拧盖调高调低接通，延时或达到限位停。

7）输送机开关接通，开输送带电动机。

4.5.3　训练步骤

1）根据内容说明画出外部接线图及 I/O 分配表，见表 4.5。

2）依据分配表和要求编写正确梯形图。

3）将程序传送至 PLC，先进行离线调试。

4）程序正确后，进行控制柜及线路安装。

5）调试系统至正确运转。

表 4.5　玻璃瓶盖压盖机控制系统 I/O 分配表

输　入			输　出		
SQ1	I0.0	盖检测上限	M1	Q0.0	拧盖电动机
SQ2	I0.1	盖检测下限	M2	Q0.1	瓶盖电动机
SQ3	I0.2	进瓶故障	M3	Q0.2	输送带
SQ4	I0.3	卡瓶	V1	Q0.3	送盖阀
SQ5	I0.4	有瓶检测	HL1	Q0.4	卡瓶
SQ6	I0.5	送盖到位	HL2	Q0.5	过载
SA0	I1.2	手动	HL3	Q0.6	加盖
SA0	I1.3	自动	HL4	Q0.7	无盖
SA1	I1.5	拧盖电动机			
SA2	I1.6	瓶盖电动机			
SA3	I2.1	输送带电动机			
SA4	I2.2	急停			
QF	I2.3	断路器过载			

■4.6　知　识　拓　展■

1. 传感器厂商及网站介绍

（1）邦纳公司

邦纳公司拥有 20 000 多种产品，包括光电传感器、超声波传感器，安全产品和测量检测产品，能满足各种不同的检测要求。

邦纳中国主页：www. bannerengineering. com. cn。

（2）图尔克公司

图尔克主导产品分为五大体系。

第一类：接近开关类及过程类传感器。

第二类：工业现场总线产品。

第三类：过程自动化类产品。

第四类：接插件产品。

第五类：触摸屏产品。

图尔克公司主页：www. turck. com。

（3）施克公司

施克公司的主要产品有工业自动化传感器、工业安全系统和自动化识别及激光测量系统。

施克中国主页：www. sick. net. cn。

（4）传感器世界网

主页：www. sensorworld. com. cn。

（5）中国传感器网

主页：www. sensor. com. cn。

（6）中国传感器交易网

主页：www. chinasensor. cn。

2. 相关案例

金属管/线材的涡流无损探伤检测台（未包括翻转装置）利用金属检测传感器（不包括检测装置涡流检测线圈）对金属管/线材进行在线检测、定位。在具体的在线探伤前需要利用样管对检测装置进行激励频率、增益、相位等参数的调节，调节时需要对样管来回反复运行检测调整参数，当样管右端通过传感器 1 时电动机正转，当样管运行到其左端通过传感器 2 时电动机反转，如此反复，直到所有参数全部调整完成。涡流检测流程示意图见图 4.46 所示。

涡流检测硬件接线图如图 4.47 所示。

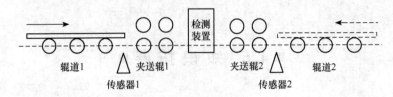

图 4.46　涡流检测流程示意图

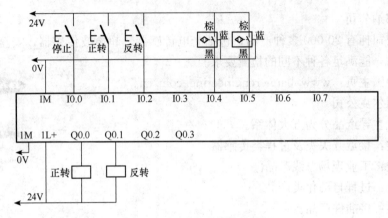

图 4.47　涡流检测硬件接线图

本章小结

　　本章主要讲述了传感器的基本知识。包括传感器的定义与分类，传感器的静态与动态特性，传感器的线性度、灵敏度、分辨率与动态特性以及传感器的选用原则等传感器各个方面的基础知识。

　　重点讲述了检测和链条传送单元中所使用到的电容、电感式传感器，用来检测金属和非金属工件；光电式传感器，在本章内容中主要用作光电开关以及温度传感器，包括热电阻和热电偶等常用的温度传感器。

　　在实际使用中要注意传感器的具体接线方式：二线制、三线制还是四线制；交流型还是直流型等。

第 **5** 章

■ 废成品分拣控制系统的设计、安装与调试

■ 技能训练目标

1. 能根据气动元件的工作原理正确使用气动元件。
2. 能根据气动控制系统的组成进行合理的设计与安装。
3. 能根据PLC步进指令的编程方法进行PLC控制系统设计。

■ 知识教学目标

1. 熟悉气动控制系统的组成。
2. 掌握气动元件的工作原理。
3. 掌握PLC步进指令的编程方法。

■ 5.1 项目任务说明 ■

5.1.1 工艺的描述

如前所述，废成品分拣及废品输送单元是柔性生产线的第五个工作单元（见图 5.1），它的作用是将生产线上的废品通过搬运机械手与成品分离开来。

图 5.1 废成品分拣单元

工艺要求如下：按下启动按钮后，该单元传送带开始转动，本站运行指示灯点亮。当托盘及工件运动到该单元时，限位气缸阻止其放行，该单元开始一个新的工作周期。此时，托盘到位感知传感器检测到托盘到位，延时 2s 后，提升气缸电磁阀通电，机械臂下降，到位后夹紧气缸电磁阀通电，将工件夹紧，然后提升气缸电磁阀断电，机械臂上升。此时，限位气缸电磁阀通电，放行托盘。然后，该单元对工件按照成品、废品交替形式处理工件，并对成品、废品作不同处理。

1）工件为成品时：摆动气缸电磁阀通电，将工件旋转 90°并保持该状态 6s，确保托盘已经通过该分拣单元，然后该单元传送带断电，提升气缸电磁阀通电，机械臂下降，保证工件垂直放置在传送带上，最后传送带电动机通电，工件放行，2s 后限位气缸电磁阀断电。

2）工件为废品时：摆动气缸电磁阀通电，将工件旋转 90°，然后直线气缸电磁阀通电，将工件运至废品位，夹紧气缸电磁阀断电，工件落到废品输送单元的通道上。机械臂在该位置保持 2s 后，直线气缸电磁阀断电，机械臂回到初始位置，2s 后限位气缸电磁阀断电。

5.1.2　器件的组成

本单元由各种传感器件、气动元件、控制与显示器件组成其控制系统，各器件情况如下。

1）传感部分：废成品检测传感器，当检测到成品时为"1"，否则为"0"；

托盘到位感知传感器，当受料位置有托盘时为"1"，否则为"0"；

废品到位感知传感器，当废品到位时为"1"，否则为"0"；

各气缸限位传感器，当气缸活塞到达极限位置时为"1"，否则为"0"。

以上传感器的类别、工作原理等知识在第 4 章中已介绍，这里不再讨论。

2）电气部分：传送带电动机控制继电器，吸合时传送带运行。

3）气动部分：夹紧气缸，用于夹持工件；

摆动气缸，用于沿圆周方向搬运工件；

提升气缸，用于竖直方向提升工件；

直线气缸，用于沿水平方向搬运工件；

限位气缸，用于阻挡工件在传送带上通过；

各电磁换向阀，电磁铁得电时换向，控制气缸的动作。

4）控制部分：启动按钮、停止按钮；

交流电源开关（220V）、直流电源开关（24V）；

可编程控制器（PLC）。

5）显示部分：运行显示（绿色指示灯）；

交流电源显示（红色指示灯）；

直流电源显示（红色指示灯）。

5.1.3　控制要求分析

通过观察本单元的运行过程及各部件情况，总结出控制要求如下。

1）初始状态：交、直流电源开关闭合，交、直流电源显示得电。

2）运行状态：按下启动按钮后，该单元传送带开始转动，本站运行指示灯点亮。当托盘及工件运动到该单元时，限位气缸阻止其放行，该单元开始一个新的工作周期。此时，托盘到位感知传感器检测到托盘到位，延时 2s 后，提升气缸电磁阀通电，机械臂下降，到位后夹紧气缸电磁阀通电，将工件夹紧，然后提升气缸电磁阀断电，机械臂上升。此时，限位气缸电磁阀通电，放行托盘。然后，该单元对工件按照成品、废品交替形式处理工件，并对成品、废品作不同处理。

① 工件为成品时：摆动气缸电磁阀通电，将工件旋转 90°并保持该状态 6s，确保托盘已经通过该分拣单元。然后该单元传送带断电，提升气缸电磁阀通电，机械臂下降，保证工件垂直放置在传送带上，最后传送带通电，工件放行，2s 后限位气缸电磁阀断电。

② 工件为废品时：摆动气缸电磁阀通电，将工件旋转 90°，直线气缸电磁阀通电，将工件运至废品位，然后夹紧气缸断电，工件落到废品输送单元的通道上。机械臂在该位置保持 2s 后，直线气缸电磁阀断电，机械臂回到初始位置，再过 2s 后限位气缸电磁阀断电。

3）停止运行：在以上运行状态已完成工作过程后按停止按钮，则传送带电动机停止，运行指示灯灭。

■ 5.2　基 础 知 识 ■

5.2.1　气压传动系统的组成

气压传动系统由气压发生装置、执行元件、控制元件、辅助元件和传动介质等几个部分组成。

气压发生装置简称气源装置，是获得压缩空气的能源装置，其主体部分是空气压缩机，另外还有气源净化设备。空气压缩机将原动机供给的机械能转化为空气的压力能。气源净化设备用以降低压缩空气的温度，除去压缩空气中的水分、油分以及污染杂质等。使用气动设备较多的厂矿常将气源装置集中在压气站内，由压气站再统一向备用气点分配供应压缩气体。

执行元件是以压缩空气为工作介质，并将压缩空气的压力能转变为机械能的能量转换装置，包括做直线往复运动的气缸、做连续回转运动的气马达和做不连续回转运动的摆动马达等。

控制元件又称操纵、运算、检测元件，是用来控制压缩空气流的压力、流量和流动方向等，以便使执行机构完成预定运动规律的元件。控制元件包括各种压力阀、方向阀、流量阀、逻辑元件、射流元件、行程阀、转换器和传感器等。

辅助元件是使压缩空气净化、润滑、消声以及元件间连接所需要的一些装置，包括分水滤气器、油雾器、消声器以及各种管路附件等。

5.2.2　气源装置

1. 压缩空气站概述

压缩空气站是气压系统的动力源装置，一般规定排气量大于或等于 $6m^3/min$ 时，就应独立设置压缩空气站；若排气量低于 $6m^3/min$ 时，可将压缩机或气泵直接安装在主机旁。

气压传动系统所使用的压缩空气必须经过干燥和净化处理后才能使用，因为压缩空气中的水分、油污和灰尘等杂质会混合而成胶体渣质，若不经处理而直接进入管路系统时，可能会造成以下的不良后果：

1) 油液挥发的油蒸气聚集在储气罐中形成易燃易爆物质，可能会造成事故。

2) 油液被高温汽化后形成有机酸，对金属器件起腐蚀作用。

3) 油、水和灰尘的混合物沉积在管道内将减小管道内径，使气阻增大或管路堵塞。

4) 在气温比较低时，水汽凝结后会使管道及附件因冻结而损坏，或造成气流不畅通以及产生误动作。

5) 较大的杂质颗粒会引起气缸、气马达、气控阀等元件的相对运动，而造成表面磨损，从而降低设备的使用寿命，或者堵塞控制元件的通道，直接影响元件的性能，甚至使控制失灵。

因以上原因，必须对压缩空气进行干燥和净化处理。对于一般的压缩空气站除空气压缩机外，还必须设置过滤器、后冷却器、油水分离器和储气罐等净化装置。一般压缩空气站的净化流程装置如图 5.2 所示。空气首先经过过滤器过滤去部分灰尘、杂质后进入压缩机 1，压缩机输出的空气先进入冷却器 2 进行冷却，当温度下降到 40～50℃ 时使油气与水气凝结成油滴和水滴，然后进入油水分离器 3，使大部分油、水和杂质从气体中分离出来，将得到的初步净化的压缩空气送入储气罐中（一般称为一次净化系统）。对于要求不高的气压系统即可从储气罐 4 直接供气，但对仪表用气和质量要求高的工业用气，则必须进行二次或多次净化处理，即将经过一次净化处理的压缩空气再送进干燥器 5 进一步除去气体中的残留水分和油。在净化系统中干燥器 Ⅰ 和 Ⅱ 交换使用，其中闲置的一个利用加热器 8 吹入的热空气进行干燥器再生，以备接替使用。四通阀 9 用于转换两个干燥器的工作状态，过滤器 6 的作用是进一步清除压缩空气中的渣子和油气。经过处理的气体进入储气罐 7，可供给气动设备和仪表使用。

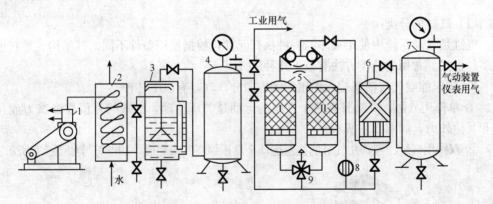

图 5.2　压缩空气站净化流程示意图

1—压缩机；2—冷却器；3—油水分离器；4、7—储气罐；5—干燥器；6—过滤器；8—加热器；9—四通阀

2. 空气压缩机

空气压缩机是气动系统的动力源，它把电动机输出的机械能转换成气压能输送给气动系统。

空气压缩机的种类很多，但按工作原理主要可分为容积式和速度式（叶片式）两类。

在容积式压缩机中，气体压力的提高是由于压缩机内部的工作容积被缩小，使单位体积内气体的分子密度增加而形成的。而在速度式压缩机中，气体压力的提高是由于气体分子在高速流动时突然受阻而停滞下来，使动能转化为压力能而达到的。容积式压缩机按结构不同又可分为活塞式、膜片式和螺杆式等。速度式按结构不同可分为离心式和轴流式等。目前，使用最广泛的是活塞式压缩机。活塞式压缩机是通过曲柄连杆机构使活塞做往复运动而实现吸、压气，并达到提高气体压力的目的。图 5.3 为一单级单作用活塞式压缩机工作原理图。它主要由缸体、活塞、活塞杆、曲柄连杆机构、吸气阀和排气阀等组成。

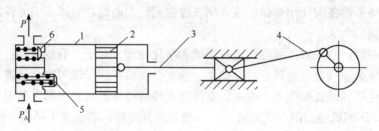

图 5.3　单级单作用活塞式压缩机工作原理图
1—缸体；2—活塞；3—活塞杆；4—曲柄连杆机构；5—吸气阀；6—排气阀

5.2.3　执行元件

气动执行元件是将压缩空气的压力能转化为机械能的元件。它驱动机构做直线往复、摆动或回转运动，其输出为力或转矩。气动执行元件可以分为气缸和气马达。

1. 气缸

（1）气缸的分类

气缸是气动系统中使用最多的一种执行元件，根据使用条件不同，其结构、形状也有多种形式。常用的分类方法有以下几种。

1）按压缩空气对活塞端面作用力的方向分，气缸有以下几种。

① 单作用气缸。气缸只有一个方向的运动是气压传动，活塞的复位靠弹簧力或自重和其他外力，如图 5.4 所示[①]。

② 双作用气缸。双作用气缸的往返运动全靠压缩空气来完成，职能符号如图 5.5 所示。

图 5.4　单作用气缸和职能符号

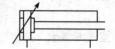

图 5.5　双作用气缸职能符号

---

① 本书中的气动元件职能符号是从 FluidSIM 仿真软件中取得，与 GB/T 786.1—1993 稍有差异，不同之处以国家标准为准，后面涉及的气动元件职能符号均如此。

2）按气缸的结构特征分，气缸有以下几种。

① 活塞式气缸。

② 薄膜式气缸。

③ 伸缩式气缸。

3）按气缸的安装形式分，气缸有以下几种。

① 固定式气缸。气缸安装在机体上固定不动，有耳座式、凸缘式和法兰式三种。

② 轴销式气缸。缸体围绕一固定轴可作一定角度的摆动。

③ 回转式气缸。缸体固定在机床主轴上，可随机床主轴作高速旋转运动。这种气缸常用于机床上气动卡盘中，以实现工件的自动装卡。

④ 嵌入式气缸。气缸做在夹具本体内。

4）按气缸的功能分，气缸有以下几种。

① 普通气缸。包括单作用式和双作用式气缸，常用于无特殊要求的场合，具体结构如图 5.6 和图 5.7 所示。

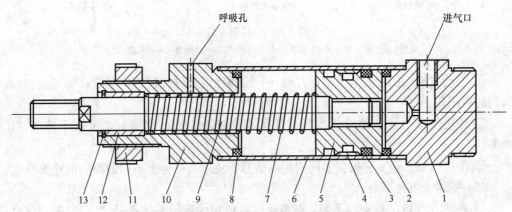

图 5.6　普通型单活塞杆单作用气缸

1—后缸盖；2、8—弹性垫；3—活塞密封圈；4—导向环；5—活塞；6—缸筒；

7—弹簧；9—活塞杆；10—前缸盖；11—螺母；12—导向套；13—卡环

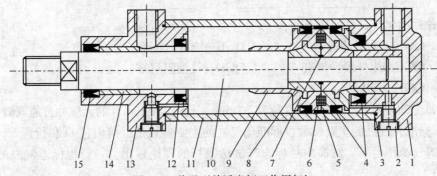

图 5.7　普通型单活塞杆双作用气缸

1—后缸盖；2—缓冲节流针阀；3、7—密封圈；4—活塞密封圈；5—导向环；6—磁性环；

8—活塞；9—缓冲柱塞；10—活塞杆；11—缸筒；12—缓冲密封圈；

13—前缸盖；14—导向套；15—防尘组合密封圈

② 缓冲气缸。气缸的一端或两端带有缓冲装置，以防止和减轻活塞运动到端点时对气缸缸盖的撞击。

③ 气-液阻尼缸。气缸与液压缸串联，可控制气缸活塞的运动速度，并使其速度相对稳定，如图 5.8 所示。

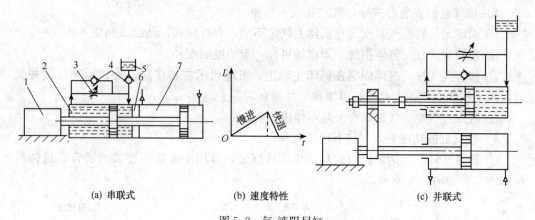

　　(a) 串联式　　　　　　(b) 速度特性　　　　　　(c) 并联式

图 5.8　气-液阻尼缸
1—负载；2—液压缸；3—节流阀；4—单向阀；5—储油杯；6—中盖；7—气缸

④ 摆动气缸。用于要求气缸叶片轴在一定角度内绕轴线回转的场合，如夹具转位，阀门的启闭等。

⑤ 冲击气缸。是一种以活塞杆高速运动形成冲击力的高能缸，可用于冲压、切断等。

⑥ 步进气缸。是一种根据不同的控制信号、使活塞杆伸出不同的相应位置的气缸。

（2）标准化气缸简介

1）标准化气缸的标记和系列。标准化气缸使用的标记是用符号"QG"表示气缸，用符号"A、B、C、D、H"表示五种系列，具体的标记方法如下：

| QG | A B C D H |　　| 缸径 | × | 行程 |

五种标准化气缸系列如下：

　　QGA—无缓冲普通气缸　　　　　QGB—细杆（标准杆）缓冲气缸

　　QGC—粗杆缓冲气缸　　　　　　QGD—气液阻尼缸

　　QGH—回转气缸

例如：QGA100×125 表示直径为 100mm、行程为 125mm 的无缓冲普通气缸。

2）标准化气缸的主要参数。标准化气缸的主要参数是缸筒内径 D 和行程 L。因为在一定的气源压力下，缸筒内径标志气缸活塞杆的理论输出力，行程标志气缸的作用范围。

标准化气缸系列有 11 种规格。

缸径 D（mm）：40、50、63、80、100、125、160、200、250、320、400。

行程 L（mm）：对无缓冲气缸有 $L = （0.5 \sim 2）D$；

对有缓冲气缸有 $L = (1 \sim 10) D$。

2. 气马达

气马达是将压缩空气的压力能转换成旋转的机械能的装置，其作用相当于电动机或液压马达。它输出转矩，驱动执行机构作旋转运动。在气压传动中使用最广泛的是叶片式和活塞式气马达。

图 5.9 为双向旋转叶片式气马达的工作原理图。当压缩空气从进气口 A 进入气室后立即喷向叶片 1，作用在叶片的外伸部分，产生转矩带动转子 2 作逆时针转动，输出旋转的机械能。废气从排气口 C 排出，残余气体则经 B 排出（二次排气）。若进、排气口互换，则转子反转，输出相反方向的机械能。转子转动的离心力和叶片底部的气压力、弹簧力（图 5.9 中未画出）使得叶片紧密地抵在定子 3 的内壁上，以保证密封，提高容积效率。

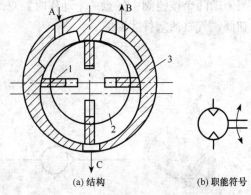

(a) 结构   (b) 职能符号

图 5.9 双向旋转叶片式气马达
1—叶片；2—转子；3—定子

5.2.4 控制元件

在气压传动系统中的控制元件是控制和调节压缩空气的压力、流量、流动方向和发送信号的重要元件，利用它们可以组成各种气动控制回路，使气动执行元件按设计的程序正常地进行工作。控制元件按功能和用途可分为方向控制阀、压力控制阀和流量控制阀三大类。此外，尚有通过改变气流方向和通断实现各种逻辑功能的气动逻辑元件和射流元件等。

1. 方向控制阀

（1）方向控制阀的分类

方向控制阀按驱动介质的不同分为气动换向阀和液压换向阀。气动换向阀和液压换向阀相似，分类方法也大致相同。按气动换向阀按阀芯结构不同可分为滑柱式（又称柱塞式、也称滑阀）、截止式（又称提动式）、平面式（又称滑块式）、旋塞式和膜片式，其中以截止式换向阀和滑柱式换向阀应用较多；按其控制方式不同可以分为电磁换向阀、气动换向阀、机动换向阀和手动换向阀，其中后三类换向阀的工作原理和结构与液压换向阀中相应的阀类基本相同；按其作用特点可以分为单向型控制阀和换向型控制阀。

（2）单向型控制阀

单向型控制阀包括单向阀、梭阀、双压阀和快速排气阀。

1）单向阀。单向阀是指气流只能向一个方向流动而不能反向流动的阀。单向阀的工作原理、结构和图形符号与液压阀中的单向阀基本相同，只不过在气动单向阀中，阀芯和阀座之间有一层胶垫（密封垫），如图 5.10 所示。

2）梭阀。梭阀又称为双向控制阀或门型梭阀，如图 5.11 所示。有两个输入信号口 1 和一个输出信号口 2。若在一个输入口上有气信号，则与该输入口相对的阀口就被关闭，同时在 2 上有气信号输出。这种阀有"或"逻辑功能，即只要在任一输入口上有气信号，在 2 上就会有气信号输出。

梭阀的应用实例：用两个手动按钮 YV3 和 YV4 控制气缸进退，如图 5.12 所示。当驱动两个按钮阀中任意一个动作时，双作用气缸活塞杆都伸出；只有同时松开两个按钮阀，气缸活塞杆才回缩。

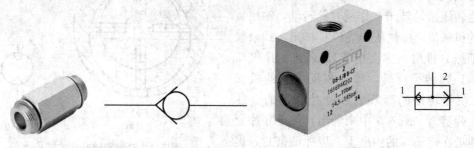

图 5.10　单向阀的外形及其职能符号　　　　图 5.11　梭阀的外形及其职能符号

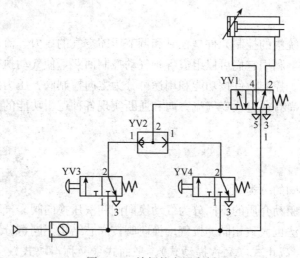

图 5.12　梭阀的应用实例

3）双压阀。双压阀又称与门型梭阀。在气动逻辑回路中，它的作用相当于"与"门作用。如图 5.13 所示，该阀有两个输入口 1 和一个输出口 2。若只有一个输入口有气信号，则 2 没有气信号；只有两个输入口都有气信号时，2 才有气信号输出。

双压阀的应用实例：在安全控制回路（如图 5.14 所示）中，只有当两个按钮阀 YV1 和 YV2 都压下时，单作用气缸活塞才伸出。若两个按钮阀中有一个不动作，则气缸活塞杆将缩回。

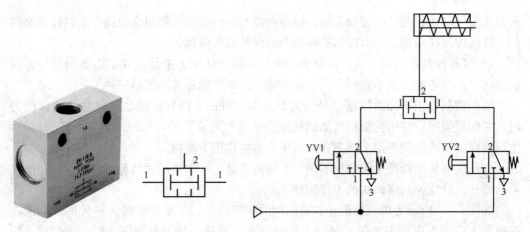

图 5.13　双压阀的外形及其职能符号　　　　　图 5.14　安全控制回路

4）快速排气阀。快速排气阀简称快排阀，它是为加快气缸运动速度作快速排气用的。通常气缸排气时，气体是从气缸经过管路由换向阀的排气口排出的。如果从气缸到换向阀的距离较长，而换向阀的排气口又小时，排气时间就较长，气缸动作速度较慢。此时，若采用快速排气阀，则气缸内的气体就能直接由快速排气阀排往大气中，加速气缸的运动速度。实验证明，安装快速排气阀后，气缸的运动速度可提高 4～5 倍。

如图 5.15 所示为快速排气阀，当 1 口进气时，由于单向阀开启，压缩空气可自由通过，2 口有输出，排气口 3 被圆盘式阀芯关闭。若 2 口为进气口，圆盘式阀芯就关闭气口 1，压缩空气从 3 排出。为了降低排气噪声，这种阀一般带有消声器。

快速排气阀的应用回路如图 5.16 所示。在实际使用中，快速排气阀应配置在需要快速排气的气动执行元件附近，否则会影响快排效果。

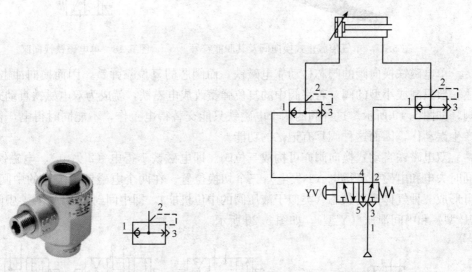

图 5.15　快速排气阀的外形及其职能符号　　　图 5.16　快速排气阀应用回路

（3）换向型控制阀

换向型控制阀（简称换向阀）的功能是改变气体通道，使气体流动方向发生变化，从而改变气动执行元件的运动方向。换向型控制阀包括气压控制换向阀、电磁控制换向阀、机械控制换向阀、人力控制换向阀和时间控制换向阀。

1）气压控制换向阀。气压控制换向阀是利用气体压力来使主阀芯运动而使气体改变流向的，按控制方式不同可分为加压控制、卸压控制和差压控制三种。

加压控制是指所加的控制信号压力是逐渐上升的，当气压增加到阀芯的动作压力时，主阀便换向；卸压控制指所加的气控信号压力是减小的，当减小到某一压力值时，主阀换向；差压控制是使主阀芯在两端压力差的作用下换向。

气压控制换向阀按主阀结构不同，又可分为截止式和滑阀式两种主要形式。在此仅介绍截止式气压控制换向阀的工作原理。

如图 5.17 所示为单气控截止式换向阀的职能符号。在没有控制信号 K 时，阀芯在弹簧及 1 口压力作用下关闭，阀处于排气状态。当输入控制信号 K 时，主阀芯下移，打开阀口使 1 与 2 相通，故该阀属于常闭型二位三通换向阀。当 1 与 3 换接时，即成为常通型二位三通阀。

2）电磁控制换向阀。气压传动中的电磁控制换向阀由电磁铁控制部分和主阀两部分组成，按控制方式不同分为电磁铁直接控制（直动）式电磁阀和先导式电磁阀两种。

由电磁铁的衔铁直接推动换向阀阀芯换向的阀称为电磁铁直动式电磁阀。电磁铁直动式电磁阀分为单电磁铁和双电磁铁两种。单电磁铁换向阀的工作原理如图 5.18 所示。

图 5.17   单气控截止式换向阀及其职能符号   图 5.18   单电磁铁换向阀

单电磁铁换向阀的阀芯移动靠电磁铁，而阀芯的复位靠弹簧，因而换向冲击较大，故一般只制成小型的阀。若将阀中的复位弹簧改成电磁铁，就成为双电磁铁直动式电磁阀，如图 5.19 所示。这种阀的两个电磁铁只能交替得电工作，不能同时得电，否则会产生误动作，因而这种阀具有记忆的功能。

双电磁铁直动式换向阀亦可构成三位阀。即电磁铁 1 得电（2 失电）、电磁铁 1、2 同时失电和电磁铁 2 得电（1 失电）三个切换位置。在两个电磁铁均失电的中间位置，可形成三种气体流动状态（类似于液压阀的中位机能），即中间封闭（O 型）、中间加压（P 型）和中间泄压（Y 型），如图 5.20 所示。

 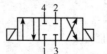 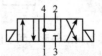

图 5.19   双电磁铁直动式电磁阀   图 5.20   O 型、P 型和 Y 型双电磁铁直动式电磁阀

　　电磁铁直动式换向阀是由电磁铁直接推动阀芯移动的，当阀通径较大时，用直动式结构所需的电磁铁体积和电力消耗都必然加大，为克服此弱点可采用先导式结构。

　　先导式电磁阀是由电磁铁首先控制气路，产生先导压力，再由先导压力推动主阀阀芯，使其换向。图 5.21 所示是先导式电磁阀的职能符号。

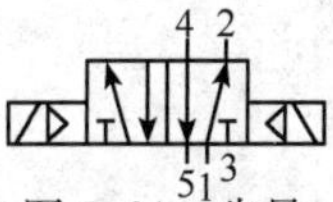

图 5.21　先导式电磁阀

　　3）时间控制换向阀。时间控制换向阀是使气流通过气阻（如小孔、缝隙等）节流后到气容（储气空间）中，经一定时间气容内建立起一定压力后，再使阀芯换向的阀。在不允许使用时间继电器（电控）的场合（如易燃、易爆、粉尘大等），用气动时间控制就显示出其优越性。

2. 压力控制阀

　　压力控制阀主要用来控制系统中气体的压力，满足各种压力要求或用以节能。

　　气压传动系统与液压传动系统不同的一个特点是，液压传动系统的液压油是由安装在每台设备上的液压源直接提供，而气压传动则是将比使用压力高的压缩空气储于储气罐中，然后减压到适用于系统的压力。因此，每台气动装置的供气压力都需要用减压阀（在气动系统中又称调压阀）来减压，并保持供气压力值稳定。对于低压控制系统（如气动测量），除用减压阀降低压力外，还需要用精密减压阀（或定值器）以获得更稳定的供气压力。这类压力控制阀当输入压力在一定范围内改变时，能保持输出压力不变。当管路中压力超过允许压力时，为了保证系统的工作安全，往往用安全阀实现自动排气，以使系统的压力下降。有时，气动装置中不便安装行程阀而要依据气压的大小来控制两个以上的气动执行机构的顺序动作，能实现这种功能的压力控制阀称为顺序阀。因此，压力控制可分为三类：一类是起降压稳压作用的减压阀、定值器；一类是起限压安全保护作用的安全阀、限压切断阀等；一类是根据气路压力不同进行某种控制的顺序阀、平衡阀等。所有的压力控制阀，都是利用空气压力和弹簧力相平衡的原理来工作的。

　　（1）减压阀（调压阀）

　　图 5.22 是 QTY 型直动式减压阀的结构图。其工作原理是：当阀处于工作状态时，调节手柄 1、调压弹簧 2、3 及膜片 5，通过阀杆 6 使阀芯 8 下移，进气阀口被打开，有压气流从左端经阀口节流减压之后从右端输出。输出气流的一部分由阻尼管 7 进入膜片室，在 5 的下方产生一个向上的推力，这个推力总是企图把阀口开度关小，使其输出压力下降。当作用于膜片上的推力与弹簧力相平衡后，减压阀的输出压力便保持一定。

　　当输入压力发生波动时，如输入压力瞬时升高，输出压力也随之升高，作用于 5 上的气体推力也随之增大，破坏了原来力的平衡，使 5 向上移动，有少量气体经溢流口 4、排气孔 11 排出。在膜片上移的同时，因复位弹簧 10 的作用，使输出压力下降，直到新的平衡为止。重新平衡后的输出压力又基本上恢复至原值。反之，输出压力瞬时下降，膜片下移，进气口开度增大，节流作用减小，输出压力又基本上升回原值。

　　手柄 1 使调压弹簧 2、3 恢复自由状态，输出压力降至零，阀芯 8 在复位弹簧 10 的作用下，关闭进气阀口，这样，减压阀便处于截止状态，无气流输出。

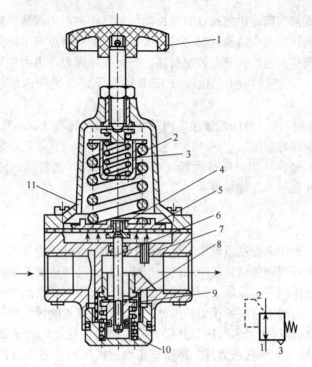

图 5.22　QTY 型直动式减压阀结构图及其职能符号

1—手柄；2、3—调压弹簧；4—溢流口；5—膜片；6—阀杆；
7—阻尼管；8—阀芯；9—阀座；10—复位弹簧；11—排气孔

　　安装减压阀时，要按气流的方向和减压阀上所示的箭头方向，依照分水滤气器→减压阀→油雾器的安装次序进行安装。调压时应由低向高调，直至规定的调压值为止。阀不用时应把手柄放松，以免膜片经常受压导致变形。

　　（2）顺序阀

　　顺序阀是依靠气路中压力的作用而控制执行元件按顺序动作的压力控制阀。在气动系统中，顺序阀通常安装在需要某一特定压力的场合，以便完成某一操作。只有达到需要的压力后，顺序阀才有气信号输出，如图 5.23 所示为可调式顺序阀。当控制口 12 的气信号小于阀的弹簧预定压力时，从 1 口进入的压缩控制被堵塞，2 口的气体经 3 口排出；当 12 的气信号超过了弹簧的预定压力时，压缩空气将膜片和柱塞顶起，顺序阀开启，压缩空气从 1 口流向 2 口，3 口被堵塞。调节杆上带一个锁定螺母，可以锁定预调压力值。

　　如图 5.24 所示为顺序阀的应用回路。当驱动按钮阀动作时，气缸伸出，并对工件进行加工。只要达到预定压力，气缸就复位。顺序阀的预定压力可调。

　　3. 流量控制阀

　　在气动系统中，经常要求控制气动执行元件的运动速度，这是靠调节压缩空气的流量来实现的。用来控制气体流量的阀称为流量控制阀。流量控制阀是通过改变阀的通流截面积来实现流量控制的元件，它包括节流阀、单向节流阀、排气节流阀等。

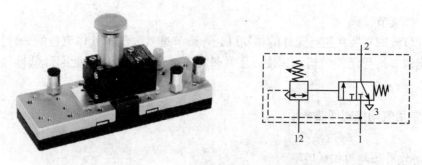

图 5.23 可调式顺序阀及其应用回路

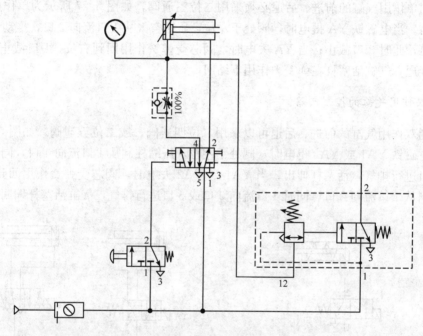

图 5.24 顺序阀的应用回路

（1）节流阀

节流阀及其职能符号如图 5.25 所示。

（2）单向节流阀

单向节流阀是由单向阀和节流阀组合而成的，常用于控制气缸的运动速度，也称为速度控制阀。单向节流阀及其职能符号如图 5.26 所示。

图 5.25 节流阀及其职能符号

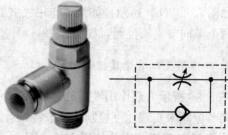

图 5.26 单向节流阀及其职能符号

（3）排气节流阀

排气节流阀是装在执行元件的排气口处，调节进入大气中气体流量的一种控制阀。它不仅能调节执行元件的运动速度，还常带有消声元件，所以也能起降低排气噪声的作用。

5.2.5 常用气动控制回路

1. 单作用气缸的控制回路

控制单作用气缸的前进、后退必须采用二位三通阀，如图 5.27 所示为单作用气缸控制回路。当电磁铁 YA 得电时，阀处于左位，压缩空气从 1 口流向 2 口，推动气缸活塞杆伸出，此时 3 口截止；当 YA 失电时，阀芯受弹簧作用回到右位，1 口截止，2 口与 3 口接通，气缸活塞杆在弹簧力作用下缩回。

2. 双作用气缸的控制回路

控制双作用气缸的前进、后退可以采用二位四通阀，或二位五通阀，如图 5.28 所示。当电磁铁 YA1 或 YA2 得电时，阀处于左位，压缩控制从 1 口流向 4 口，同时 2 口流向 3 口进行排气，活塞杆伸出；当 YA1 或 YA2 失电时，阀芯受弹簧作用回到右位，压缩控制从 1 口流向 2 口，同时 4 口流向 3 口或 5 口进行排气，气缸活塞杆缩回。

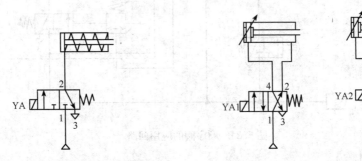

图 5.27　单作用气缸的控制回路　　　　图 5.28　双作用气缸的控制回路

3. 单作用气缸的速度控制回路

如图 5.29 所示为单作用气缸的速度控制回路。单作用气缸的前进速度控制只能用入口节流形式，如图 5.29（a）所示；单作用气缸的后退速度控制只能用出口节流形式，如图 5.29（b）所示；如果单作用气缸的前进和后退速度都需要控制，则可以同时采用两个单向节流阀控制，如图 5.29（c）所示。

4. 双作用气缸的速度控制回路

图 5.30 所示为双作用气缸的速度控制回路。图 5.30（a）所示中使用二位四通阀和单向节流阀来实现速度控制。一般将带有旋转接头的单向节流阀直接拧在气缸的气口上来实现排气节流，安装使用方便。图 5.30（b）所示中，在二位五通电磁阀的排气

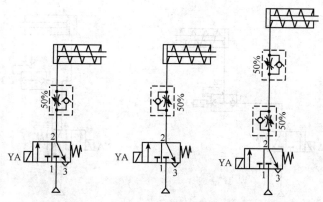

（a）入口节流形式　（b）出口节流形式　（c）双单向节流阀控制

图 5.29　单作用气缸的速度控制回路

口上安装了排气消声节流阀，调节节流阀开口度，实现气缸背压的排气控制，完成气缸往复速度的调节。图 5.30（c）所示是用单向节流阀来实现进气节流的速度控制。

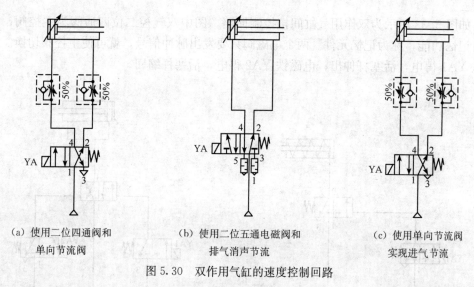

（a）使用二位四通阀和　　　　（b）使用二位五通电磁阀和　　　　（c）使用单向节流阀
　　单向节流阀　　　　　　　　　　排气消声节流　　　　　　　　　实现进气节流

图 5.30　双作用气缸的速度控制回路

5. 单作用气缸和双作用气缸的快速动作回路

图 5.31（a）所示为单作用气缸的快速后退回路。当活塞后退时，气缸中的压缩空气从快速排气阀的 3 口直接排放，不需经过换向阀，可减少排气阻力，故活塞可快速退回。图 5.31（b）所示为双作用气缸的快速前进回路。

6. 单作用气缸间接控制回路

对于控制大缸径、大行程的气缸运动，应使用大流量控制阀作为主控阀。如图 5.32为单作用气缸间接控制回路。气缸的动作由电磁阀间接控制，图中气控阀为主控阀。当电磁铁 YA 得电时，活塞杆伸出；当 YA 失电时，活塞杆缩回。

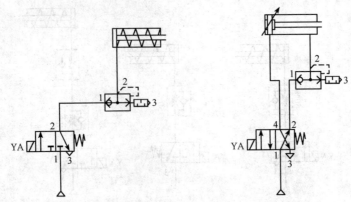

　　（a）单作用气缸的快速后退回路　　　（b）双作用气缸的快速前进回路

　　图 5.31　单作用气缸的快速后退回路和双作用气缸的快速前进回路

7. 双作用气缸间接控制回路

　　如图 5.33 所示为双作用气缸间接控制回路。图中双气控二位四通阀为主控阀，且具有记忆功能，称为记忆元件。两个电磁阀只要发出脉冲信号，就可使主控阀切换。电磁铁 YA1 得电，活塞杆伸出；电磁铁 YA2 得电，活塞杆缩回。

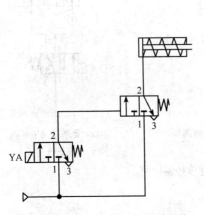

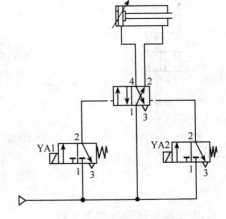

　　图 5.32　单作用气缸间接控制回路　　　　图 5.33　双作用气缸间接控制回路

8. 行程阀控制的单往复回路

　　图 5.34 所示为行程阀控制的单往复回路，其功能是双作用气缸到达行程终点，自动后退。与图 5.33 所示类似，将电磁阀 YA2 改为滚轮杠杆阀 YV1。当电磁铁 YA1 得电时，主控阀换向，气缸活塞杆伸出；当活塞杆压下行程阀 YV1 时，使 YV1 换向，活塞杆缩回。但应注意，当 YA1 一直得电时，即使活塞杆压下行程阀 YV1，也无法后退。

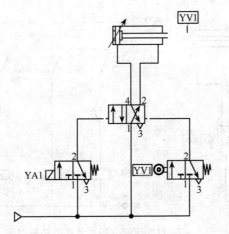

图 5.34　行程阀控制的单往复回路

■ 5.3　前 导 训 练 ■

本节训练单个气缸的自动往返控制。

1. 训练目的

1）练习简单气缸控制回路的设计。

2）合理选用气动元件，并正确连接气动控制电路。

3）熟练应用 STEP 7-Micro/WIN 软件进行编程，并正确传输至 PLC 进行调试。

2. 训练器材

1）个人计算机（PC）一台。

2）西门子 S7-200 系列 PLC 一个。

3）PC/PPI 通信电缆一根。

4）气动实验台一台。

5）导线若干。

3. 训练内容说明

在某些包装或制药等气动设备上，有时要求气缸做自动往返运动，且气缸活塞杆的行程在一定范围内。气缸可选用双作用气缸，换向阀可选用二位五通电磁换向阀，行程控制可选用行程开关。双作用气缸的自动往返控制回路如图 5.35 所示，电气控制部分采用继电电路。

从图 5.35 中气动回路可知，若电磁铁 YA1 得电，电磁换向阀 1 口和 4 口接通，压缩空气从 2 口流向 3 口排出，活塞伸出；若电磁铁 YA2 得电，则 1 口和 2 口接通，压

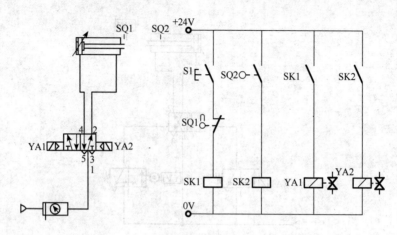

图 5.35　双作用气缸的自动往返控制回路

缩空气从 4 口流向 5 口排出，活塞缩回。从控制电路可知，按下按键开关 S1，K1 得电，YA1 得电；当活塞杆压下行程开关 SQ2 时，K2 得电，K1 失电，YA2 得电；松开按键开关，则 YA1、YA2 均失电。

图 5.35 中的控制电路可用 PLC 编程实现，气动回路不变，控制电路如图 5.36 所示。

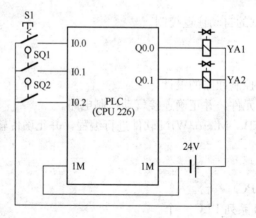

图 5.36　双作用气缸自动往返 PLC 控制电路

根据图 5.36 可写出 I/O 分配表见表 5.1。

表 5.1　I/O 分配表

PLC 点名称	连接的外部设备	功能说明
I0.0	S1	按键开关
I0.1	SQ1	滚轮行程开关
I0.2	SQ2	滚轮行程开关
Q0.0	YA1	电磁铁
Q0.1	YA2	电磁铁

4. 训练步骤

1) 根据气动回路，正确选择并连接相应气动元件。

2) 根据 I/O 分配表，在 PC 中编写正确梯形图。

3) 将程序传送至 PLC，先进行离线调试。

4) 程序正确后，在断电状态下，按照图 5.36 进行正确接线。

5) 调试系统至正确运行。

■ 5.4　过 程 详 解 ■

5.4.1　废成品分拣气动控制系统设计

废成品分拣气动控制系统包括气源装置、执行元件、控制元件和辅助装置组成。根据本单元的功能要求，设计的气动控制回路如图 5.37 所示。图中 A1 为夹紧气缸，A2 为摆动气缸，A3 为提升气缸，A4 为直线气缸，A5 为限位气缸。

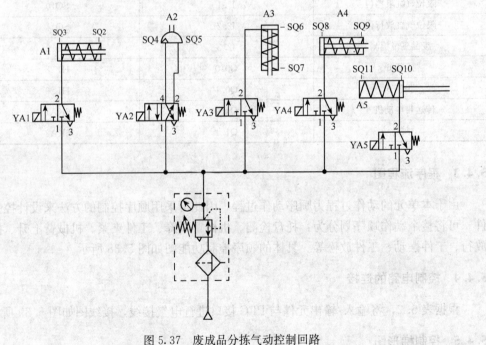

图 5.37　废成品分拣气动控制回路

5.4.2　输入/输出端口分配

根据所用器件及控制要求，PLC 的输入/输出端口分配见表 5.2。

表 5.2　PLC I/O 分配表

名　　称	地　　址	相关设备
自动 6	I0.0	SB31
启动 6	I0.2	SB32
停止 6	I0.3	SB33
复位 6	I0.4	SB34
急停 6	I0.5	SB35
托盘检测 6	I1.0	SQ1
夹紧气缸夹紧位	I1.1	SQ2
夹紧气缸放松位	I1.2	SQ3
摆动气缸初始位	I1.3	SQ4
摆动气缸旋转位	I1.4	SQ5
提升气缸上限位	I1.5	SQ6
提升气缸下限位	I1.6	SQ7
直线气缸初始位	I1.7	SQ8
直线气缸废品分检位	I2.0	SQ9
限位气缸阻挡位	I2.1	SQ10
限位气缸放行位	I2.2	SQ11
废品到位检测	I2.3	SQ12
运行 6	Q0.0	HL28
报警 6	Q0.1	HL29
传送带电动机 6	Q1.0	6KA1
阀岛	Q1.1	6KA2

5.4.3　程序流程图

由于本单元的动作过程为顺序动作过程，因此可采用顺序控制的方法来设计控制软件。可将整个动作顺序划分为：托盘检测、机械臂下降、工件夹紧、机械臂上升、托盘放行、工件摆动、工件放松等。具体的顺序控制功能图如图 5.38 所示。

5.4.4　控制电路的连接

根据表 5.2，将输入/输出元件与 PLC 接口进行电气接线，接线图如图 5.39 所示。

5.4.5　控制梯形图

根据本单元的控制要求及图 5.38，编写 PLC 的梯形图程序如图 5.40 所示。

5.4.6　系统的调试

本单元控制系统的调试：

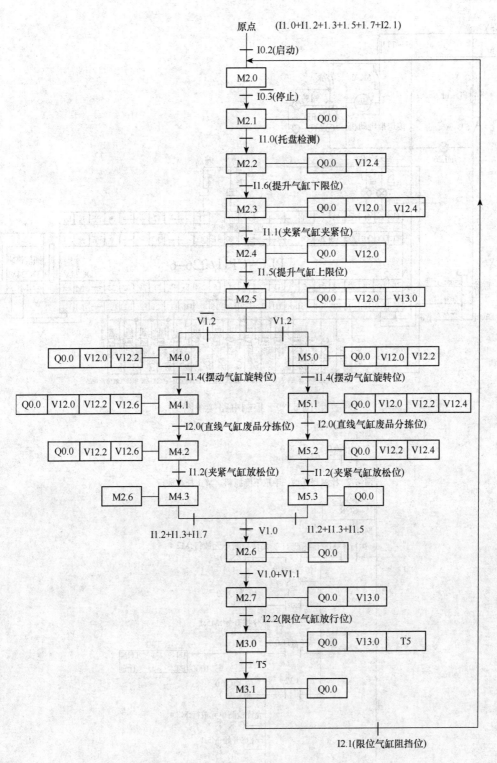

图 5.38 废成品分拣顺序控制功能图

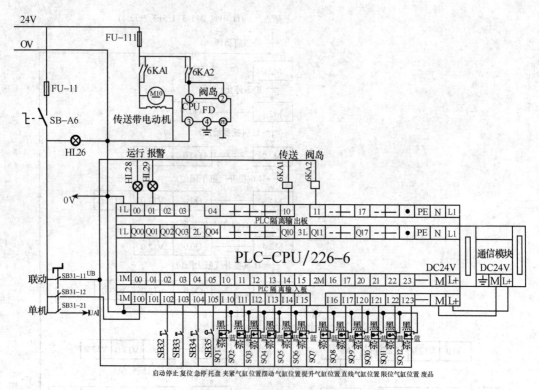

图 5.39　控制电路接线图

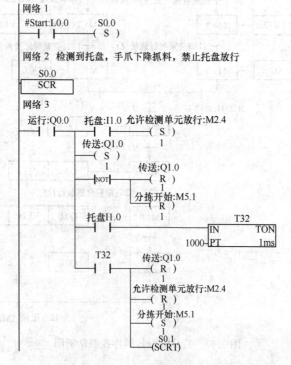

图 5.40　PLC 的梯形图程序

网络 4　单机情况下，废品状态取反

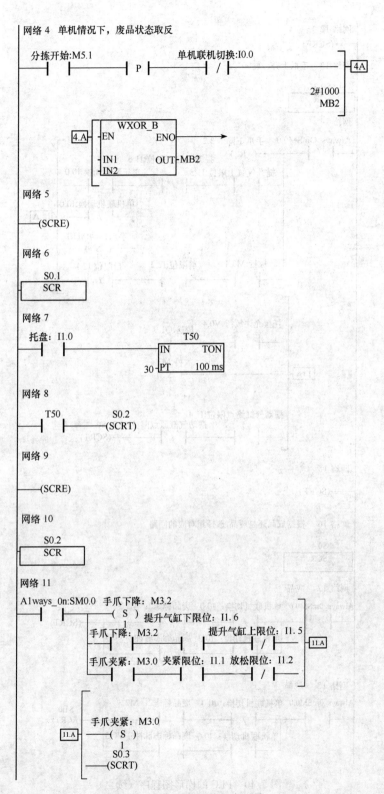

图 5.40　PLC 的梯形图程序（续一）

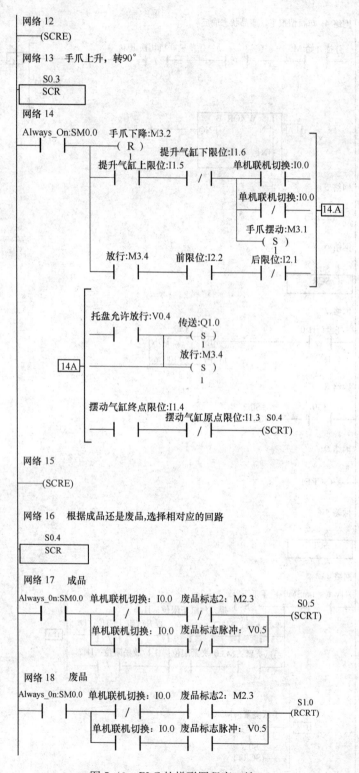

图 5.40   PLC 的梯形图程序（续二）

网络 19

———(SCRE)

网络 20　成品,下降,手爪松开放料

```
      S0.5
    ┌──────┐
    │ SCR  │
    └──────┘
```

网络 21

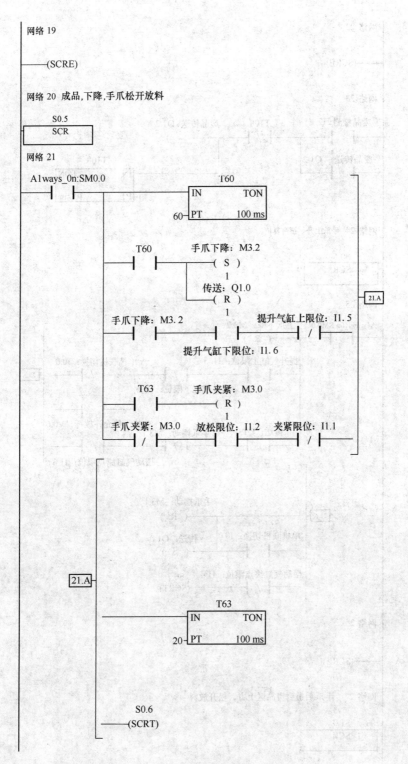

图 5.40　PLC 的梯形图程序 (续三)

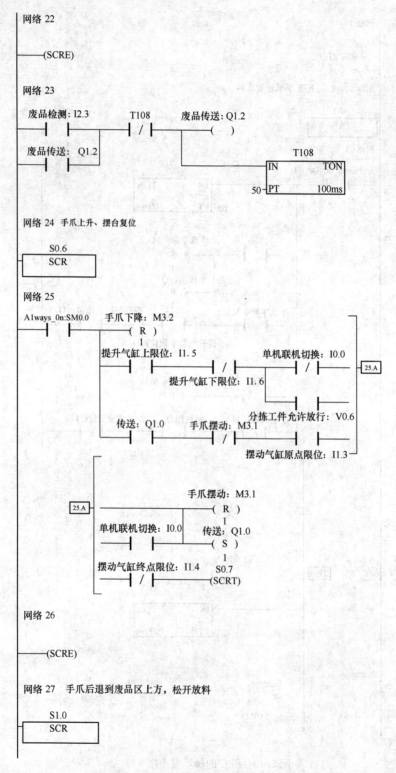

图 5.40　PLC 的梯形图程序（续四）

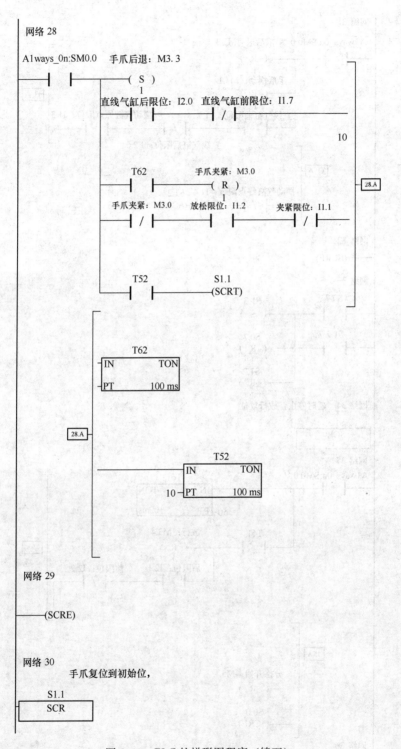

图 5.40   PLC 的梯形图程序（续五）

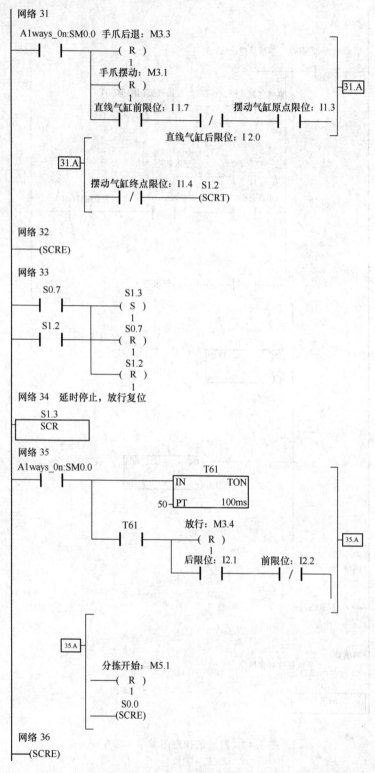

图 5.40　PLC 的梯形图程序（续六）

1）编制完成梯形图后用实验台进行程序调试。

2）本单元气动回路和外部电路连接完毕后做好调试前准备工作。

3）接通交直流电源，检查电源是否正常、电源指示是否正常。

4）在各传感器部位放入相应部件，检查传感器信号是否正常。

5）以上各步完成并无发现异常后开始运行调试。在传送带托盘上放入工件（废品或成品），然后按启动按钮，观察系统是否能正常工作。

6）运行调试过程中如发现气动执行元件工作异常，则需通知指导老师一起检查并排除故障，其余问题自己检查排除。

7）如系统能按工艺要求完整的运行两个周期，则可以认为系统已设计、安装、调试完毕。

■ 5.5 技 能 提 高 ■

本节训练光机电一体化控制系统的设计、安装与调试。

1. 训练目的

1）熟练掌握气动回路的设计和安装。

2）掌握常用传感器的选用。

3）熟练掌握 PLC 外部电路和 I/O 分配表的设计。

4）熟练掌握梯形图的设计。

5）学习电气控制柜的规范安装并调试。

2. 训练器材

1）YL-235 型光机电一体化实训装置。

2）个人计算机（PC）一台。

3）西门子 S7-200 系列 PLC 一个。

4）PC/PPI 通信电缆一根。

5）导线若干。

3. 训练内容说明

光机电一体化控制系统工作原理如图 5.41 所示。

按下启动按钮后，PLC 启动送料电动机驱动放料盘旋转，物料由送料槽滑到物料提升位置，物料检测光电传感器开始检测。如果送料电动机运行 4s 后，物料检测光电传感器仍未检测到物料，则说明送料机构已经无物料，这时要停机并报警；物料检测光电传感器检测到有物料，则光电传感器给 PLC 发出信号，由 PLC 驱动上料单向电磁阀上料，机械手臂伸出手爪下降抓物，然后手爪提升臂缩回，手臂向右旋转到右限位，手

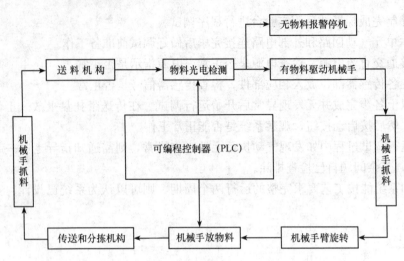

图 5.41　光机电一体化控制系统工作原理

臂伸出，手爪下降将物料放到传送带上，传送带输送物料，传感器则根据物料性质（金属和非金属），分别由 PLC 控制相应电磁阀使气缸动作，对物料进行分拣。最后，机械手返回原位重新开始下一个流程。装置实物如图 5.42 所示。

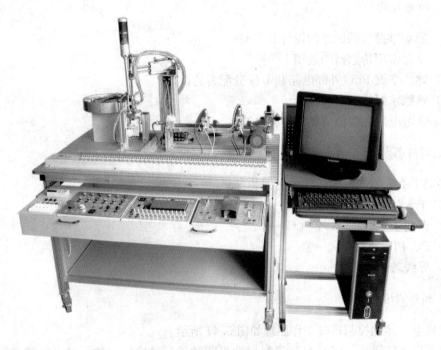

图 5.42　光机电一体化控制系统实物

该装置气动控制系统（见图 5.43）主要分为两部分：

1）气动执行元件部分有单出杆气缸、单出双杆气缸、旋转气缸。

2）气动控制元件部分有单电控换向阀、双电控换向阀、磁性限位传感器。

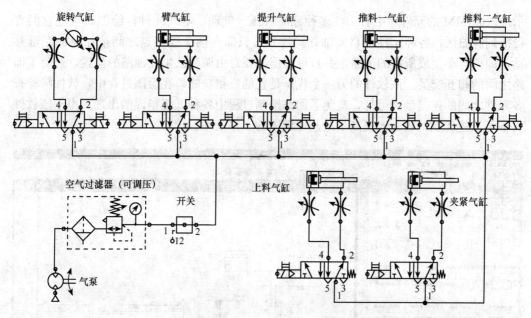

图 5.43 光机电一体化气动控制回路

4. 训练步骤

1）根据系统气动控制回路，正确安装各气动元件。

2）根据控制要求画出 PLC 外部接线图及 I/O 分配表。

3）依据分配表和要求正确编写梯形图。

4）将程序传送至 PLC，先进行离线调试。

5）程序正确后，进行电气控制线路安装。

6）调试系统至正确运转。

■ 5.6 知 识 拓 展 ■

FluidSIM 软件是由德国 FESTO 公司和帕德博恩大学联合开发，专门用于液压、气压传动及电液压、电气动的教学培训软件。FluidSIM 分两个软件，其中 FluidSIM-H 用于液压传动技术教学，而 FluidSIM-P 用于气压传动技术教学。该软件解决实际教学中存在的问题，为实现互动教学提供了可靠的技术手段。

1. 方便快捷的绘图功能

一般绘制液压气动原理图大多采用 AutoCAD 等计算机辅助绘图软件，由于该类软件具有一定的通用性，绘制专业图形时往往效率不高。FluidSIM 软件的 CAD 功能是专门针对流体设计的，用户界面直观，易于学习，其元件库和仿真设计界面如图 5.44 所示。FluidSIM 的元件库中有 100 多种标准液压、气动、电气元件，绘图时可把它们直接拖到制图区，各种元件油口间油路的连接，只需在两个连接点之间按住鼠标左键移动，即可自动生成所需的油路，并且可根据需要自由调节已生成油路的位置，避免了油路之间的相互交叉。该软件的另一个优点是它的查错功能，在绘图过程中，软件将检查各元件之间的连接是否可行，避免了回路绘制过程中各种低级错误的出现。由于该软件具备了上述优点，较大地提高了绘制原理图的工作效率。

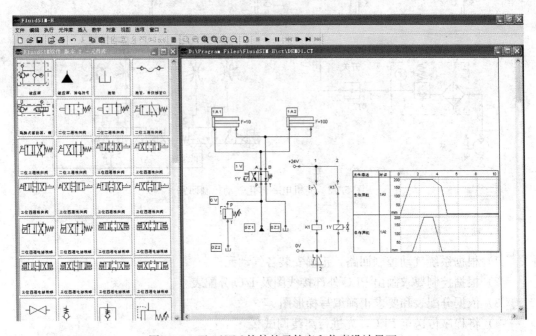

图 5.44　FluidSIM 软件的元件库和仿真设计界面

2. 系统模拟仿真功能

FluidSIM 可以对绘制好的回路进行仿真，通过强大的仿真功能可以实时显示和控制回路的动作，因此可以及时发现设计中存在的错误，帮助我们设计出结构简单、工作可靠、效率较高的最优回路。在仿真中，还可以观察到各元件的物理量值，如油缸的运动速度、输出力、节流阀的开度、油口的压力等，这样就能够预先了解回路的动态特性，从而正确的估计回路实际运行时的工作状态。另外，该软件在仿真时还可显示回路中关键元件的状态量，如液压缸杆的位置、换向阀的位置、压力表的压力、流量计的流量等，这些参数对设计的液压气动系统是非常重要的。

3. 综合演示功能

FluidSIM 软件包含了丰富的教学资料，提供了各种液压气动元件的符号、实物图片、工作原理剖视图和详细的功能描述。一些重要元器件的剖视图可以进行动画播放，逼真地模拟这些元件的工作过程及原理，便于在教学中老师的讲解和学生对液压气动元件工作原理的理解和掌握。该软件还具有多个教学影片，讲授了重要液压气动回路和元件的使用方法及应用场合。

本章小结

本章以废成品分拣控制系统为对象，系统地介绍了气动控制系统的原理和组成，并给出了基本控制回路。以单气缸往返控制为基础，讲解了利用 PLC 控制气动回路的一般方法，并在此基础上进行了废成品分拣控制系统的设计与安装。

1）气压传动系统由气压发生装置、执行元件、控制元件、辅助元件和传动介质等几个部分组成。气压发生装置简称气源装置，是获得压缩空气的能源装置，其主体部分是空气压缩机，另外还有气源净化设备。执行元件是以压缩空气为工作介质，并将压缩空气的压力能转变为机械能的能量转换装置，包括作直线往复运动的气缸，作连续回转运动的气马达和作不连续回转运动的摆动马达等。控制元件又称操纵、运算、检测元件，是用来控制压缩空气流的压力、流量和流动方向等，以便使执行机构完成预定运动规律的元件，包括各种压力阀、方向阀、流量阀、逻辑元件、射流元件、行程阀、转换器和传感器等。辅助元件是使压缩空气净化、润滑、消声以及元件间连接所需要的一些装置，包括分水滤气器、油雾器、消声器以及各种管路附件等。

2）采用 PLC 控制气动回路的实质是对气动控制元件的控制，以达到控制执行元件的目的。以本章中所介绍的废成品分拣控制系统为例，根据系统的工艺要求，通过对 PLC 进行编程，控制各个电磁换向阀，从而控制各个气缸按照顺序动作。在这里，整个系统主要分为两部分：气动回路部分和电气控制部分。

第 6 章

喷涂烘干控制系统的设计、安装与调试

技能训练目标

1. 能合理选择西门子S7-200模拟量扩展模块。
2. 能正确使用西门子S7-200模拟量扩展模块。
3. 掌握模拟量模块的编程方法。
4. 掌握用PLC实现PID控制的方法。
5. 熟悉PID的参数整定。

知识教学目标

1. 了解PLC模拟量闭环控制系统的基本原理。
2. 了解PLC与其他模拟量控制装置的区别。
3. 掌握西门子S7-200模拟量扩展模块的工作原理。

■ 6.1　项目任务说明 ■

6.1.1　工艺的描述

喷涂烘干单元是柔性生产线的第二个工作单元，如图 6.1 所示。它的作用是对工件进行喷漆并加温烘干，烘干后对其吹风降温直至常温。

图 6.1　喷涂烘干单元外观结构

工艺要求如下：当托盘及工件运动到该单元时，限位气缸阻止其通行，经过 2s 延时，喷射电磁阀通电 0.5s，为工件喷漆。2s 后电炉丝通电加热，使喷涂室温度上升。室内温度由热敏电阻 PT100 进行检测，并由仪表加以显示。当温度上升至 50℃ 后，室内温度通过 PID 控制，10s 后电炉丝断电停止加热。然后，电风扇起动为喷涂室降温。温度降至 30℃ 时，停止吹风，限位气缸电磁阀通电，允许托盘和工件通行，2s 后限位气缸电磁阀断电恢复原状，一个工作周期结束。

6.1.2　器件的组成

本单元由各种传感器件、执行器件、控制与显示器件组成其控制系统，其中既有数字量器件又有模拟量器件，各器件情况如下。

1) 传感部分：托盘到位感知传感器（数字量），托盘到位后输出为"1"；

有无工件感知传感器（数字量），有工件时输出为"1"；

限位气缸阻挡位感知传感器（数字量），阻挡位时输出为"1"；

限位气缸放行位感知传感器（数字量），放行位时输出为"1"；

温度检测传感器（模拟量），喷涂室内温度检测。

2）执行部分：传送带电动机（直流单向），单向运行带动托盘、工件前行；

限位气缸电磁阀，通电时放行托盘及工件；

喷射电磁阀，通电时对工件喷漆；

电炉丝控制继电器，通电时室内加热；

电风扇1，吹风降温；

电风扇2，吹风降温；

温度控制（模拟量），PID 控制室内温度。

3）控制部分：启动按钮、停止按钮、复位按钮、急停按钮；

交流电源开关（220V）、直流电源开关（24V）。

4）显示部分：运行显示（绿色指示灯）；

报警显示（红色指示灯）；

交流电源显示（红色指示灯）；

直流电源显示（红色指示灯）。

6.1.3　控制要求分析

通过对工艺要求及各部件工作状态的分析，得出如下控制要求。

1）起始条件：喷涂烘干单元只有满足起始条件时，按下启动按钮后，设备才可能处于运行工作状态，启动条件为：

① 传送带上托盘检测位置处没有放置托盘；

② 传送带上工件检测位置处没有放置工件；

③ 限位气缸处于阻挡位。

2）运行：满足以上起始条件并按下启动按钮后，该单元传送带开始转动，运行指示灯点亮。当托盘及工件运动到该单元时，限位气缸阻止其通行，该单元开始一个新的工作周期。此时，托盘到位感知传感器和有无工作感知传感器检测到有托盘和工件到位，经过 2s 延时，喷射电磁阀通电 0.5s，为工件喷漆。2s 后，电炉丝通电加热，使喷涂室温度上升。室内温度由热敏电阻 PT100 进行检测，并由仪表加以显示。当温度上升至 50℃后，室内温度通过 PID 控制，10s 后电炉丝断电停止加热。然后，电风扇（1、2）启动，为喷涂室降温。温度降至 30℃时，停止吹风，限位气缸电磁阀通电，允许托盘和工件通行，2s 后限位气缸电磁阀断电恢复原状，一个工作周期结束。

3）停止：在设备正常运行时，按下停止按钮，则喷涂烘干单元在完成当前工作周期后，停止运行。

4）报警：当加热的过程中温度超过 100℃时，报警灯点亮，报告故障。

5）复位：在设备运行出现故障或报警时，按照下列顺序操作面板按钮可停止和复位喷涂烘干单元设备。

① 按下急停按钮，喷涂烘干单元立即停止运行；

② 按下复位按钮，弹出急停按钮；

③ 按下启动按钮，喷涂烘干单元将自动进行 PLC 内部复位动作和外部设备复位动

作，复位后喷涂烘干单元处于停止运行状态。

<h1 align="center">■ 6.2　基 础 知 识 ■</h1>

6.2.1　PLC 模拟量闭环控制系统的基本原理

在工业生产过程当中，有许多连续变化的量，如温度、压力、流量、液位和速度等模拟量。为了使可编程控制器处理模拟量，必须实现模拟量（analog）和数字量（digital）之间的 A/D 转换及 D/A 转换。PLC 厂家都生产配套的 A/D 转换和 D/A 转换模块，使可编程控制器用于模拟量控制。

过程控制是指对温度、压力、流量等模拟量的闭环控制。作为工业控制计算机，PLC 能编制各种各样的控制算法程序，完成闭环控制。PID 调节是一般闭环控制系统中用得较多的调节方法。大中型 PLC 都有 PID 模块，目前许多小型 PLC 也具有此功能模块。PID 处理一般是运行专用的 PID 子程序。过程控制在冶金、化工、热处理、锅炉控制等场合有非常广泛的应用。

控制论告诉我们，PID 控制的理想微分方程为

$$p(t) = K_p \left[e(t) + \frac{1}{T_i} \int_0^t e(t) \mathrm{d}t + T_d \frac{\mathrm{d}e(t)}{\mathrm{d}(t)} \right]$$

式中，$e(t) = r(t) - y(t)$，数 $e(t)$ 称为偏差值，可作为温度调节器的输入信号；$r(t)$ 为给定值；$y(t)$ 为被测变量值；K_p 为比例系数；T_i 为积分时间常数；T_d 为微分时间常数；$p(t)$ 为调节器的输出控电压信号。

一个典型的 PLC 模拟量闭环控制系统框图如图 6.2 所示。

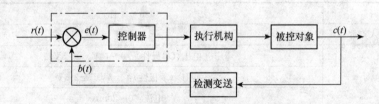

图 6.2　PLC 模拟量闭环控制系统框图

图 6.2 中，$r(t)$ 表示输入值，$b(t)$ 表示反馈值，$e(t)$ 表示差值，$c(t)$ 表示输出值，虚线部分由 PLC 的基本单元加上模拟量输入/输出扩展单元来承担，即由 PLC 自动采集来自检测元件或变送器的模拟输入信号，同时将采集的信号转换为数字量，存在指定的数据寄存器中，经过 PLC 运算处理后输出给执行机构。

6.2.2　S7-200 模拟量扩展模块介绍

西门子 S7-200 的其他 CPU 型号都可以附加扩展模块，以增加 I/O 点数、扩展通信能力和一些特殊功能。扩展模块包括数字量 I/O 扩展模块、模拟量扩展 I/O 模块、通

信模块、功能模块。不同类型的模块可以组合搭配，一起做 S7-200 CPU 的扩展模块。本章主要介绍其模拟量扩展模块。

模拟量扩展模块提供了模拟量输入/输出的功能，优点如下。

1）最佳适应性：适用于复杂的控制场合。

2）直接与传感器和执行器相连：12 位的分辨率和多种输入/输出范围能够不用外加放大器而与传感器和执行器直接相连，如 EM235 模块可直接与 PT100 热电阻相连。

3）灵活性：当实际应用变化时 PLC 可以相应地进行扩展并可非常容易地调整用户程序。

除了 CPU224 XP 有两通道输入/一通道输出的简单模拟量 I/O 组外，其他 CPU 都需要加模拟量扩展模块才能获得模拟量 I/O 能力。主要模拟量扩展模块有如下几种。

1）EM231：4 通道电压/电流模拟量输入模块。

2）EM232：2 通道电流/电压输出模块。

3）EM235：4 通道电压、电流输入/1 通道电压、电流输出模块。

4）EM231 RTD：2 通道热电阻温度输入模块。

5）EM231 TC：4 通道热电偶温度输入模块。

上述模块中，EM231、EM232、EM235 是普通模拟量模块；EM231 RTD、EM231 TC 是温度测量模块。

1. EM231 模拟量输入模块

（1）规范介绍

EM231 是最常用的模拟量扩展模块，它实现了 4 路模拟量电压/电流输入功能。其常用技术参数见表 6.1。

表 6.1　EM231 的常用技术参数

名　称	指　标		
模拟量输入点数	4 通道		
输入范围	电压（单极性）：0～10V、0～5V		
	电压（双极性）：±5V、±2.5V		
	电流：0～20mA		
数据字格式	双极性：全量程范围−32000～＋32000；单极性：全量程范围 0～32000		
分辨率	双极性：11 位，加 1 位符号位；单极性：12 位		

表 6.1 中，分辨率是 A/D 模拟量转换芯片的转换精度，即用多少位的数值来表示模拟量。S7-200 模拟量模块的转换分辨率是 12 位，能够反映模拟量变化的最小单位是满量程的 1/4096。

（2）模拟量扩展模块接线图及模块设置

模拟量扩展模块接线图示意图如图 6.3 所示。表 6.2 说明如何用 DIP 开关设置 EM231 扩展模块，为 EM231 模拟量输入、4 输入模块以及 DIP 开关 1、2 和 3 选择模拟量输入范围。

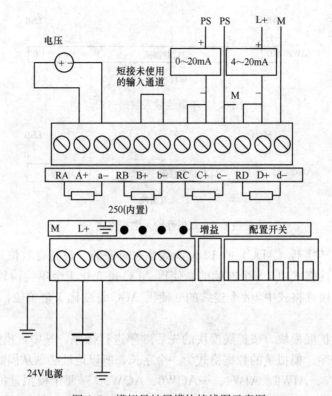

图 6.3   模拟量扩展模块接线图示意图

表 6.2   DIP 开关设置

单 极 性			满量程输入	分辨率
开关 1（SW1）	开关 2（SW2）	开关 3（SW3）		
ON	OFF	ON	0～10V	2.5mV
	ON	OFF	0～5V	1.25mV
			0～20mA	5μA
双 极 性			满量程输入	分辨率
开关 1（SW1）	开关 2（SW2）	开关 3（SW3）		
OFF	OFF	ON	±5V	2.5mV
	ON	OFF	±2.5V	1.25mV

注：EM231 的最后三位 DIP 开关没有作用。

DIP 开关决定了所有的输入设置，也就是说开关的设置应用于整个模块，开关设置也只有在重新上电后才能生效。

同一个模块的不同通道可以分别按照电流和电压型信号的要求接线，但是 DIP 开关设置对整个模块的所有通道有效。在这种情况下，电流、电压信号的规格必须在设置为相同的 DIP 开关状态下，才能处理电流和电压型输入信号。

（3）模拟量扩展模块的寻址

图 6.4 和图 6.5 给出了 12 位数据值在 CPU 的模拟量输入字中的位置。

图 6.4　单极性输入数据格式

图 6.5　双极性输入数据格式

可见，模数转换器（ADC）的 12 位读数是左对齐的。最高有效位是符号位，0 表示正值。在单极性格式中，3 个连续的 0 使得 ADC 每变化 1 个单位，数据字则以 8 个单位变化；在双极性格式中，4 个连续的 0 使得 ADC 每变化 1 个单位，数据字则以 16 为单位变化。

每个模拟量扩展模块，按扩展模块的先后顺序进行排序，其中，模拟量根据输入、输出不同分别排序。模拟量的数据格式为一个字长，所以地址必须从偶数字节开始。

例如：AIW0、AIW2、AIW4、…AQW0、AQW2、…每个模拟量扩展模块至少占两个通道，即使第一个模块只有一个输出 AQW0，第二个模块模拟量输出地址也应从 AQW4 开始寻址，以此类推。

图 6.6 给出了 CPU226 后面依次排列两个 4 模拟输入/1 模拟输出模块的寻址情况，其中，AQW2 和 AQW6 不能使用。

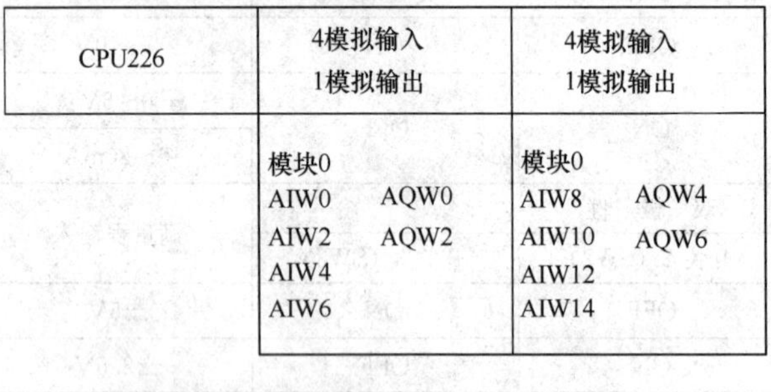

CPU226	4模拟输入 1模拟输出	4模拟输入 1模拟输出
	模块0 AIW0　　　AQW0 AIW2　　　AQW2 AIW4 AIW6	模块0 AIW8　　　AQW4 AIW10　　AQW6 AIW12 AIW14

图 6.6　模拟量输入/输出地址的分配

（4）模拟量值和 A/D 转换值的转换

假设模拟量的标准电信号是 $A_0 \sim A_m$（如 4～20mA），A/D 转换后数值为 $D_0 \sim D_m$（如 6400～32000），设模拟量的标准电信号是 A，A/D 转换后的相应数值为 D，由于是线性关系，函数关系可以表示为：

$$A = (D - D_0) \times (A_m - A_0)/(D_m - D_0) + A_0$$

根据该方程式，可以方便地根据 D 值计算出 A 值。将该方程式逆变换，可得出函数关系如下

$$D = (A - A_0) \times (D_m - D_0)/(A_m - A_0) + D_0$$

举例 1：以 S7-200 和 4~20mA 为例，经 A/D 转换后，得到的数值是 6400~32000，即 $A_0=4$，$A_m=20$，$D_0=6400$，$D_m=32000$，代入公式可得

$$A = (D - 6400) \times (20 - 4)/(32000 - 6400) + 4$$

假设该模拟量与 AIW0 对应，则当 AIW0 的值为 12800 时，相应的模拟电信号是 $6400 \times 16/25600 + 4 = 8mA$。

举例 2：某温度传感器，$-10~60℃$ 与 $4~20mA$ 相对应，以 T 表示温度值，AIW0 的值为 PLC 模拟量采样值，则根据上式直接代入得出

$$T = 70 \times (AIW0\,的值 - 6400)/(32000 - 6400) + (-10)$$

举例 3：某压力变送器，当压力达到满量程 5MPa 时，压力变送器的输出电流是 20mA，AIW0 的数值是 32000，可见每毫安对应的 A/D 值为 32000/20。测得当压力为 0.1MPa 时，压力变送器的电流应为 4mA，A/D 值为 （32000/20）×4=6400。由此得出，AIW0 的数值转换为实际压力值（单位为 kPa）的计算公式为

$$VW0\,的值 = (AIW0\,的值 - 6400) \times (5000 - 100)/(32000 - 6400) + 100$$

（5）模拟量编程实例

组建一个较小的实例系统来演示模拟量编程。

PLC 采用 S7-200 CPU222，仅带一个模拟量扩展模块 EM231，该模块的第一个通道连接一块带 4~20mA 变送输出的温度显示仪表，该仪表的量程设置为 0~100℃，即 0℃时输出 4mA，100℃时输出 20mA。温度显示仪表的铂电阻输入端接入一个 220Ω 可调电位器，简单编程如图 6.7 所示。

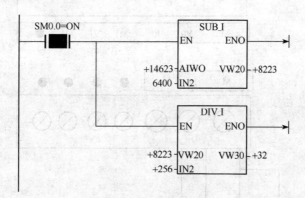

图 6.7 在线监控程序图

温度显示值＝（AIW0 的值－6400)/256

2. EM232 模拟量输出模块

以 S7-200 模拟量输出来控制 MM440 型变频器的运行频率，实现对设备的变频控制。

（1）规范介绍

EM232 是 2 通道电流/电压输出模块，其常用技术参数见表 6.3。

表 6.3   EM232 的常用技术参数

名　　称	指　标
模拟量输出点数	2 通道
输出范围	电压：±10V
	电流：0～20mA
数据字格式	电压：－32000～＋32000；电流：0～32000
分辨率	电压：11 位
	电流：11 位
精度	满量程的±2%（0～55℃）；满量程的±0.5%（25℃）；

（2）接线图

EM232 模拟量输出模块的接线示意图如图 6.8 所示。

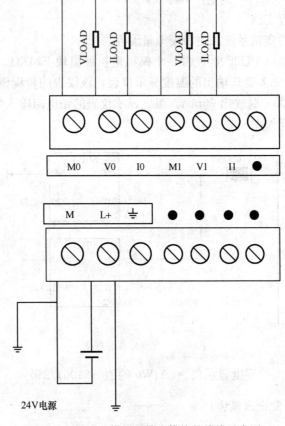

图 6.8   EM232 模拟量输出模块的接线示意图

首先对 MM440 型变频器进行工厂化参数复位，再进行快速调试。DIP 开关把 MM440 模拟量输入通道 1（AIN1）设置成 0～20mA。

S7-200 与 MM440 之间的接线示意图如图 6.9 所示。

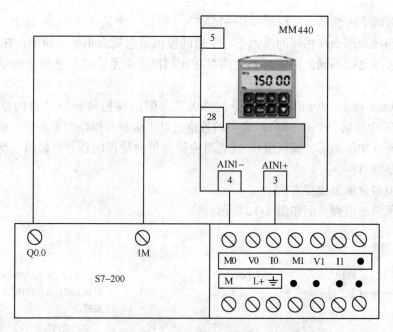

图 6.9　S7-200 与 MM440 之间的接线示意图

（3）模拟量扩展模块的寻址

图 6.10 和图 6.11 给出了 12 位数据值在 CPU 的模拟量输入字中的位置。

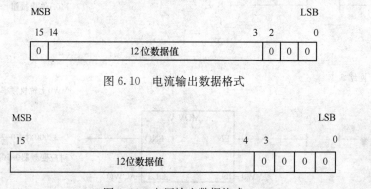

图 6.10　电流输出数据格式

图 6.11　电压输出数据格式

数模转换器（DAC）的 12 位计数，其输出数据格式是左端对齐的，最高有效位；0 是表示是正值数据字，数据在装载到 DAC 寄存器之前，4 个连续的 0 是被截断的，这些位不影响输出信号值。

（4）模拟量值和 A/D 转换值的转换

因为 A/D（模/数）、D/A（数/模）转换之间的对应关系，S7-200 CPU 内部用数值表示外部的模拟量信号，两者之间有一定的数学关系。这个关系就是模拟量/数值量的换算关系。

如使用一个 0～20mA 的模拟量信号输入，在 S7-200 CPU 内部，0～20mA 对应于数值范围 0～32000；对于 4～20mA 的信号，对应的内部数值为 6400～32000。

　　如果有两个传感器，量程都是 0～16MPa，但是一个是 0～20mA 输出，另一个是 4～20mA 输出，那么在相同的压力下，变送的模拟量电流大小是不同的，在 S7-200 内部的数值表示也就不同。但是两者之间存在比例换算关系，模拟量输出的情况也大致相同。

　　0～20mA 与 4～20mA 之间具备换算关系，但是模拟量转换的目的显然不是在 S7-200 CPU 中得到一个 0～32000 之类的数值。对于编程和操作人员来说，得到具体的物理量数值（如压力值、流量值），或者对应物理量占量程的百分比数值要更方便，这是换算的最终目标。

　　（5）模拟量输出编程实例

　　模拟量输出编程实例如图 6.12 所示。

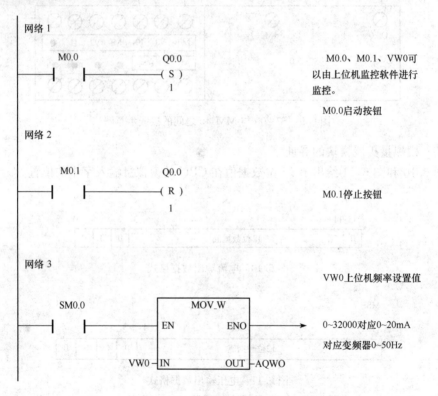

图 6.12　模拟量输出编程实例

6.2.3　S7-200 功能指令介绍

　　S7-200 的所使用到的数据主要分为以下几种。

　　1）输入/输出映像区（与实际输入/输出信号相关）。

　　I：数字量输入（DI）；

　　Q：数字量输出（DO）；

　　AI：模拟量输入；

　　AQ：模拟量输出。

2）内部数据存储区。

V：变量存储区，可以按位、字节、字或双字来存取 V 区数据；

M：位存储区，可以按位、字节、字或双字来存取 M 区数据；

T：定时器存储区，用于时间累计，分辨率分为 1ms、10ms、100ms 三种；

C：计数器存储区，用于累计其输入端脉冲电平由低到高的次数。

CPU 提供了三种类型的计数器：一种只能增计数；一种只能减计数；另外一种既可以增计数，又可以减计数。

本节主要介绍中断指令和 PID 指令，与处理模拟量输入/输出相关的功能指令详见第 3 章相关章节。

1. 中断指令

所谓中断就是终止当前正在运行的程序，去执行为立即响应的信号而编制的中断服务程序，执行完毕再返回原先终止的程序并继续执行。

S7-200 系列 PLC 最多有 34 个中断源（指发出中断请求的事件，又叫中断事件），分为三大类：通信中断、输入/输出（I/O）中断、时基中断。中断优先级由高到低依次是：通信中断、输入输出中断、时基中断。

每种中断中的不同中断事件又有不同的优先权，主机中的所有中断事件及优先级见表 6.4。

表 6.4　中断优先级

事件号	中断描述	优先级	优先组中的优先级
8	端口 0：接收字符		0
9	端口 0：发送完成		0
23	端口 0：接收信息完成		0
24	端口 1：接收信息完成	通信（最高）	1
25	端口 1：接收字符		1
26	端口 1：发送完成		1
19	PTO 0 完成中断		0
20	PTO 1 完成中断		1
0	上升沿，I0.0		2
2	上升沿，I0.1		3
4	上升沿，I0.2		4
6	上升沿，I0.3	I/O（中等）	5
1	下降沿，I0.0		6
3	下降沿，I0.1		7
5	下降沿，I0.2		8
7	下降沿，I0.3		9

续表

事件号	中 断 描 述	优先级	优先组中的优先级
12	HSC0 CV＝PV（当前值＝预置值）		10
27	HSC0 输入方向改变		11
28	HSC0 外部复位		12
13	HSC1 CV＝PV（当前值＝预置值）		13
14	HSC1 输入方向改变		14
15	HSC1 外部复位		15
16	HSC2 CV＝PV（当前值＝预置值）		16
17	HSC2 输入方向改变	I/O（中等）	17
18	HSC2 外部复位		18
32	HSC3 CV＝PV（当前值＝预置值）		19
29	HSC4 CV＝PV（当前值＝预置值）		20
30	HSC4 输入方向改变		21
31	HSC4 外部复位		22
33	HSC5 CV＝PV（当前值＝预置值）		23
10	定时中断 0　SMB34		0
11	定时中断 1　SMB35		1
21	定时器 T3　CT＝PT 中断	定时（最低）	2
22	定时器 T96　CT＝PT 中断		3

一个程序中总共可有 128 个中断。S7-200 在任何时刻，只能执行一个中断程序；在中断各自的优先级组内按照先来先服务的原则为中断提供服务，一旦一个中断程序开始执行，则一直执行至完成，不能被另一个中断程序打断，即使是更高优先级的中断程序；中断程序执行中，新的中断请求按优先级排队等候，中断队列能保存的中断个数有限，若超出，则会产生溢出。中断指令及其参数见表 6.5。

表 6.5　中断指令及其参数

指令名称	开中断指令	关中断指令	中断连接指令	中断分离指令
LAD	—(ENI)	—(DISI)	```ATCH┤EN ENO├┤INT┤EVNT```	```DTCH┤EN ENO├┤EVNT```
操作数及数据类型	无	无	INT：常量 0～127 EVENT：常量 CPU226：0～33 INT/EVENT 数据类型：字节	EVENT：常量 CPU226：0～33 数据类型：字节

需要注意的是，中断程序是为处理中断事件而事先编好的程序，中断程序不是由程序调用，而是在中断事件发生时由 PLC 内部的操作系统调用。

【例】利用 S7-200 的计数器，从 0 计数到 255。

如果输入 I0.0 置为 1，则程序减计数；如果输入 I0.0 置为 0，则程序加计数；如果输入 I0.0 的状态改变，则将立即激活输入/输出中断程序，中断程序 0 或 1 分别将存储器位 M0.0 置成 1 或 0。

主程序如图 6.13 和图 6.14 所示。

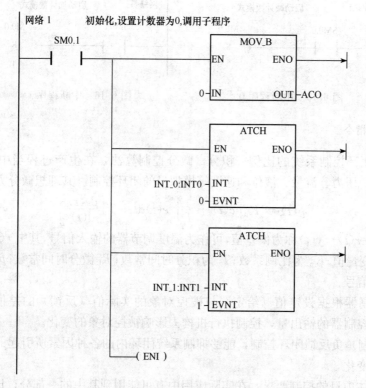

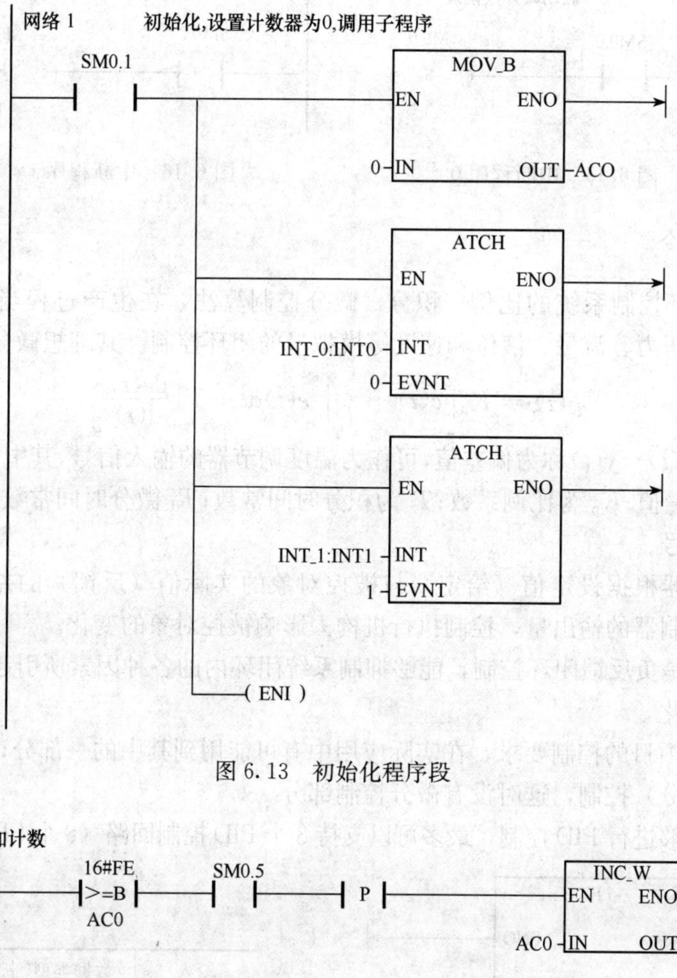

图 6.13　初始化程序段

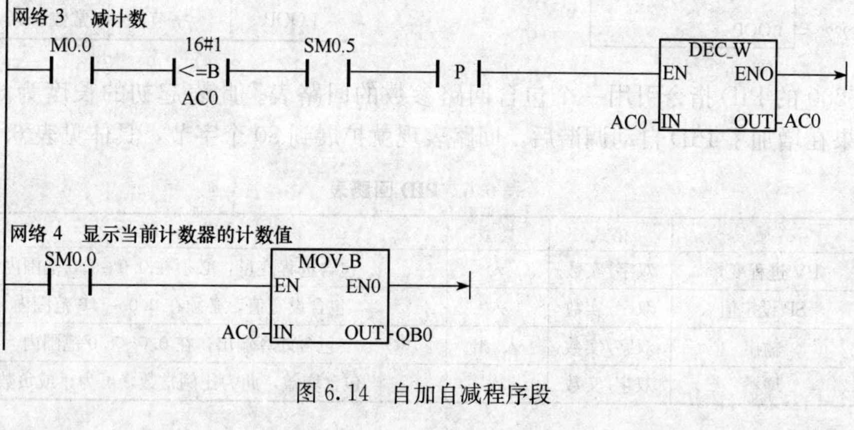

图 6.14　自加自减程序段

中断程序 0 如图 6.15 所示。

中断程序 1 如图 6.16 所示。

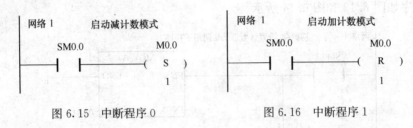

图 6.15　中断程序 0　　　　　　　　　　图 6.16　中断程序 1

2. PID 指令

PID 是闭环控制系统的比例—积分—微分控制算法，在生产过程当中应用相当广泛，如温度、压力、流量、液位和速度等模拟量的闭环控制。其理想微分方程为

$$p(t) = K_p\left[e(t) + \frac{1}{T_i}\int_0^i e(t)\,dt + T_d\frac{de(t)}{d(t)}\right]$$

式中，$e(t) = r(t) - y(t)$ 称为偏差值，可作为温度调节器的输入信号，其中 $r(t)$ 为给定值，$y(t)$ 为被测变量值；K_p 为比例系数；T_i 为积分时间常数；T_d 微分时间常数；$p(t)$ 为调节器的输出电压信号。

PID 控制器根据设定值（给定）与被控对象的实际值（反馈）的差值，按照 PID 算法计算出控制器的输出量，控制执行机构去影响被控对象的变化。

PID 控制是负反馈闭环控制，能够抑制系统闭环内的各种因素所引起的扰动，使反馈跟随给定变化。

根据具体项目的控制要求，在实际应用中有可能用到其中的一部分，比如常用的是 PI（比例—积分）控制，这时没有微分控制部分。

S7-200 能够进行 PID 控制，最多可以支持 8 个 PID 控制回路（8 个 PID 指令功能块）。

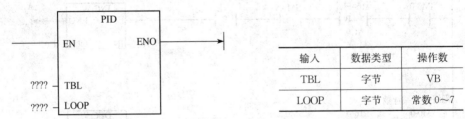

输入	数据类型	操作数
TBL	字节	VB
LOOP	字节	常数 0～7

S7-200 的 PID 指令引用一个包含回路参数的回路表。此表起初的长度为 36 个字节，如果在增加了 PID 自动调谐后，回路表现就扩展到 80 个字节，具体见表 6.6。

表 6.6　PID 回路表

偏移量	域	格式	类型	说　　明
0	PV 进程变量	双字/实数	入	包含进程变量，必须在 0.0～1.0 范围内
4	SP 设定值	双字/实数	入	包含设定值，必须在 0.0～1.0 范围内
5	输出	双字/实数	入/出	包含计算输出，在 0.0～1.0 范围内
12	增益	双字/实数	入	包含增益，此为比例常数，可为正或负

续表

偏移量	域	格式	类型	说　明
16	采样时间	双字/实数	入	包含采样时间，以秒为单位，必须为正数
20	积分时间	双字/实数	入	包含积分时间，以分钟为单位，必须为正数
24	微分时间	双字/实数	入	包含微分时间，以分钟为单位，必须为正数
28	偏差	双字/实数	入/出	包含 0.0～1.0 之间的偏差或积分和数值
32	上一个进程变量	双字/实数	入/出	包含最后一次执行 PID 指令存储的进程变量以前的数值

下面举例进行说明：程序如图 6.17 所示。

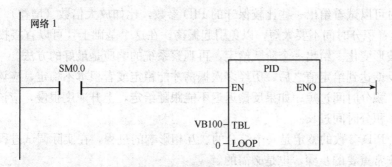

图 6.17　PID 指令的使用

增益 P 存放在 VD112 中，即 VB112～VB115 连续 4 个字节；积分时间 I 存放在 VD120 中，即 VB120～VB123 连续 4 个字节；微分时间 D 存放在 VD124 中，即 VB124～VB127 连续 4 个字节。上位机可以从相应的 V 存储区采集或赋值 P、I、D 参数进行整定。

PID 参数的取值，以及 P、I、D 参数之间的配合，对 PID 控制是否稳定具有重要的意义。这些主要参数是：

（1）采样时间

PLC 必须按照一定的时间间隔对反馈进行采样才能进行 PID 控制的计算。采样时间就是对反馈进行采样的间隔。短于采样时间间隔的信号变化是不能测量到的。过短的采样时间没有必要，过长的采样间隔显然不能满足扰动变化比较快，或者速度响应要求高的场合。

编程时指定的 PID 控制器采样时间必须与实际的采样时间一致。S7-200 中 PID 的采样时间精度用定时中断来保证。

（2）增益

增益与偏差（给定值与反馈值的差值）的乘积作为控制器输出中的比例部分。过大的增益会造成反馈的振荡。

（3）积分时间

偏差值恒定时，积分时间决定了控制器输出的变化速率。积分时间越短，偏差得到的修正越快。过短的积分时间有可能造成不稳定。

积分时间的长度相当于在阶跃给定下，增益为"1"的时候，输出的变化量与偏差值相等所需要的时间，也就是输出变化到二倍于初始阶跃偏差的时间。

如果将积分时间设为最大值，则相当于没有积分作用。

（4）微分时间

偏差值发生改变时，微分作用将增加一个尖峰到输出中，随着时间流逝减小。微分时间越长，输出的变化越大。微分使控制对扰动的敏感度增加，也就是偏差的变化率越大，微分控制作用越强。微分相当于对反馈变化趋势的预测性调整。

如果将微分时间设置为 0 就不起作用，控制器将作为 PI 调节器工作。

对闭环系统的调试，首先应当作开环测试。所谓开环，就是在 PID 调节器不投入工作的时候，观察反馈通道的信号是否稳定，输出通道是否动作正常。

测试时可以试着给出一些比较保守的 PID 参数，比如放大倍数（增益）不要太大，可以小于 1；积分时间不要太短，以免引起振荡。在这个基础上，可以直接投入运行观察反馈的波形变化。给出一个阶跃给定，再观察系统的响应是最好的方法。

如果反馈达到给定值之后，历经多次振荡才能稳定或者根本不稳定，应该考虑是否增益过大、积分时间过短；如果反馈迟迟不能跟随给定，上升速度很慢，应该考虑是否增益过小、积分时间过长。

总之，PID 参数的整定是一个综合的、互相影响的过程，在实际调试过程中进行多次尝试是非常重要的步骤，也是必需的。

此外，STEP 7-Micro/WIN 提供了 PID 指令向导，可以方便地生成一个闭环控制过程的 PID 算法，此向导可以完成绝大多数 PID 运算的自动编程，只需在主程序中调用 PID 向导生成的子程序，就可以完成 PID 控制任务。

■ 6.3　前 导 训 练 ■

6.3.1　温度测量模块训练

S7-200 系列 PLC 温度测量模块有：EM231 RTD（2 通道热电阻输入模块）和EM231 TC（4 通道热电偶输入模块）。

1. 温度模块介绍

（1）简介

1）EM231 RTD 热电阻模块。EM231 RTD 模块为 S7-200 连接各种型号的热电阻提供了方便的接口，是 S7-200 系列 PLC 采集温度时所需的主要模块之一，它允许 S7-200 测量三个不同的电阻范围，但是连接到模块的热电阻必须是相同的类型。

在 S7-200 中，单极性模拟量输入/输出信号的数值范围是 0～32000；双极性模拟量信号的数值范围是－32000～＋32000。其输入/输出信号格式如下。

① 输入：AIW［起始字节地址］，如 AIW6；

② 输出：AQW［起始字节地址］，如 AQW0。

每个模拟量输入模块，按模块的先后顺序和输入通道数目，以固定的递增顺序向后排地址，如，AIW0、AIW2、AIW4、AIW6、AIW8 等。

模拟量输入/输出数据是有符号整数，占用一个字长（两个字节），所以地址必须从偶数字节开始。

对于 EM231 RTD 两通道输入模块，不再占用空的通道，后面的模拟量输入点是紧接着排地址的。

每个有模拟量输出的模块占两个输出通道。即使第一个模块只有一个输出 AQW0，第二个模块的输出地址也应从 AQW4 开始寻址（AQW2 被第一个模块占用），依此类推。温度模拟量输入模块（EM231 TC、EM231 RTD）也按照上述规律寻址，但是所读取的数据是温度测量值的 10 倍（摄氏或华氏温度）。如 520 相当于 52.0 度（摄氏或华氏温度）。

当热电阻的技术参数不是很清楚的情况下，应该尽量弄清楚热电阻的参数，否则可以使用默认设置。

2）EM231 TC 热电偶模块。

任何两种金属，其连接处都会形成热电偶。热电偶产生的电压与连接点温度成正比。这个电压很低，$1\mu V$ 可能代表若干度。测量来自热电偶的电压，进行冷端补偿，然后线性化结果，这是使用热电偶进行温度测量的基本步骤。

将一个热电偶连接到 EM231 热电偶模块时，两根不同的金属导线连接到模块的输入信号接线端子。两根不同金属导线彼此连接处形成传感器的热电偶。在两根不同金属导线连接到输入信号接线端子的地方形成其他两个热电偶。接线端子处的温度产生一个电压，加到从传感器热电偶来的电压上。如果这个电压不校正，所测量的温度会偏离传感器的温度。

冷端点补偿用来补偿接线端子处的热电偶。热电偶表基于基准连接点温度，通常是 0℃。模块冷端补偿将接线端子处的温度补偿到 0℃。冷端补偿补偿了由于接线端子热电偶电压所引起的电压增加。模块温度是在内部测量的。这个温度转换成一个值，它加到传感器的转换值上。然后，用热电偶表线性化被修正后的传感器转换值。

EM231 热电偶模块有专门的冷端补偿电路（EM231 TC 可以设置为由模块实现冷端补偿，但仍然需要补偿导线进行热电偶的自由端补偿），该电路在模块连接器处测量温度，并对测量值作出必要的修正，以补偿基准温度和模块处温度之间的温度差。如果 EM231 热电偶模块安装环境的温度变化很剧烈，则会引起附加的误差。

为了达到最大的精度和重复性，西门子公司建议，EM231 RTD 和 EM231 TC 模块要安装在环境温度稳定的地方，才能具有最佳的性能。

EM231 TC 支持 J、K、E、N、S、T 和 R 型热电偶，不支持 B 型热电偶。

（2）接线与 DIP 配置

1）EM231 RTD 热电阻模块。EM231 RTD 接线如图 6.18 所示。

图 6.18 中 PT100 的接线方式是 4 线制的接线方式，此外还有 2 线制和 3 线制接线方式，具体接线方式详见第 4 章相关章节。

根据测温的控制要求及输入输出器件的分布，选择 EM231 RTD 模块为 0～10V 输入。设置配置开关如下：SW1——OFF、SW2——OFF、SW3——OFF、SW4——OFF、SW5——OFF、SW6——OFF、SW7——OFF、SW8——ON。

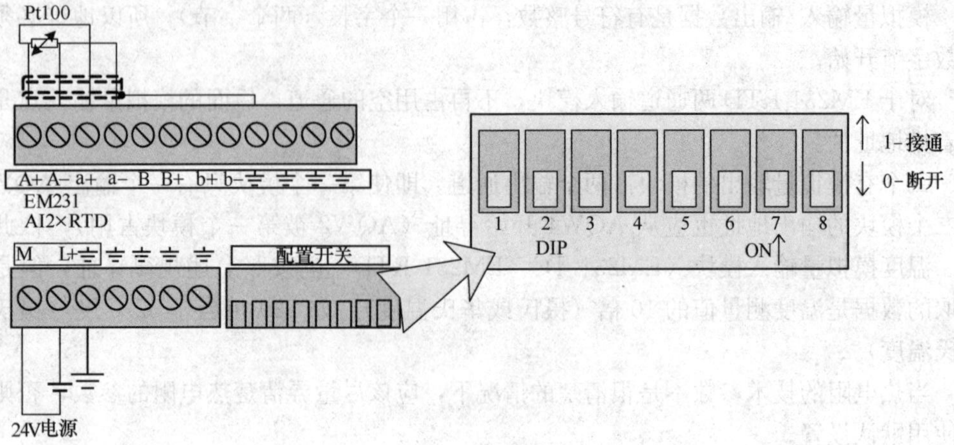

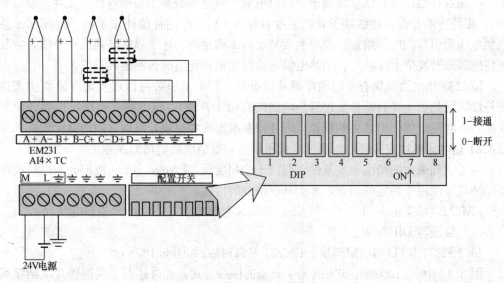

图 6.18　EM231 RTD 接线及 DIP 开关图

AIW0：模拟通道输入 1，连接 PT100。

EM231 RTD 模块提供了 S7-200 与多种热电阻的连接接口，可以通过 DIP 开关来选择热电阻的类型、接线方式、测量单位和开路故障的方向，但是所有连接到模块上的热电偶必须是相同类型。DIP 组态开关位于模块的下部，如图 6.18 所示。为使 DIP 开关设置起作用，用户需要给 PLC 和/或用户 24V 电源断电再通电。

2）EM 231 TC 热电偶模块。EM 231 TC 热电偶模块提供一个方便、隔离的接口，用于七种热电偶类型：J、K、E、N、S、T 和 R 型。

EM231 TC 模块接线方式可以采用如图 6.19 所示的方式。

图 6.19　EM231 TC 模块接线及 DIP 开关图

模块允许 S7-200 连接微小的模拟量信号，范围为 $\pm 80\text{mV}$，必须用 DIP 开关来选择热电偶的类型、断线检查、测量单位、冷端补偿和开路故障方向。所有连到模块上的热电偶必须是相同类型。组态 DIP 开关位于模块的下部，如图 6.19 所示。为了使 DIP 开关设置起作用，需要给 PLC 和/或用户的电源断电再通电。DIP 开关设置见表 6.7、表 6.8。

表 6.7 DIP 开关设置（SW1～SW3）

热电偶类型	SW1	SW2	SW3	热电偶类型	SW1	SW2	SW3
J（默认）	0	0	0	R	1	0	0
K	0	0	1	S	1	0	1
T	0	1	0	N	1	1	0
E	0	1	1	+/−80mV	1	1	1

表 6.8 DIP 开关设置（SW5～SW8）

SW5	开路故障极限值方向	SW6	断线检测	SW7	测量单位	SW8	冷端补偿
0	开路故障正极限值（+3276.7℃/℉）	0	使能断线检测	0	℃	0	使能冷端补偿
1	开路故障负极限值（−3276.7℃/℉）	1	禁止断线检测	1	℉	1	禁止冷端补偿

以下主要以 EM231 RTD 热电阻模块为例进行介绍。

（3）性能指标

EM231 RTD/TC 模块输入分辨率为 0.1℃/0.1 ℉；连线长度（最大）为 100m（至传感器）。

EM231 RTD/TC 所读取的数据是温度测量值的 10 倍（摄氏或华氏温度），如 520 相当于 52.0 度。

正向标定值是 3276.7 度（华氏或摄氏温度），负向标定值是−3276.8 度。如果检测到断线、输入超出范围时，相应通道的数值被自动设置为上述标定值。

EM231 热电阻模块为 S7-200 连接各种型号的热电阻提供了方便的接口。它也允许 S7-200 测量三个不同的电阻范围。连接到模块的热电阻必须是相同的类型。

如何使用的热电阻的技术参数不是很清楚，应该尽量弄清楚热电阻的参数。否则可以使用默认设置。另外，EM235 模拟量输入模块不是用于与热电阻连接测量温度的模块，勉强使用容易带来问题，建议使用 EM231 RTD 模块。

（4）输入通道地址分配

EM231 RTD/TC 模拟量的输入地址与其他模拟量模块地址分配一致，其格式如下：

① 输入为 AIW［起始字节地址］，如 AIW6；

② 输出为 AQW［起始字节地址］，如 AQW0。

每个模拟量输入模块，按模块的先后顺序和输入通道数目，以固定的递增顺序向后排地址，如 AIW0、AIW2. AIW4、AIW6、AIW8 等。

对于 EM231 RTD/TC 两通道输入模块，不再占用空的通道，后面的模拟量输入点是紧接着排地址的。

每个有模拟量输出的模块占两个输出通道。即使第一个模块只有一个输出 AQW0，第二个模块的输出地址也应从 AQW4 开始寻址（AQW2 被第一个模块占用），依此类推。

2. 训练程序

训练程序说明：具体程序如图 6.20 所示。

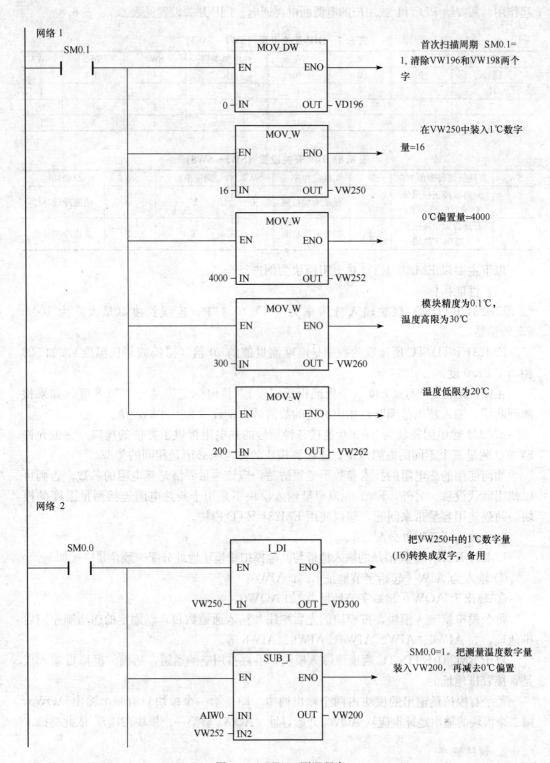

图 6.20　PT100 测温程序

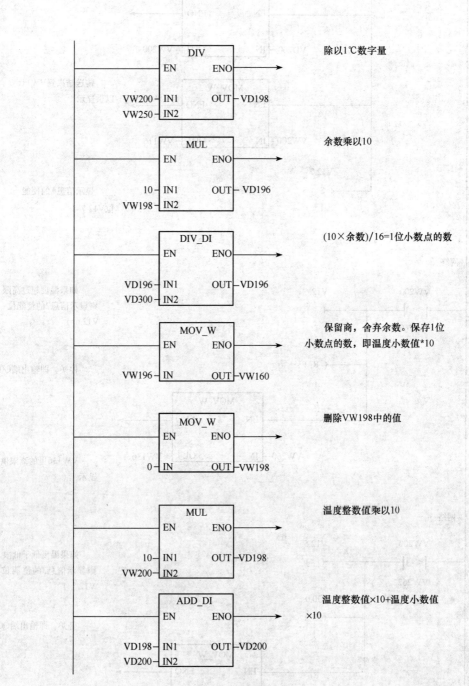

图 6.20　PT100 测温程序（续一）

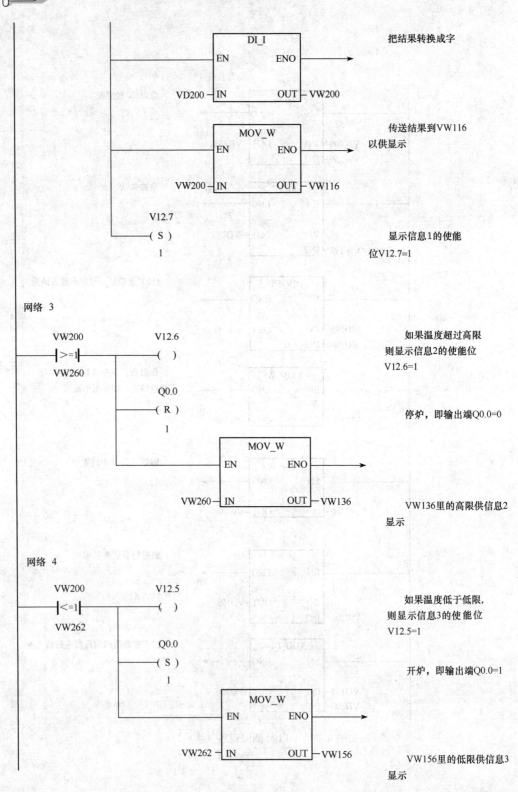

图 6.20　PT100 测温程序（续二）

用 EM231 RTD 模拟量扩展模块测量温度和监视指定温限，在该模拟量模块的一个输入通道上连接 PT100 温度传感器。EM231 RTD 把这个电压转换成数字量，程序周期地读这些数字量，并将所读的这些数，利用下面的公式计算出温度（℃）。

$$T(℃) = (温度数字量 - 0℃ 偏置量)/1℃ 数字量$$

式中，温度数字量为存储在 $AIWx(x = 0, 2, 4)$ 中的值；0℃ 偏置量为在 0℃ 测量出的数字量，该值为 4000；1℃ 数字量为温度每升高 1℃ 的数字量，本程序中为 16。

PT100 温度传感器是铂电阻温度传感器，它适用于测量 $-60℃ \sim +400℃$ 之间的温度。

3. 故障排查

如果在精度要求不高的情况下，PT100 传感器可以使用 4 线制的接线方式。

如果模块上的 SF 红灯一直在闪烁，有两个原因：模块内部软件检测出外接热电阻断线，或者输入超出范围。由于上述检测是两个输入通道共用的，所以当只有一个通道外接热电阻时，SF 灯必然闪烁。解决方法是将一个 100Ω 的电阻，按照与已用通道相同的接线方式连接到空的通道；或者将已经接好的那一路热电阻的所有引线，一一对应连接到空的通道上。

6.3.2　升/降温度控制训练

1. 训练要求

1）了解升/降温度控制的控制原理。
2）了解电动自行车控制器、铂电阻和温度显示仪的原理。
3）掌握气动（气缸）工作原理。
4）掌握 EM231 和 EM232 模块的应用。
5）掌握模拟量的编程与调试。

2. 训练器材

1）CPU226 AC/DC/RLY 一个。
2）EM231 热电阻输入模块一个。
3）EM232 模拟量输出模块一个。
4）平头按钮三个。
5）急停按钮一个。
6）指示灯两只。
7）传感器四个。
8）热敏电阻、电炉丝各一个。
9）温度显示仪一台。
10）电磁阀一个。
11）直流电动机一台。

12）继电器两个。

13）PC/PPI 编程电缆一根。

14）计算机一台等。

3. 训练原理

（1）启动原点

升/降温度控制只有满足原点条件时，按下启动按钮后，设备才可能处于运行工作状态。升/降温度控制的原点启动条件为：

1）传送带上托盘检测位置处没有放置托盘。

2）传送带上工件检测位置处没有放置工件。

3）限位气缸位于阻挡位。

（2）工作过程

本站位于原点状态，按下启动按钮后，该单元传送带开始转动，运行指示灯点亮。当托盘及工件运动到限位气缸时，限位气缸阻止其通行。此时，传感器检测到有托盘和工体到位，电炉丝通电加热，使室温上升。室内温度由热敏电阻 PT100 进行检测，并由仪表加以显示。当温度上升至 35℃后，室内温度通过 PID 控制，10s 后电炉丝断电停止加热，风扇启动降温。温度降至 32℃时，停止吹风，限位气缸电磁阀通电，允许托盘和工体通行，2s 后限位气缸电磁阀断电，一个工作周期结束。

（3）报警动作

当托盘及工件到位感知传感器未检测到托盘和工件同时到位时，则有报警情况发生，报警灯将点亮，说明该单元缺料。当加热的过程中温度超过 60℃时，报警灯也点亮。

4. I/O 分配表

I/O 分配表见表 6.9。

表 6.9　升/降温度控制 I/O 分配表

输　入		输　出		输　入		输　出	
I0.2	启动	Q0.0	运行	I1.1	工件检测	Q1.4	风扇
I0.3	停止	Q0.1	报警	I1.2	限位气缸阻挡	Q1.5	限位气缸电磁阀
I0.4	复位	Q1.0	传送带电动机	I1.3	限位气缸放行	AQW0	温度控制
I0.5	急停	Q1.2	电炉丝加热	AIW0	当前温度检测		
I1.0	托盘检测	Q1.3	风扇				

5. 训练步骤

1）工作过程及步骤见训练原理。

2）在设备正常运行时，按下停止按钮，则需完成当前工作周期后，停止运行。

3）在设备正常运行时，按下急停按钮，设备立即停止。

4）按下急停按钮后，要想设备再次启动需按一下复位按钮，再按下启动按钮，设备将重新启动。

6．注意事项

1）在连接 PC/PPI 电缆时，PLC 须断电。

2）设备运行途中出现报警事件，需人工清除传送带上的剩余工件和托盘。

■6.4　过程详解■

6.4.1　模拟量模块的选择

根据以上控制要求，可选择三种不同的解决方案：

1）CPU226＋扩展模块（EM231 和 EM232）。EM231 是最常用的模拟量扩展模块，它实现了 4 路模拟量电压/电流输入功能；EM232 是 2 通道电流/电压输出模块。

2）CPU226＋扩展模块（EM235）。EM235 是 4 输入/1 输出模拟量模块。

3）CPU226＋扩展模块（EM231 RTD 和 EM232）。EM231 RTD 是 2 通道热电阻输入模块。

为了能多了解模拟量指令，我们采用第一种方案实现本单元的控制要求。

6.4.2　扩展模块的连接

EM231 和 EM232 与 S7-200 之间连接如图 6.21 所示。

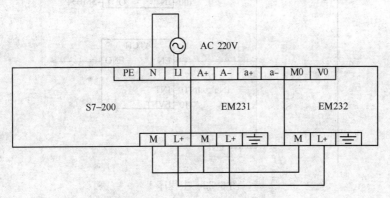

图 6.21　S7-200 与扩展模块的连接

6.4.3　控制程序的设计

1．I/O 分配表

根据所接元器件，I/O 分配表见表 6.10。

表 6.10   I/O 分配表

输 入 信 号			输 出 信 号		
序号	输入地址	符号	序号	输出地址	符号
1	I0.0	单机联机切换	1	Q0.0	运行
2	I0.2	启动按钮	2	Q0.1	报警
3	I0.3	停止按钮	3	Q1.0	传送
4	I0.4	复位按钮	4	Q1.1	喷漆
5	I0.5	急停按钮	5	Q1.2	加热
6	I1.0	托盘	6	Q1.3	风扇1
7	I1.1	工件	7	Q1.4	风扇2
8	I1.2	后限位	8	Q1.5	放行
9	I1.3	前限位	9	AQW0	温度调节输出
10	AIW0	温度检测			

2. 程序设计

程序由 1 个主程序和 5 个子程序组成，它们是主程序、复位子程序、运行控制子程序、喷涂单元报警子程序、通信子程序、PID 控制子程序，此外还有中断程序 INT_0。

(1) 主程序

系统初始化，设置 PID 自动运行 M0.3=1，连接并打开中断，具体如图 6.22 所示。

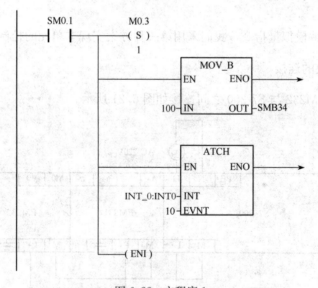

图 6.22   主程序 1

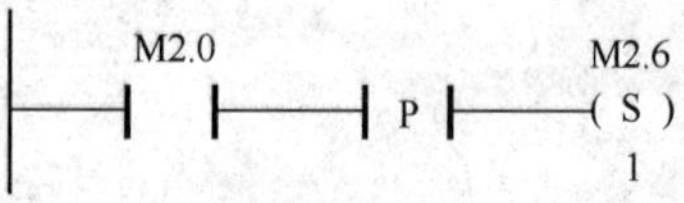

复位 M2.0 信号出现上升沿时，置位复位记忆 M2.6，具体如图 6.23 所示。

复位记忆 M2.6 为 1，且急停 M2.1 也为 1 时，调用复位子程序对系统进行复位，复位完成置位 M2.7，具体如图 6.24 所示。

图 6.23   主程序 2

复位完成后复位复位记忆 M2.6 和复位完成 M2.7，如图 6.25 所示。

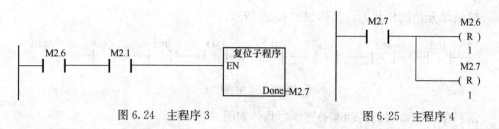

图 6.24 主程序 3 　　　　　　　　　　图 6.25 主程序 4

急停，复位 Q0.0、M2.6、Q1.0 和 SB0，具体如图 6.26 所示。

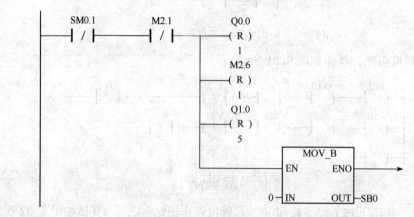

图 6.26 主程序 5

调用 PID 子程序，具体如图 6.27 所示。

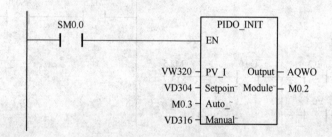

图 6.27 主程序 6

单机/联机系统复位和急停，具体如图 6.28 所示。

图 6.28 主程序 7

喷涂单元初始化状态，具体如图 6.29 所示。

```
  I1.0    I1.1    I1.3    I1.2    Q0.1    I0.5    Q0.0    M0.0
├──┤/├───┤ ├───┤ ├───┤ ├───┤ ├───┤ ├───┤/├───( )
```

图 6.29 主程序 8

落料单元中，联机启动准备完毕，具体如图 6.30 所示。

```
  I0.0    M0.0    M1.4
├──┤ ├───┤ ├───( )
```

图 6.30 主程序 9

单机/联机切换，具体如图 6.31 所示。

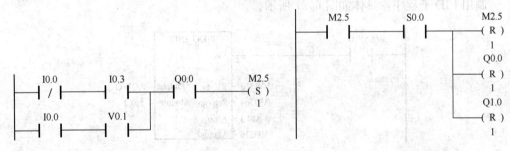

图 6.31 主程序 10

当在运行状态下按下停止按钮 I0.3，置位停止记忆 M2.5，具体如图 6.32 所示。
复位停止记忆 M2.5、运行 Q0.0 和传送 Q1.0，具体如图 6.33 所示。

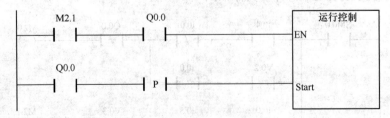

图 6.32 主程序 11   图 6.33 主程序 12

调用运行控制子程序，具体如图 6.34 所示。

```
  M2.1          Q0.0                      ┌──────────┐
├──┤ ├───────┤ ├──────────────────────┤运行控制   │
                                          │EN        │
  Q0.0                                     │          │
├──┤ ├──────────┤P├─────────────────────┤Start     │
                                          └──────────┘
```

图 6.34 主程序 13

调用通信子程序和喷涂单元报警子程序，具体如图 6.35 所示。

（2）复位子程序

复位所有输出信号，使输出 Q 全部为 0；复位 SCR 位；复位完成置位 L0.0。具体如图 6.36 所示。

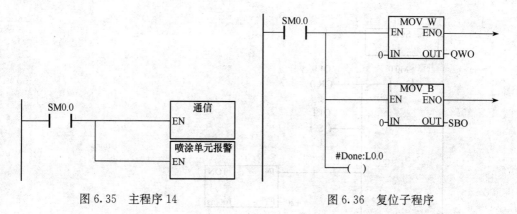

图 6.35 主程序 14   图 6.36 复位子程序

（3）运行控制子程序

系统启动原点。当 L0.0 为 1 时，置位 S0.0 开始步进运行，具体如图 6.37 所示。

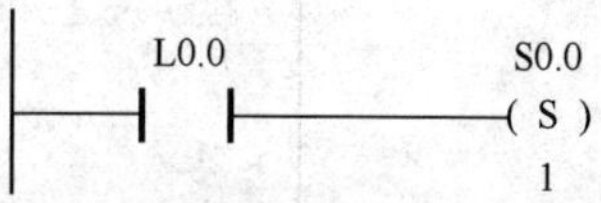

第一步：风扇一直开着，直到工件到来。进行第 1 次喷漆，具体如图 6.38 所示。

图 6.37 系统启动原点

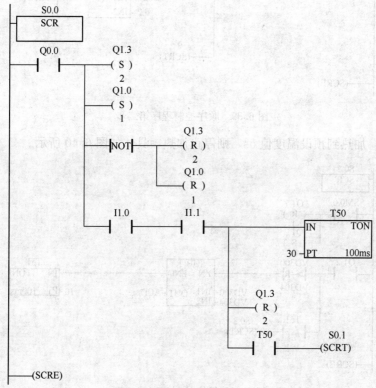

图 6.38 顺序控制程序第一步

第二步：停止传送带，并进行喷涂。2s 后停止喷涂，进行温度检测，具体如

图 6.39所示。

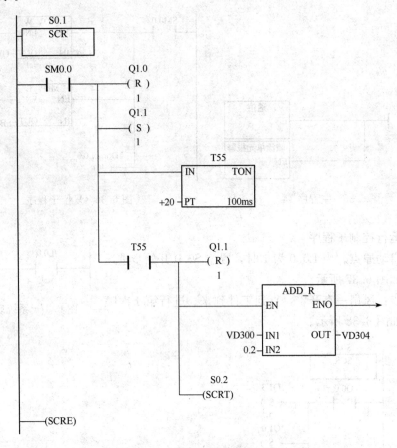

图 6.39　顺序控制程序第二步

第三步：加热到预设温度值 5s，则停止加热，具体如图 6.40 所示。

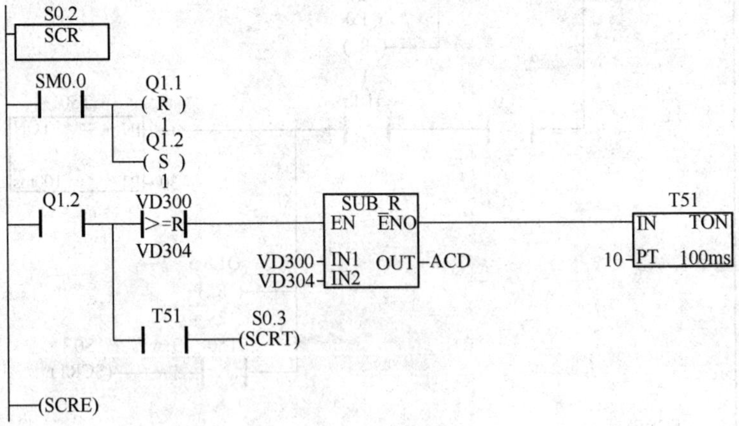

图 6.40　顺序控制程序第三步

第四步：风扇吹 10s 料放行，具体如图 6.41 所示。

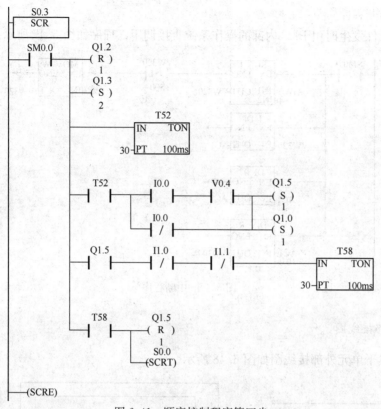

图 6.41 顺序控制程序第四步

（4）喷涂单元报警子程序

喷涂单元报警子程序如图 6.42～图 6.46 所示。

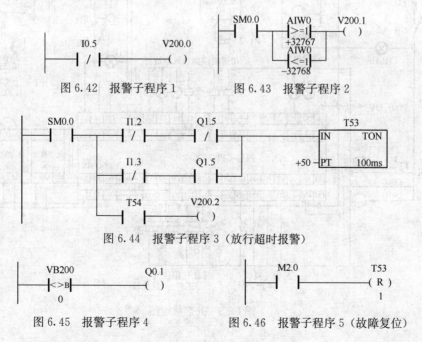

图 6.42 报警子程序 1　　　　图 6.43 报警子程序 2

图 6.44 报警子程序 3（放行超时报警）

图 6.45 报警子程序 4　　　　图 6.46 报警子程序 5（故障复位）

（5）中断程序

中断事件发生时由 PLC 内部的操作系统直接调用，程序如图 6.47 所示。

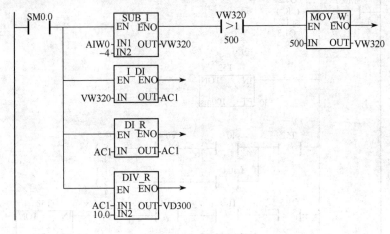

图 6.47　中断程序

3. 外部接线图

喷涂烘干单元外部接线图如图 6.48 所示。

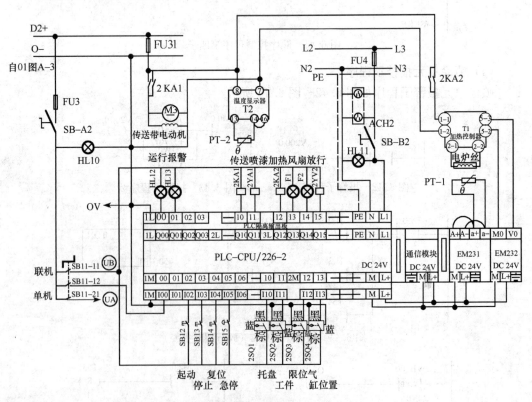

图 6.48　外部接线图

■ 6.5　技　能　提　高 ■

本节训练智能烤箱控制系统的设计、安装与调试。

1. 训练目的

1）熟练掌握控制要求分析。

2）掌握模拟量模块的选择和使用。

3）掌握温度量控制程序的编制与调试方法。

2. 训练器材

1）装有 STEP 7-Micro/WIN 编程软件的计算机 1 台。

2）S7-200 系列 PLC 及 EM231 RTD 模拟量模块各一块。

3）PC/PPI 编程电缆一根。

4）PT100 热电阻温度传感器一个。

5）导线若干。

3. 训练内容说明

（1）任务

设计一个电烤箱温度控制系统，要求在一定范围内电烤箱温度保持在设定温度上。

（2）要求

1）温度范围为 0～200℃。

2）系统的启动和停止等操作通过按钮控制。

3）温度控制精度要求在±5℃。

4. 训练步骤

1）根据控制要求正确选择模拟量模块。

2）模拟量模块与基本单元地正确连接。

3）依据控制要求进行 I/O 分配表并画出 PLC 接线图。

4）编写 PLC 控制程序。

5）正确连接并调试程序。

■ 6.6　知　识　拓　展 ■

6.6.1　PLC 的 PID 功能介绍

在工业控制中，PID 控制（比例-积分-微分控制）得到了广泛的应用，这是因为

PID 控制具有以下优点：

1）不需要知道被控对象的数学模型。实际上大多数工业对象准确的数学模型是无法获得的，对于这一类系统，使用 PID 控制可以得到比较满意的效果。

2）PID 控制器具有典型的结构，程序设计简单，参数调整方便。

3）有较强的灵活性和适应性，根据被控对象的具体情况，可以采用各种 PID 控制的变种和改进的控制方式，如 PI、PD、带死区的 PID、积分分离式 PID、变速积分 PID 等。

随着智能控制技术的发展，PID 控制与模糊控制、神经网络控制等现代控制方法相结合，可以实现 PID 控制器的参数自整定，使 PID 控制器具有经久不衰的生命力。

1. PLC 实现 PID 控制的方法

PLC 实现 PID 控制框图如图 6.49 所示。

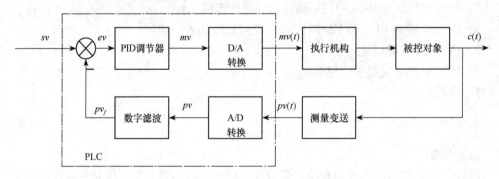

图 6.49　PLC 实现 PID 控制框图

使用 PID 指令。现在很多中小型 PLC 都提供 PID 控制用的功能指令，如 S7-200 系列 PLC 的 PID 指令。它们实际上是用于 PID 控制的子程序，与 A/D、D/A 转换模块一起使用，可以实现 PID 控制的效果；另外，使用 PID 指令向导完成 PID 闭环控制非常方便，只需简单的设置即可。下面介绍 PID 指令向导的使用。

2. PID 指令向导

S7-200 指令向导的 PID 功能可用于简化 PID 操作配置，具体设置步骤如图 6.50～图 6.57所示。

选择菜单命令"工具"→"指令向导"，然后选择 PID；或单击浏览条中的"指令向导"图标，然后选择 PID；或打开指令树中的"向导"文件夹并随后打开此向导或某现有配置。

PID 指令向导示例程序如图 6.58 所示。

3. PID 参数的整定

1）比例系数 K_p 越大，比例调节作用越强，系统的稳态精度越高；但是对于大多数系统，K_p 过大会使系统的输出量振荡加剧，稳定性降低。

2）积分部分可以消除稳态误差，提高控制精度，但是积分作用的动作缓慢，可能

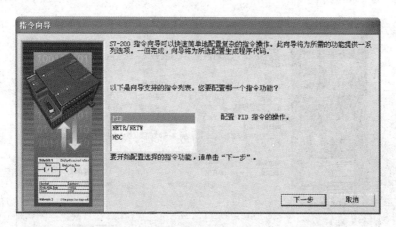

图 6.50 PID 指令向导 1

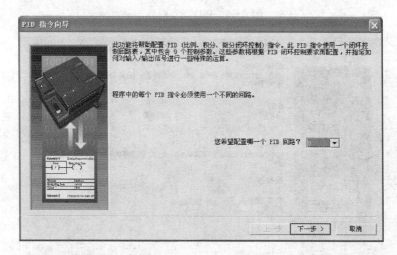

图 6.51 PID 指令向导 2

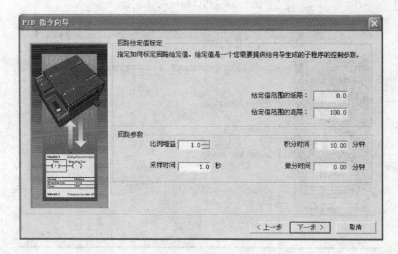

图 6.52 PID 指令向导 3

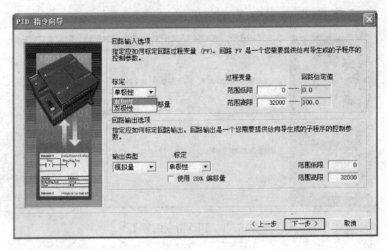

图 6.53　PID 指令向导 4

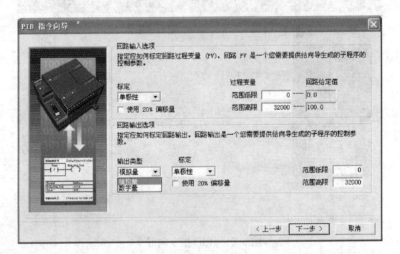

图 6.54　PID 指令向导 5

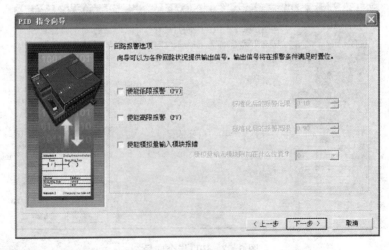

图 6.55　PID 指令向导 6

图 6.56　PID 指令向导 7

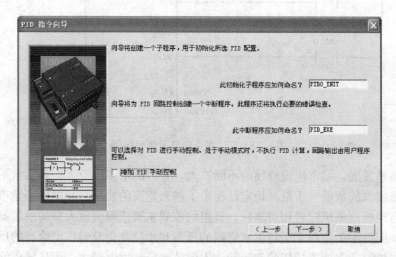

图 6.57　PID 指令向导 8

给系统的动态稳定性带来不良影响。积分时间常数 T_i 增大时，积分作用减弱，系统的动态性能（稳定性）可能有所改善，但是消除稳态误差的速度减慢。

3）微分部分是根据误差变化的速度，提前给出较大的调节作用。微分部分反映了系统变化的趋势，它较比例调节更为及时，所以微分部分具有超前和预测的特点。微分时间常数 T_d 增大时，超调量减小，动态性能得到改善，但是抑制高频干扰的能力下降。

4）选取采样周期 T_s 时，应使它远远小于系统阶跃响应的纯滞后时间或上升时间。为使采样值能及时反映模拟量的变化，T_s 越小越好。但是 T_s 太小会增加 CPU 的运算工作量，相邻两次采样的差值几乎没有什么变化，所以也不宜将 T_s 取得过小。

6.6.2　相关案例（恒压供水控制系统）

1. 系统简述

建设节约型社会，合理开发、节约利用和有效保护水资源是一项艰巨任务。随着社

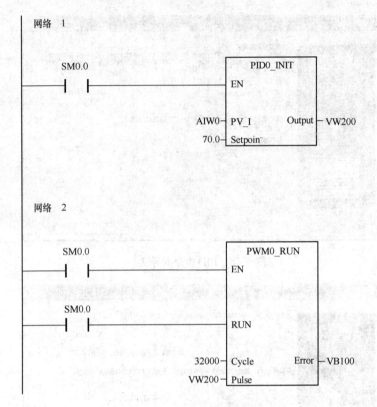

图 6.58   PID 指令向导示例程序图

会经济的飞速发展，城市建设规模的不断扩大，人口的增多以及人们生活水平的不断提高，对城市供水的数量、质量、稳定性提出了越来越高的要求。我国中小城市水厂尤其是老水厂自动控制系统配置相对落后，机组的控制主要依赖值班人员的手工操作。控制过程繁琐，而且手动控制无法对供水管网的压力和水位变化及时作出恰当的反应。为了保证供水，机组通常处于超压状态运行，不但效率低、耗电量大，而且城市管网长期处于超压运行状态，曝损也十分严重。

就目前而言，多数工业、生活供水系统都采用水塔、层顶水箱等作为基本储水设备，由一级或二级水泵从地下市政水管供给。因此，可利用 PLC 等来检测其水位状况，结合采用可编程控制技术、变频控制技术、电机泵组控制技术的新型机电一体化供水装置，并通过 PID 控制解决控制系统的稳定性和准确性，从而取得较好的控制效果。

2. 系统的工作原理及过程

恒压供水泵站一般需设多台水泵及电动机，这比设单台水泵及电动机节能而可靠。配单台电动机和水泵时，它们的功率必须足够的大，在用水量少时，开一台大电动机肯定是浪费，电动机选小了用水量大时供水不足，而且水泵和电动机都有维修的时候，备用泵是必要的。

恒压供水的主要目标是保持管内水压的恒定，水泵电动机的转速跟随用水量的变化而变化，这就要用变频器为水泵供电，这也有两种配置方式。一种方式是为每台水泵电动机配一台变频器，这当然方便，电动机与变频器间不需要切换，但是购买变频器的费用较高；另一种方式是数台电动机配一台变频器，变频器与电动机间可以切换，供水运行时，一台水泵变频运行，其余水泵共频运行，以满足不同用水量的需求。

　　图 6.59 为恒压供水泵站的示意图，以一台水泵控制为例。图中压力传感器用于检测上水箱中的水压。当用水量大时，水压降低；用水量小时，水压升高。压力传感器将水压的变化转变为电流或电压的变化送给 PLC，压力传感器输出信号为模拟信号，即4～20mA变化的电流信号。信号的量值与前面提到的差值成正比，用于驱动执行设备工作。

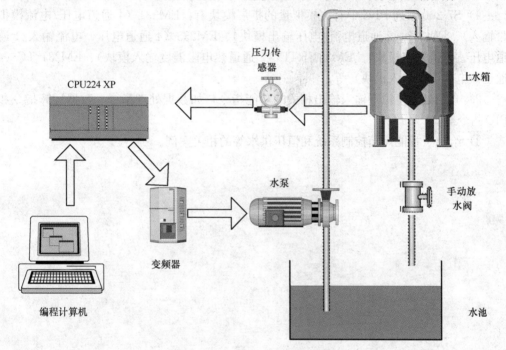

图 6.59　恒压供水泵站的系统结构

　　CPU224 XP 只能接收 0～10V 的电压信号，为了能够输入电流信号，必须在 A＋和 M 端（或 B＋和 M 端）之间接入一个 500Ω 的电阻，如图 6.60 所示。

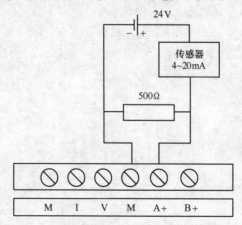

图 6.60　传感器以及电压源的两线制连接方式

系统根据用户需求流量的输入通过 PLC、变频器组合对水泵电动机进行变频控制，从而实现对用水流量的 PID 控制，实现恒压供水。

 本章小结

本章以喷涂烘干控制系统为切入点介绍了 PLC 扩展模块以及 PID 控制的编程方法，用多个案例逐步介绍了扩展模块以及模拟量指令的应用要点。

1) S7-200 系列 PLC 中有关模拟量的扩展模块有：EM231（4 通道电压/电流模拟量输入）、EM232（2 通道电流/电压输出模块）、EM235（4 通道电压、电流输入/1 通道电压、电流输出模块）、EM231 RTD（2 通道热电阻温度输入模块）、EM231 TC（4 通道热电偶温度输入模块）等。

2) 介绍处理模拟量输入输出相关的功能指令，如数据处理指令、数据运算指令和 PID 指令等。

3) 给出了智能烤箱控制系统和恒压供水等的相关案例。

第 7 章

提升及入库控制系统的设计、安装与调试

■ **技能训练目标**

1. 掌握伺服电动机、步进电动机的控制方法。
2. 掌握PLC脉冲指令的编程方法。
3. 掌握PLC对伺服电动机、步进电动机的驱动方法。
4. 能熟练的连接外部电路。

■ **知识教学目标**

1. 了解伺服电动机、步进电动机的工作原理。
2. 掌握西门子PLC脉冲指令的表达方式及含义。

■ 7.1 项目任务说明 ■

7.1.1 工艺的描述

如前述中所介绍，提升及入库单元是柔性生产线的第七个工作单元（见图 7.1），它的作用是将生产线上加工完的工件按照一定规律放置在立体仓库的各层中。

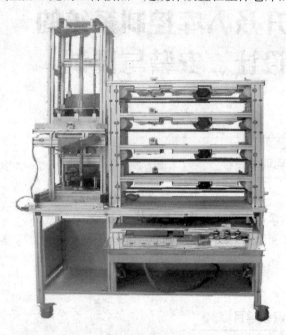

图 7.1 提升及入库单元

工艺要求如下：当提升单元位于运行原点时，按下启动按钮后，本站运行指示灯点亮，若该单元未碰到伺服原点微动开关或提升下限位开关时，则按照先步进后伺服的顺序发多段脉冲，先后启动步进电动机和伺服电动机，直至该单元碰到伺服原点和提升下限位，然后该单元的皮带电动机及仓库 1 的一层传送带电动机启动，带动传送带旋转。当工件到位感知传感器检测到工件到位时，皮带电动机停止运行。若工件需放到仓库 2，则启动伺服电动机，将提升单元向后水平拖动到仓库 2，否则根据工件被放置的层数发不同数量的脉冲启动步进电动机，将提升单元的升降台垂直向上拖动。当升降台移动到相应的仓库和层时，该单元的皮带电动机及相应仓库相应层的传送带电动机启动，带动传送带运行。当该层的工件到位感知传感器感应到工件到位时，该层的传送带延时通电 0.5s 后与皮带电动机均断电。而后，启动步进电动机，使提升单元垂直向下运动，直至碰到提升下限位开关。若提升单元位于仓库 2，则启动伺服电动机带动该单元水平向前运动到伺服原点，而后皮带电动机再次启动。

7.1.2 器件的组成

1) 传感部分：工件到位检测传感器，当工件到位时为"1"，否则为"0"；

仓库 1_2 工件检测传感器，当工件到达仓库 1_2 时为"1"，否则为"0"；

仓库 1_3 工件检测传感器，当工件到达仓库 1_3 时为"1"，否则为"0"；

仓库 1_4 工件检测传感器，当工件到达仓库 1_4 时为"1"，否则为"0"；

仓库 2_1 工件检测传感器，当工件到达仓库 2_1 时为"1"，否则为"0"；

仓库 2_2 工件检测传感器，当工件到达仓库 2_2 时为"1"，否则为"0"；

仓库 2_3 工件检测传感器，当工件到达仓库 2_3 时为"1"，否则为"0"；

仓库 2_4 工件检测传感器，当工件到达仓库 2_4 时为"1"，否则为"0"。

2) 电气部分：仓库电动机控制继电器，吸合时仓库运送电动机带动传送带运行；

传送带电动机控制继电器，吸合时电动机驱动传送带运转，传送带开始运送工件；

皮带电动机控制继电器，吸合时皮带电动机运转，带动升降台上下移动。

3) 控制部分：启动按钮、停止按钮；

交流电源开关（220V）、直流电源开关（24V）。

4) 显示部分：运行显示（绿色指示灯）；

交流电源显示（红色指示灯）；

直流电源显示（红色指示灯）。

7.1.3 控制要求分析

通过观察本单元的运行过程及各部件情况，总结出控制要求如下。

1) 初始状态：交、直流电源开关闭合，交、直流电源显示得电。

2) 运行状态：在以上初始状态下按启动按钮，传送带电动机控制继电器吸合使传送带运行，运行指示灯亮并等待工件到位；当工件到位感知传感器为"1"时，PLC 控制步进电动机运转，开始提升工件；到达仓库 1_2 时，步进电动机停且传送带电动机运转，将工件运送到仓库 1_2，当仓库 1_2 的工件检测感知传感器为"1"时，传送带电动机停止，工件运送到位，然后步进电动机反转，提升机构下降到原位，继续等待下一个工件；当下一个工件到位时，继续前一次的工作，但此时将工件放于仓库 1_3；以此类推，当第一排仓库都有工件时，伺服电动机运转，整个提升机构水平移向第二排仓库，从仓库2＿1开始放工件。

3）停止运行：在以上运行状态已完成工作过程后按停止按钮，则传送带电动机停止，运行指示灯灭。

■ 7.2　基 础 知 识 ■

7.2.1　步进电动机的结构与工作原理

步进电动机是一种用电脉冲信号进行控制，并将电脉冲信号转换成相应的角位移或线位移的控制电动机。它可以看作是一种特殊运行方式的同步电动机。它由专用电源供给电脉冲，每输入一个脉冲，步进电动机就移进一步，这种电动机的运动形式与普通匀速旋转的电动机有一定的差别，它是步进式运动的，所以称为步进电动机。又因其绕组上所加的电源是脉冲电压，有时也称它为脉冲电动机。

步进电动机是受脉冲信号控制的，因此适合于作为数字控制系统的伺服元件。它的直线位移量或角位移量与电脉冲数成正比，所以电动机的线速度或转速也与脉冲频率成正比。通过改变脉冲频率的高低就可以在很大的范围内调节电动机的转速，并能快速启动、制动和反转。若用同一频率的脉冲电源控制几台步进电动机时，它们可以同步运行。步进电动机中有些类型在停止供电状态下还有定位转矩，具有自锁能力；有些在停机后某些相绕组仍保持通电状态，也具有自锁能力，因此不需要机械的制动装置。步进电动机的步距角变动范围较大，在小步距角的情况下，往往可以不经减速器而获得低速运行。步进电动机的步距角和转速大小不受电压波动和负载变化的影响，也不受环境条件，如温度、气压、冲击和振动等影响，它仅与脉冲频率有关。步进电动机每转一周都有固定的步数，在不丢步的情况下运行，其步距误差不会长期积累。这些特点使它完全适用于数字控制的开环系统中作为伺服元件，并使整个系统大为简化而又运行可靠。当采用了速度和位置检测装置后，它也可以用于闭环系统中。

近20多年来，步进电动机已广泛地应用于数字控制系统中，例如数控机床、绘图机、计算机外围设备、自动记录仪表、钟表和数-模转换装置等。相应地，其研制工作进展迅速，电动机的性能也有较大的提高。

步进电动机的精度由静态步距角误差来衡量。步距角是指步进电动机在一个电脉冲作用下（即改变一次通电方式，通常又称为一拍）转子所转过的角位移，也称为步距。步距角 θ 的大小与定子控制绕组的相数、转子的齿数和通电的方式有关。目前，我国生产的步进电动机其步距角为 $0.375°\sim90°$。从理论上讲，每一个脉冲信号应使电动机的转子转过同样的步距角。但实际上，由于定、转子的齿距分度不均匀，定、转子之间的气隙不均匀或铁心分段时的错位误差等，都会使实际步距角和理论步距角之间存在偏差，由此决定静态步距角误差。在实际测定静态步距角误差时，既要测量相邻步距角的误差，还要计算步距角的累计误差。步进电动机的最大累计误差是取电动机转轴的实际停留位置超过及滞后理论停留位置、两者各自的最大误差值的绝对值之和的一半来计算。静态步距角误差直接影响到角度控制时的角度误差，也影响到速度控制时的位置误差，并影响到转子的瞬时转速稳定度的大小。因此，应尽量减小这一误差，以提高精度。

步进电动机的种类很多，从广义上大体可以分为反应式、永磁式、混合式和直线式等四大类，其中反应式和混合式比较常用。在本章所介绍的提升及入库控制系统中，采用了混合式步进电动机。下面就混合式步进电动机的结构和工作原理进行介绍。

混合式步进电动机具有轴向励磁源和径向励磁源这一特点。从结构上看，它的定转子上开有很多齿槽，这与反应式步进电动机相似，磁路内含有永久磁钢，这与永磁式步进电动机相似。从性能上看，它可以做成像反应式一样的小步距，也具有永磁式的控制功率小的优点。这类电动机常常被用作低速同步电动机使用。

混合式步进电动机的典型结构如图 7.2 所示。它的定子结构与反应式步进电动机基本相同，即分为若干极，极上有小齿及控制线圈。转子由环形磁钢及两段铁心组成，环形磁钢在转子的中部，轴向充磁，两段铁心分别装在磁钢的两端，转子铁心上也有如反应式步进电动机那样的小齿，但两段铁心上的小齿相互错开半个齿距，定转子小齿的齿距通常相同。

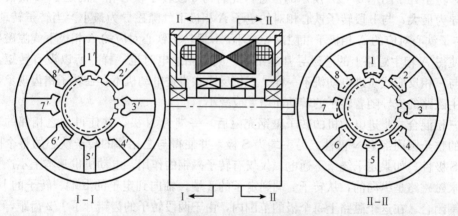

图 7.2　四相混合式步进电动机结构示意

下面以三相混合式步进电机为例，讨论步进电动机的工作原理。三相混合式步进电动机的定子为三相六极，三相绕组分别绕在相对的两个磁极上，且这两个磁极的极性是相同的，在这一点上，它与三相反应式步进电动机是不同的。它的每段转子铁心上有八个小齿。

从电动机的某一端来看，当定子的一个磁极与转子齿的轴线重合时，相邻磁极与转子齿的轴线就错开 1/3 齿距，例如图 7.3（a）中所示 a 段转子铁心的情况，A 相磁极下定转子齿的轴线重合时，B、C 相磁极分别与转子齿错开 ±1/3 齿距。A′、B′、C′ 极下的情况分别与 A、B、C 极下的情况相同。

假如转子上没有磁钢，只是在定子的控制绕组里通电，这个电动机不产生转矩。由于转子磁钢的作用，使 a 段转子铁心呈 N 极性，b 段转子铁心呈 S 极性。当 A 相通

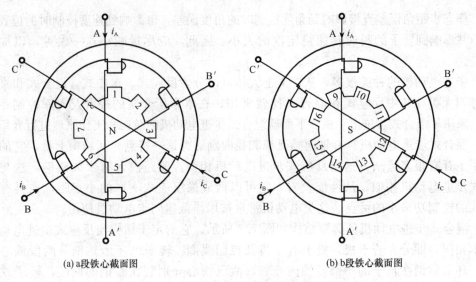

(a) a段铁心截面图 　　　　　　　　　(b) b段铁心截面图

图 7.3 　三相混合式步进电动机的横截面图

电时，转子处于图 7.3（a）所示的位置，此时与 a 段转子铁心相对的定子 A 相极下气隙磁导为最大，与 b 段转子铁心相对的定子 A 相极下气隙磁导为最小。当转子转动时，a 段转子铁心对应的 A 相极下气隙磁导减小，b 段转子铁心对应的 A 相极下气隙磁导增大，使得 A 相主磁路上的总磁导基本不变，其他相通电时也一样，所以没有转矩，可见它与三相反应式步进电动机不一样。三相反应式步进电动机不存在转子错齿现象，通电相主磁路的磁导随着转子的转动而增大或减小。

　　三相混合式步进电动机的转子磁钢充磁后，一端为 N 极，并使得与之相邻的转子铁心的整个圆周都呈 N 极性；另一端为 S 极，并使得与之相邻的转子铁心的整个圆周都呈 S 极性。如果定子绕组不通电，仅仅有转子磁钢的作用，电动机也基本上不产生转矩。永磁磁路是纵向的，从转子 a 端到定子的 a 端，轴向到定子的 b 端、转子的 b 端，经磁钢闭合。在这个磁路上每个极的范围内，由于两段转子的齿错开了 1/2 齿距，当一端磁导增大时，另一端磁导必然减小，在忽略高次谐波时，使每个极的总磁导在转子位置不同时基本保持不变，因而整个磁路的总磁导与转子位置无关。

　　只有在转子磁钢与定子磁势相互作用下，才产生电磁转矩。例如转子磁钢充磁，且定子 A 相通电的情况下，转子就有一定的稳定平衡位置，即 A 相 a 段极下定转子齿对齿的位置。当外加力矩使转子偏离稳定位置时，例如转子向逆时针方向转了一个小的角度 $\Delta\theta$，则两段定转子齿的相对位置及作用转矩的方向，例如图 7.4（a）、（b）所示，由于沿圆周方向电动机结构的对称性，图中只画出了通电相一个极下的情况。可以看到，两段转子铁心所受到的电磁转矩是同方向的，都是使转子回到稳定平衡位置的方向。这是由于在电动机两端，定子极性相同，转子极性相反，但互相错开了半个齿距，所以当转子偏离稳定平衡位置时，两端作用转矩的方向是一致的。同时可以清楚地看到，混合式步进电动机的稳定平衡位置是：定转子异极性的极下磁导最大，而同极性的极下磁导最小。

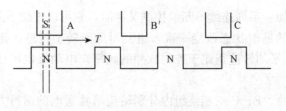

(a) a段的情况

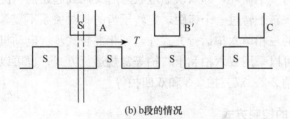

(b) b段的情况

图 7.4　转子向逆时针方向转过 $\Delta\theta$ 时，
两段定转子齿的相对位置及作用转矩图

上述电动机任意两个相邻定子磁极轴线间的夹角为 $360°/6=60°$，每一个转子齿距所对应的空间角度为 $360°/8=45°$。

当一相绕组通电，例如 A 相绕组正向通电，B、C 二相绕组不通电时，电动机内建立以 AA′ 为轴线的磁场。这时 A 相磁极呈 S 极性，而转子铁心 a 段呈 N 极性，b 段呈 S 极性，由于转子的稳定平衡位置是使定转子异极性的极下磁导最大，同极性的极下磁导最小，故转子处于图 7.3 所示的位置：A 相磁极与 a 段转子齿轴线重合，与 b 段转子齿错开 1/2 齿距。A、B 相磁极轴线间所包含的转子齿距数为 $60°/45°=4/3$，则 B 相磁极沿 AB′C 方向分别与 a、b 段转子齿相差 1/3、−1/6 齿距，而 C 相磁极沿 AB′C 方向分别超前 a、b 段转子齿 2/3、+1/6 齿距。

在 A 相断电的同时，给 B 相反向通电，则建立以 BB′ 为轴线的磁场。此时，B 相磁极呈 N 极性，转子沿 CB′A 方向转过 1/6 齿距，达到 B 相磁极与 b 段转子齿轴线重合，与 a 段转子齿错开 1/2 齿距的位置。此时，C 相磁极沿 CB′A 方向分别超前 a、b 段转子齿 1/6、−1/3 齿距；A 相磁极沿 CB′A 方向分别超前 a、b 段转子齿 −1/6、1/3 齿距。

相似地，在 B 相断电的同时，给 C 相正向通电，则建立磁场的轴线为 CC′ 方向，转子又沿 CB′A 方向转过了 1/6 齿距，达到 C 相磁极与 a 段转子齿轴线重合、与 b 段转子齿错开 1/2 齿距的位置。

可见，在连续不断地按 A—B̄—C—Ā—B—C̄—A 的顺序分别给各相绕组通电时，每改变通电状态一次时，转子沿 CB′A 方向转过 1/6 齿距，即 7.5° 空间角。

由上面的分析可知，按 A—B̄—C—Ā—B—C̄—A 的顺序轮流通电，循环一次，转子沿 CB′A 方向转过一个齿距，即 45° 空间角。

同理，如果按 A—C̄—B—Ā—C—B̄—A 的顺序轮流通电，转子沿 AB′C 方向以缓慢的速度断续转动。也就是说，改变轮流通电的顺序，就可以改变电动机的转向。

对步进电动机加一系列连续不断的控制脉冲时，它可以连续不断地转动。每一个脉冲信号对应于绕组的通电状态改变一次，也就对应于转子转过一定的角度（一个步距角）。可见，转子的平均转速正比于控制脉冲的频率。电动机也可以按特定的指令转过一定的角度。

如上所述，在 A、B、C 三相绕组内分别轮流单独通电的运行方式，称为三相单六拍运行。"三相"指的是三相步进电动机；"单"指的是同时只有一相绕组通电；"六拍"表示六种通电状态为一个循环，即六次通电状态后又回到起始的状况，电动机内的磁场恢复到初始的状态，转子转过一个齿距，定转子齿的相对关系不变。

除了前面所讲的三相单六拍运行方式外，三相混合式步进电动机还可以在不同的通电方式下运行。它可以采用双六拍和十二拍等常规运行方式，也可以采用增大步距角的运行方式，如双三拍 2-2、双三拍 3-3 和双四拍等。

7.2.2 步进电动机的控制方式

1. 步进电动机的速度控制

步进电动机将电脉冲变换为角位移的过程中，速度的大小与输入脉冲的频率成正比。控制步进电动机的运行速度，实际上就是控制系统发出控制脉冲的频率或者换相的周期。如图 7.5 所示，输入脉冲的频率能够决定各相绕组施加脉冲信号的宽度，从而调整电动机的转速。

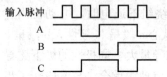

图 7.5 输入脉冲与各相绕组脉冲对照图

2. 步进电动机的转向控制

如前所述，步进电动机的转向与输入给各相绕组脉冲的先后次序有关，对于三相双三拍步进电动机的控制来讲，电动机正向旋转时脉冲的提供顺序为 AB-BC-CA-AB，逆向旋转时提供脉冲的顺序为 CB-BA-AC-CB。在进行编程的过程中，控制 PLC 输出脉冲的顺序，实现步进电动机转向的改变。

3. 步进控制

步进电动机每输入一个脉冲就前进一步，其输出角位移与输入脉冲的个数成正比，可以根据输出角位移量来确定输入脉冲的个数。

7.2.3 伺服电动机的结构与工作原理

伺服电动机又称为执行电动机，在自动控制系统中作为执行元件。它将输入的电压信号转换为转轴的角位移或角速度的变化。输入的电压信号又称为控制信号或控制电压，改变控制电压可以改变伺服电动机的转速和转向。

伺服电动机按电流种类的不同，可分为直流伺服电动机和交流伺服电动机两大类。

直流伺服电动机能用在功率稍大的系统中，其输出功率可达为 1～600W，但也有的可达数千瓦；交流伺服电动机输出功率为 $0.1 \sim 100W$，其中最常用的是在 30W 以下。

1. 直流伺服电动机

直流伺服电动机的基本结构与普通小型直流电动机相同，也是由定子和转子两大部分组成。按励磁方式的不同，可分为永磁式和电磁式两种，永磁式的励磁磁极是永久磁铁，电磁式的磁极上装有励磁绕组，在绕组中通入直流电建立磁场。

直流伺服电动机的机械特性也是指电枢电压 U_c（控制电压）恒定时，其转速与电磁转矩之间的关系，即 $U_c =$ 常数时，$n = f(T)$。直流伺服电动机和普通直流电机一样，机械特性方程为

$$n = \frac{U_a}{C_e \Phi} - \frac{R_a}{C_e C_T \Phi^2} T$$

式中，n 是直流伺服电动机的转速；U_a 是电枢电压；C_e 是电动势常数，仅与电动机结构有关；Φ 是定子磁场中每极气隙磁通量；R_a 是电枢电阻；C_T 是转矩常数，仅与电动机结构有关；T 是电枢电流切割磁场磁力线所产生的电磁转矩。

当 U_a 不同时，机械特性为一组向下倾斜的平行线，如图 7.6 所示。

直流伺服电动机的另一重要特性是调节特性。调节特性是指电磁转矩恒定时，电动机转速随控制电压变化的关系，即 T 为常数时，$n = f(U_a)$，由上式可以画出直流伺服电动机的调节特性，如图 7.7 所示，它们也是一组平行的直线。

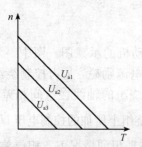
　　　　　　　　　　　　　　　　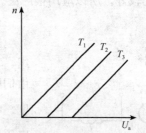

图 7.6　直流伺服电动机的机械特性　　　　图 7.7　直流伺服电动机的调节特性

这些调节特性曲线与横轴的交点称为始动电压，在零到始动电压之间的区域称为失灵区。当负载转矩确定时，可令电磁转矩等于负载制动转矩，确定相应的调节特性和失灵区，如控制电压在失灵区内，电动机速度为零。

2. 交流伺服电动机

（1）基本结构

交流伺服电动机是两相异步电动机，它的定子结构与普通异步电动机很相似。定子上绕有两个形式相同并在空间互差 90°电角度的绕组，其中一个为励磁绕组，另一个为控制绕组。转子分笼形和杯形两种。笼形转子与一般小型异步电动机的相同。空心杯形转子交流伺服电动机的结构如图 7.8 所示。空心杯形转子由非磁性导电材料铝或铝合金

制成，"杯子"底部固定在转轴上，杯形转子壁厚只有 $0.2\sim0.8\text{mm}$，转动惯量小，响应快。在空心杯形转子内部装有内定子，由硅钢片叠压而成，固定在一端端盖上，绕组可装在内铁心上，也可装在外铁心上。不装绕组的定子铁心仅作为主磁通的通路，功率很小时，也可将两相绕组分别装在内、外定子铁心上。

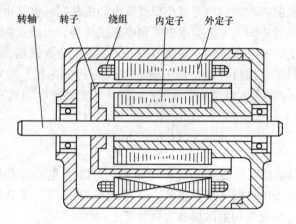

图 7.8 空心杯形转子交流伺服电动机的结构示意图

　　空心杯形转子交流伺服电动机的空气隙较大，励磁电流约占额定电流的 80% 左右，因而功率因数和效率都低，体积和重量也比较大，但它的转动惯量小，反应灵敏，调速范围大。笼形转子结构简单、制造方便，除转动惯量较空心杯形转子大以外，其他性能指标都比较好，所以应用很广泛。

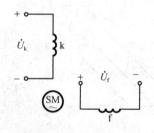

图 7.9 交流伺服电动机

　　（2）基本工作原理

　　图 7.9 是交流伺服电动机的示意图。图中 f 为励磁绕组，它由恒定电压的交流电源励磁，k 为控制绕组，一般由伺服放大器供电，两个绕组的轴线在空间相差 $90°$ 电角度。电动机工作时，控制绕组上所加的控制电压 $\dot{U}_k$ 与励磁电压 $\dot{U}_f$ 有一定相位差，在理想的情况下，相位差角为 $90°$ 电角度。两个绕组中的电流共同在气隙中建立一个旋转磁场，从而在笼形转子的导条中或者在杯形转子的杯壁上感生转子电流，转子电流与旋转磁场相互作用产生电磁转矩，电磁转矩的作用方向与电动机的旋转方向一致。

　　作为伺服机，交流伺服电动机除了必须具有线性度很好的机械特性和调节特性外，还必须具有伺服性，即控制信号电压强时，电动机转速高；控制信号电压弱时，电动机转速低；若控制信号电压等于零，则电动机不转。

　　但是普通异步电动机的转速不是转矩的单值函数，而且只能在一定范围内稳定运行，作为驱动用途的电动机，这一特性是合适的。但作为伺服电动机，则要求机械特性必须是单值函数并尽量具有线性特性，以确保在整个调速范围内稳定运行。为满足这一要求，通常的做法是，加大转子电阻，使得产生最大转矩时的转差率 $S_m \geqslant 1$，使电动机在整个调速范围内接近线性。一般情况下，转子电阻越大机械特性越接近线性，但堵转转矩和最大输出功率越小，效率越低。因此，交流伺服电动机的效率比一般驱动用途的电动机低。

总之，交流伺服电动机除必须有线性度好的机械特性和调节特性外，还必须具有伺服性。

对于普通两相异步电动机，一旦转子转动后，即使一相绕组从电源断开，两相异步电动机也可以作为单相交流电动机运行，在 $0 < n \leqslant n_1$ 范围内，单相电动机的转矩 $T_{em+} > 0$，转子将继续沿原转向旋转，如图 7.10 所示。

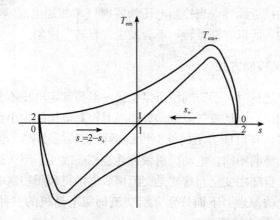

图 7.10 两相交流电动机的单相运行时的机械特性

如果交流伺服电动机的转子绕组与一般单相异步电动机的一样，那么正在运行的交流伺服电动机的控制电压一旦变为零，电动机就运行于只有励磁绕组一相通电的情况下，那么电动机必然在原来的旋转方向上继续旋转，只是转速略有下降。这种信号电压消失后伺服电动机仍然旋转不停的现象称为自转，自转现象破坏了伺服性，这对于伺服电动机应绝对避免这种情况。

为了避免这种情况，交流伺服电动机使用了很大的转子电阻，使 $S_{m+} = 1$，这时交流伺服电动机的机械特性如图 7.11 所示。

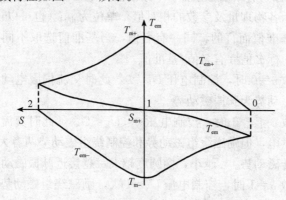

图 7.11 交流伺服电动机自转现象的避免

从图 7.11 中所示的单相绕组通电时的机械特性可见，在正转电磁转矩特性曲线 $T_{em+}=f(s)$ 上，$T_{em+}=T_{m+}$ 时的临界转差率 $S_{m+}=1$，$T_{em-}=f(s)$ 与 $T_{em+}=f(s)$ 对称。因此，电动机总的电磁转矩特性 $T_{em}=f(s)$ 通过零点，即无启动转矩；在 $0<n<n_1$ 时，$T_{em}<0$，而 $T_{em+}>0$ 是制动性转矩；$-n_1<n<0$ 时，$T_{em}>0$，$T_{em-}<0$ 也是制动性转矩。在这种情况下，本来运转的交流伺服电动机，若控制信号电压消失后，由于一相绕组通电运行时的电磁转矩是制动性的，电动机转速将被制动到 $n=0$。显然，只要 $S_{m+}\geqslant1$，就能避免自转现象。

总结上述分析，由于两相交流伺服电动机的转子电阻很大，使 $S_{m+}\geqslant1$；其机械特性在整个调速范围内接近线性，当控制电压为零时（单相通电时），交流伺服电动机的转矩是制动转矩性的，所以立即停转，不会发生"自转"现象。

7.2.4　伺服电动机的控制方式

交流伺服电动机运行时，励磁绕组所接电源一般为额定电压不变，改变控制绕组所加的电压的大小和相位，电动机气隙磁动势则随着控制电压的大小和相位而改变，有可能为圆形旋转磁动势，有可能为不同椭圆度的椭圆旋转磁动势，也有可能为脉振磁动势。而由于气隙磁动势的不同，电动机机械特性也相应改变，那么拖动负载运行的交流伺服电动机的转速 n 也随之变化。这就是交流伺服电动机利用控制电压的大小和相位的变化，控制转速变化的原理。下面分别介绍交流伺服电动机的三种控制方法：幅值控制、相位控制和幅值-相位控制。

1. 幅值控制及特性

幅值控制接线如图 7.12 所示。励磁绕组 f 直接接至交流电源，电压 $\dot{U}_f$ 的大小为额定值。控制绕组所加的电压为 $\dot{U}_k$，$\dot{U}_k$ 在时间上落后于励磁绕组电压 $\dot{U}_f$ $90°$，且保持 $90°$ 不变，$\dot{U}_k$ 的大小可以改变。调节时，$\dot{U}_k$ 的大小可以表示为 $U_k=\alpha U_{kN}$，其中 U_{kN} 为控制绕组额定电压，α 为控制信号电压 U_k 的标幺值，其基值为控制绕组的额定电压 U_{kN}，即 $\alpha=U_k/U_{kN}$，α 又称为有效信号系数。[标幺值是电力系统分析和工程计算中常用的数值标记方法，表示各物理量及参数的相对值，单位为 pu（也可以认为其无量纲）。标幺值是相对于某一基准值而言的，同一有名值，当基准值选取不同时，其标幺值也不同。它们的关系为：标幺值=有名值/基准值。]

当有效信号系数 $\alpha=0$ 时，控制电压 $U_k=0$，此时交流伺服电动机仅有励磁绕组一相供电，气隙合成磁动势为脉振磁动势。

当有效信号系数 $0<\alpha<1$ 时，控制电压 $0<U_k<U_{kN}$，此时交流伺服电动机励磁绕组和控制绕组共同供电，但励磁绕组磁动势和控制绕组磁动势两者大小不等，气隙合成磁动势为椭圆形旋转磁动势。α 越小，椭圆度越大，越接近脉振磁动势。

当有效信号系数 $\alpha=1$ 时，控制电压 $U_k=U_{kN}$，励磁绕组磁动势和控制绕组磁动势大小等，气隙合成磁动势为圆形旋转磁动势。

由此可以获得不同 α 值的机械特性如图 7.13 所示。

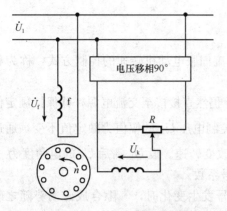
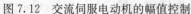

图 7.12　交流伺服电动机的幅值控制

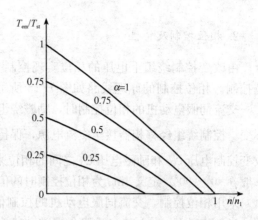

图 7.13　交流伺服电动机的机械特性

在图 7.13 中，电磁转矩和转速均采用标幺值表示，其基值选取 $\alpha=1$ 时的电动机的启动转矩 T_{st} 作为转矩基值；以同步转速 n_1 为转速基值。

当 $\alpha=1$ 时，负序旋转磁动势为零，$T_{em-}=0$，$T_{em}=T_{em+}$ 为最大，理想空载转速为同步速转速 n_1。

当 $0<\alpha<1$ 时，正序圆形旋转磁动势减小，T_{em+} 减小，而负序圆形旋转磁动势增大，伺服电动机的合成电磁转矩为 $T_{em}=T_{em+}-T_{em-}$。显然，此时的合成电磁转矩要比 $\alpha=1$ 时小。由于 T_{em-} 的存在，导致理想空载转速小于同步速 n_1。显然 α 越小，即两相不对称程度越大，正序圆形旋转磁动势就会越小，负序圆形旋转磁动势越大，最终导致合成电磁转矩减小，理想空载转速下降。

当 $\alpha=0$ 时，正、负序圆形旋转磁势的幅值相等，机械特性 $T_{em}=f(s)$ 如图 7.11 所示。在图 7.13 中，由于过圆点不在第 Ⅰ 象限内，因此未画出。可见交流伺服电动机的机械特性不是直线。

在图 7.13 中的机械特性中，在 $0\leqslant\alpha\leqslant1$ 整个范围内，启动转矩的标幺值等于 α。

采用幅值控制时，交流伺服电动机的调节特性可以通过机械特性获得。具体方法是：在机械特性上作许多平行于纵轴的直线，从而获得一定转矩下转速与控电压 U_k 之间的关系曲线 $n=f(U_k)$，即调节特性，如图 7.14 所示。不同的曲线对应于不同负载转矩下的调节特性。

从图 7.14 可见，幅值控制时调节特性也不是直线。只在转速的标幺值较小时近似为直线。与直流伺服电动机类似，调节特性与横坐标轴交点的有效信号系数 α 的值，为始动电压的标幺值。显然，负载转矩越大始动电压越高。始动电压标幺值与转矩标幺值的数值相等。

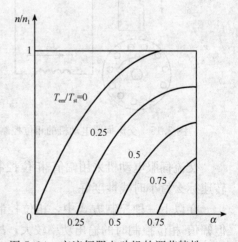

图 7.14　交流伺服电动机的调节特性

2. 相位控制及特性

由改变控制绕组上电压的相位实现控制交流伺服电动机转速的控制方式，称为相位控制。相位控制的原理线路如图 7.15 所示。

交流伺服电动机的相位控制时，励磁绕组 f 仍然直接接至交流电源，并保持额定值不变。控制绕组经移相器接至交流电源，保持控制电压 $\dot{U}_k$ 的幅值为额定值不变，通过改变控制电压 $\dot{U}_k$ 和励磁电压 $\dot{U}_f$ 之间的相位来改变转速。设 $\dot{U}_k$ 滞后 $\dot{U}_f$ 的电角度为 β，一般 $\beta = 0° \sim 90°$。定义 $\sin\beta$ 为相位控制时的信号系数。

采用相位控制，交流伺服电动机的控制信号发生变化时，气隙合成磁动势随之改变。当 $\beta = 90°$、$\sin\beta = 1$ 时，气隙合成磁动势为圆形旋转磁动势；当 $\beta = 0$、$\sin\beta = 0$，气隙合成磁动势为脉振磁动势；当 $0 < \beta < 90°$、$0 < \sin\beta < 1$ 时，气隙合成磁动势为椭圆形旋转磁动势。这与幅值控制时 $\alpha = 1$、$\alpha = 0$、$0 < \alpha < 1$ 时相似，因此机械特性和调节特性与幅值控制时也相似，为非线性，在标幺值小的时候线性度好。

3. 幅值-相位控制及特性

交流伺服电动机采用幅值-相位控制时的接线如图 7.16 所示。图中励磁绕组串联电容后接至交流电源，控制绕组的电压的频率和相位和电源相同，但幅值可调。

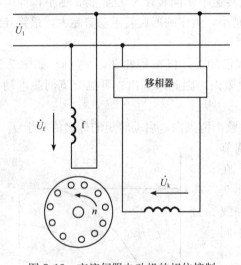
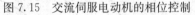
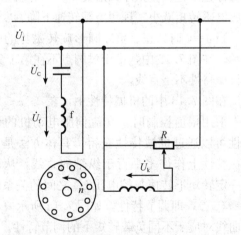

图 7.15　交流伺服电动机的相位控制　　　图 7.16　交流伺服电动机的幅值-相位控制

交流伺服电动机采用幅值-相位控制的机械特性与幅值控制类似，为非线性，也在转速标幺值小时线性度好。

在以上三种控制方式中，相位控制的线性度最好，幅值-相位控制的线性度最差，但幅值-相位控制时的输出功率较大，故采用较多。

■7.3　前 导 训 练■

7.3.1　步进电动机的 PLC 控制

1. 训练目的

1）练习步进电动机控制系统的接线。

2）练习步进电动机的正/反转控制。

3）熟练应用西门子 PLC 的脉冲输出指令编写步进电动机的控制程序。

2. 训练器材

1）个人计算机（PC）一台。

2）西门子 S7-200 系列 PLC 一个。

3）PC/PPI 通信电缆一根。

4）两相混合式步进电动机一台。

5）步进电动机驱动器（型号 SH-20806N，北京和利时）一台。

6）导线若干。

3. 训练内容说明

任务：现有两相混合式步进电动机（型号 86BYG250A，北京和利时）1 台，步进电动机驱动器（型号 SH-20806N，北京和利时）1 台，要求用西门子 PLC 对步进电动机进行手动正/反转控制，即按住上升按钮时，步进电动机以 30r/min 的速度正转，提升平台做上升运动，松开按钮时，电动机停止；按住下降按钮时，步进电动机以 30r/min 的速度反转，提升平台做下降运动，松开按钮时，电动机停止。

提升平台上由两个微动开关作为最高点与最低点的限位，即提升上限位和提升下限位。当提升平台上升运动时，触动提升上限位闭合，则提升平台停止；提升平台下降运动时，触动提升上限位闭合，则提升平台停止。

当松开上升/下降按钮或其他故障时，步进电动机无法停止，立刻按下急停按钮，提升平台马上停止，报警指示灯闪烁。

排除故障后，如要重新启动提升平台的上升与下降，则按下复位按钮（急停按钮复位），再按下上升/下降按钮即可。

SH-20806N 型步进电动机驱动器提供八种细分模式，分别为整步、半步（优化半步）、4 细分、8 细分、16 细分、32 细分、64 细分模式。八种细分模式既可通过驱动器侧板 1、2、3 拨码开关进行设定（见表 7.1），也可以使用端子上提供的 MS1、MS2、MS3 三个接口由上位机控制。细分步数均相对整步而言，如驱动整步为 1.8°的电动机，设定整步运行时，一个脉冲使电动机转动 1.8°；半步时，一个脉冲使电动机转动 0.9°；4 细分时一个脉冲使电动机转动 0.45°⋯以此类推。

表 7.1　步进电动机驱动器细分模式的设定方法

1	2	3	模式	1	2	3	模式
OFF	OFF	OFF	信号控制	OFF	OFF	ON	整步
OFF	ON	OFF	半步	OFF	ON	ON	4 细分
ON	OFF	OFF	8 细分	ON	OFF	ON	16 细分
ON	ON	OFF	32 细分	ON	ON	ON	64 细分

SH-20806N 型步进电动机驱动器的典型接线图如图 7.17 所示，其输入/输出信号接口说明如下。

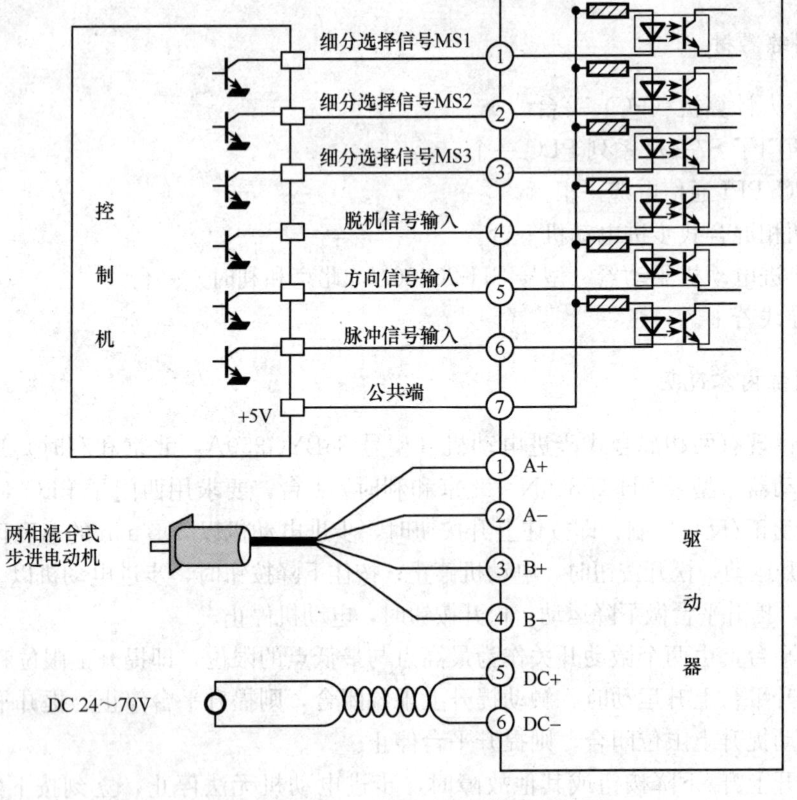

图 7.17　步进电动机驱动器的典型接线图

OPTO：输入信号的公共端，OPTO 端须接外部系统的 VCC。若 VCC 为+5V，则可直接连接；若 VCC 大于+5V，则须外接限流电阻 R，保证给内部光耦提供 10～20mA 的驱动电流；当 VCC 是+12V 时，限流电阻 R 选择 1kΩ；当 VCC 是 24V 时，限流电阻 R 选择 2kΩ。

FREE：脱机信号（低电平有效），当此输入控制端为低电平时，电机励磁电流被关断，电动机处于脱机自由状态。

DIR：方向电平信号输入端，高低电平控制电动机正/反转，应保证方向信号领先脉冲信号输入至少 10μs 建立，从而避免驱动器对脉冲的错误响应。

CP：步进脉冲信号输入，下降沿有效，信号电平稳定时间不小于 $0.3\mu s$。

A＋、A－、B＋、B－：接步进电动机线圈。

已知该步进电动机的步距角为 $1.8°$，如使电动机运行在半步模式，则将 1、2、3 拨码开关分别置 OFF、ON、OFF，此时一个脉冲使电动机转动 $0.9°$。步进电动机的转速为 30r/min，则 PLC 输出控制脉冲的频率为 $\dfrac{30\text{r/min}\times 360°}{60\text{s}\times 0.9°}=200\text{Hz}$。

首先练习步进电动机控制系统的接线。PLC 与步进电动机驱动器，步进电动机驱动器与步进电动机的接线如图 7.18 所示。

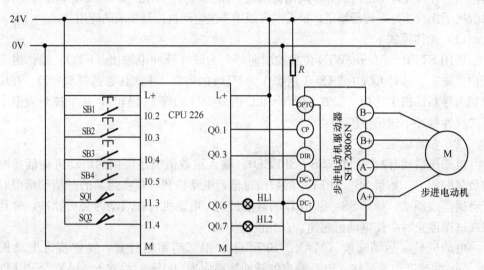

图 7.18　步进电动机控制系统的接线图

根据图 7.18 可写出 I/O 分配表见表 7.2。

表 7.2　I/O 分配表

PLC 点名称	连接的外部设备	功 能 说 明
I0.2	SB1	上升按钮
I0.3	SB2	下降按钮
I0.4	SB3	复位按钮
I0.5	SB4	急停按钮
I1.3	SQ1	提升上限位
I1.4	SQ2	提升下限位
Q0.1	CP	步进电动机脉冲
Q0.3	DIR	步进电动机方向
Q0.6	HL1	运行指示灯
Q0.7	HL2	停止/报警指示灯

完成步进电动机控制系统的硬件接线后，接下来要设计 PLC 梯形图。

PLC 对步进电动机的速度控制有三个方面：一是对步进电动机运行脉冲频率的控制；二是对步进电动机启动、停止时加减速的控制；三是对运转脉冲数目的控制。

西门子 PLC 的组态软件 STEP 7-Micro/WIN 提供了位置控制向导可以帮助我们在几分钟内全部完成 PTO、PWM 或位控模块的组态。该向导可以生成位控指令，可以用这些指令在应用程序中对速度和位置进行动态控制。S7-200 系列 PLC 提供了脉冲串输出（pulse train output，PTO）功能，可以输出两路最高 20kHz 的脉冲序列，脉冲周期和脉冲个数由用户编程设定。不仅如此，S7-200 系列 PLC 指令集中还提供了两种脉冲输入方式供应程度选择：单段管线的 PTO 输出和多段线的 PTO 输出。单段管线 PTO 仅支持一段自定义周期和脉冲个数的脉冲串输出；而多段线 PTO 相当于多个单段 PTO 无缝连接在一起输出，并且允许单段内的脉冲周期恒增量（或恒减量）变化。PTO 功能非常简单流畅，系统抗干扰性能好，运行稳定，极大的方便了步进电动机控制领域的应用。

（1）操作模式

使用 STEP 7-Micro/WIN 位置控制向导，为线性脉冲串输出（PTO）操作组态一个内置输出。选择 Q0.0 或 Q0.1 组态作为 PTO 的输出（本次任务选择 Q0.1）。在位置控制向导对话框中选择"配置 S7-200 PLC 内置 PTO/PWM 操作"，从下拉列表框中选择"线性脉冲串输出（PTO）"。

（2）参数设定

电动机启动/停止速度（SS_SPEED）：输入该数值满足应用的电动机在低速时驱动负载的能力，如果 SS_SPEED 的数值过低，电动机和负载在运动的开始和结束时可能会摇摆或颤动。如果 SS_SPEED 的数值过高，电动机会在启动时丢失脉冲，并且负载在试图停止时会使电动机超速。在此设为 100。

电动机最高运动速度（MAX_SPEED）：根据前面的计算，要使步进电动机以 30r/min 的速度匀速运转，PLC 输出的脉冲频率应为 200Hz，故此处 MAX_SPEED 的值应设为 200 脉冲/s。

在该系统中，提升过程主要是在电动机匀速转动时进行的，所以加速与减速时间越小越有利于提升平台的起停工作，但是时间太小会影响步进电动机的使用寿命，在此加速时间设为 1000ms，减速时间设为 200ms。

（3）程序实现

脉冲输出向导将根据所选的配置生成项目组件，主要有子程序 PTOx_CTRL、PTOx_RUN、PTOx_MAN、PTOx_LDPOS。通过创建指令子程序，位控向导使得控制内置 PTO 更加容易。编程调用 PTO0_CT RL 子程序（控制）使能和初始化用于步进电动机或伺服电动机的 PTO 输出；调用 PTO0_RUN 子程序（运行包络）命令 PLC 在一个指定的包络中执行运动操作，此包络存储在组态/包络表中。如图 7.19 所示。

4. 训练步骤

1）根据接线图，正确连接相应电器元件。

2）根据 I/O 分配表，在 PC 中编写正确梯形图。

3）将程序传送至 PLC，先进行离线调试。

4）调试系统至正确运行。

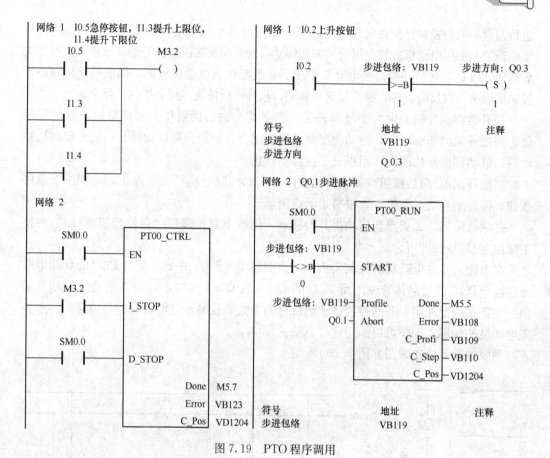

图 7.19　PTO 程序调用

7.3.2　伺服电动机的 PLC 控制

1. 训练目的

1）练习伺服电动机控制系统的接线。

2）练习伺服电动机的正反转控制。

3）熟练应用西门子 PLC 的脉冲输出指令编写伺服电动机的控制程序。

2. 训练器材

1）个人计算机（PC）一台。

2）西门子 S7-200 系列 PLC。

3）PC/PPI 通信电缆一根。

4）伺服电动机一台。

5）伺服电动机驱动器一台。

6）导线若干。

3. 训练内容说明

任务：现装有伺服电动机及伺服驱动器的提升架一套，要求用西门子 PLC 对提升架进行向前和向后控制。按住向前按钮，PLC 发送脉冲给伺服电动机驱动器，伺服电动机驱动器控制伺服电动机旋转，提升架向前移动，松开向前按钮，提升架移动停止；按住向后按钮，PLC 发送脉冲给伺服电动机驱动器和改变伺服电动机方向，伺服电动机驱动器控制伺服电动机反向旋转，提升架向后移动，松开向后按钮，提升架移动停止。

提升架移动导轨上由两个微动开关作为向前与向后的限位，即伺服原点和伺服限位。当提升架向前移动时，触动伺服原点限位闭合，则提升架移动停止；提升架向后移动时，触动伺服限位闭合，则提升平台移动停止。

当松开向前/向后按钮或发生其他故障时，如伺服电动机无法停止，立刻按下急停按钮，提升架移动马上停止，报警指示灯闪烁。

排除故障后，如要重新启动提升架移动，则按下复位按钮（急停按钮复位），再按下向前/向后按钮即可。

在上述的步进电动机的控制实例中，我们采用西门子 S7-200 系列 PLC 的脉冲串输出功能 PTO，通过晶体管输出型 PLC 的 Q0.0 或 Q0.1 接口，向步进电动机驱动器输出一定频率的脉冲串，并通过控制输出脉冲的个数来控制步进电动机的角位移。对于伺服电动机的控制，同样可以采用这种方法。

伺服控制系统接线图如图 7.20 所示。

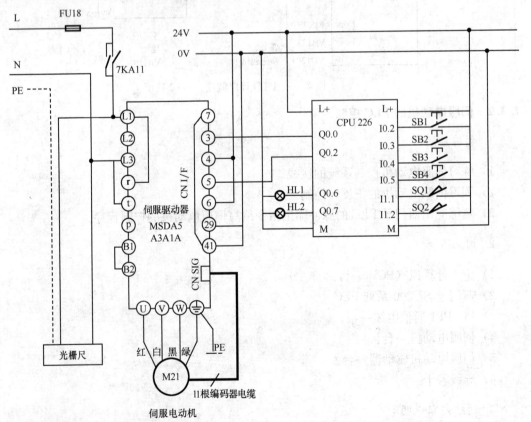

图 7.20 伺服控制系统接线图

根据图 7.2 可写出 I/O 分配表见表 7.3。

表 7.3 I/O 分配表

PLC 点名称	连接的外部设备	功 能 说 明
I0.2	SB1	向前按钮
I0.3	SB2	向后按钮
I0.4	SB3	复位按钮
I0.5	SB4	急停按钮
I1.1	SQ1	伺服原点
I1.2	SQ2	伺服限位
Q0.0	CW+	伺服电动机脉冲
Q0.2	DIR+	伺服电动机方向
Q0.6	HL1	运行指示灯
Q0.7	HL2	停止/报警指示灯

4. 训练步骤

1）根据接线图，正确连接相应电器元件。

2）根据 I/O 分配表，在 PC 中编写正确梯形图。

3）将程序传送至 PLC，先进行离线调试。

4）调试系统至正确运行。

■ 7.4 过 程 详 解 ■

7.4.1 提升及入库控制系统设计

根据单元控制要求，选择器件见表 7.4。

表 7.4 提升及入库控制系统器件选用表

代 号	名 称	数量	规 格 型 号	备 注
SB36	选择开关	1	LA42X3-40/B "S"，三位四常开短柄，黑色	运行状态选择
SB-A、SB-B	选择开关	2	LA42X2-10/B "S"，二位一常开短柄，黑色	交流、直流开关
SB37	按钮	1	AL42P-10/G "S"，一常开，绿色	启动
SB38	按钮	1	AL42P-10/R "S"，一常开，红色	停止
SB39	按钮	1	AL42P-10/Y "S"，一常开，黄色	复位
SB40	急停按钮	1	LA42J-11/R，一常开一常闭，红色	急停
HL30、HL32	指示灯	2	AD17-22/DC24V G，绿色	直流、运行指示
HL31	指示灯	1	AD17-22/AC220V R，红色	交流指示

代　　号	名　　称	数量	规　格　型　号	备　注
ACH7	单相三孔插座	1	AC 220V/6A	
PLC	可编程序控制器	1	S7-200-226，24I/16O，DC 24V 电源输入、DC 24V 晶体管输出	西门子
	通信模块	1	EM277，PROFIBUS—DP 模块	同上
	PLC 隔离输入板继电器及隔离输出板	1	—	自制
7KA1-7KA11	继电器	11	AHN22324，底座：AHNA21，DC 24V，5A	松下
M12-M19	直流减速电动机	8	55ZYN001J2000，DC 24V，传动比 1：40，50r/min	传送带驱动
M11	直流减速电动机	1	55ZYN001J2000，DC 24V，传动比 1：75，26r/min	安装在升降台
M20	步进电动机	1	86BYG250A，混合式步进电动机 2 相，静力矩 2.5NM	北京四通；升降
M21	伺服电动机	1	MSMA5AZA1G，50W，额定转速：3000r/s，3Φ，AC 42V，编码器规格：2500p/r 增量式	松下；滚轴丝杠驱动
GDC	光栅尺	1	R：KA—300；表台：SDS3—1	广州信和
SH	步进电动机驱动器	1	SH—20806N；DC 24～70V，0.9～3A，64 细分，接口方式：共阳，控制信号：5/24V，步进脉冲频率 0～2MHz	北京四通
MSDA5A3A1A CNI/F	伺服电动机驱动器	1	MSDA5A3A1A，输入 AC 200～230V，0.4A，50/60Hz，输出 3Φ，AC 42V，1.0A，输出功率 50W，编码器规格：2500p/r 增量式	松下
7SQ1、7SQ6～7SQ12	电容式传感器	8	TC-18P10C，PNP，常开，三线，DC 10～65V	东崎电气
7SQ2～7SQ5	微动开关	4	SS-5GL2，3A，AC 250V（OMRON）	移动台上下、前后限位
FU14、FU18	熔断器	2	6×30mm，10A	
FU13、FU15～FU17	熔断器	4	5×20mm，10A	
17X、27X、28X	接线端子板	3	2 线正面接线端子	万可电子

7.4.2　输入/输出端口分配

根据工艺及控制要求，具体的输入输出分配表见表 7.5。

表 7.5　提升及入库单元 I/O 分配表

输　　入		输　　出	
自动 7	I0.0	伺服电动机脉冲	Q0.0
启动 7	I0.2	步进电动机脉冲	Q0.1
停止 7	I0.3	伺服旋转方向	Q0.2
复位 7	I0.4	步进旋转方向	Q0.3
急停 7	I0.5	传送带电动机	Q0.4
工体检测 7	I1.0	皮带电动机控制	Q0.5
伺服原点	I1.1	运行 7	Q0.6

续表

输　入		输　出	
伺服限位	I1.2	报警 7	Q0.7
提升上限位	I1.3	仓库 1_2 电动机	Q1.0
提升下限位	I1.4	仓库 1_3 电动机	Q1.1
仓库 1_2 工件检测	I2.0	仓库 1_4 电动机	Q1.2
仓库 1_3 工件检测	I2.1	仓库 2_1 电动机	Q1.3
仓库 1_4 工件检测	I2.2	仓库 2_2 电动机	Q1.4
仓库 2_1 工件检测	I2.3	仓库 2_3 电动机	Q1.5
仓库 2_2 工件检测	I2.4	仓库 2_4 电动机	Q1.6
仓库 2_3 工件检测	I2.5	步进、伺服电源	Q1.7
仓库 2_4 工件检测	I2.6		

7.4.3　程序流程图

由于本单元的动作过程为顺序动作过程，因此可采用顺序控制的方法来设计控制软件。可将整个动作顺序划分为工件检测、提升、仓库工件检测、传送带控制等。具体的顺序控制功能图如图 7.21 所示。

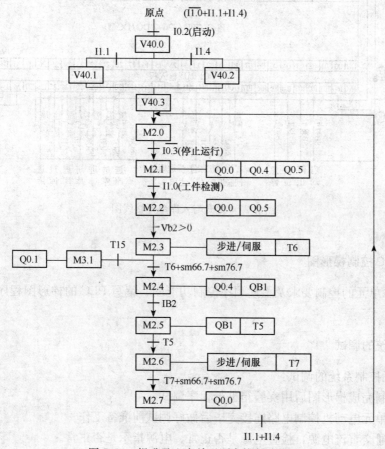

图 7.21　提升及入库单元顺序控制功能图

7.4.4　控制电路的连接

根据表 7.5，将输入/输出元件与 PLC 接口进行电气接线，接线图如图 7.22 所示。

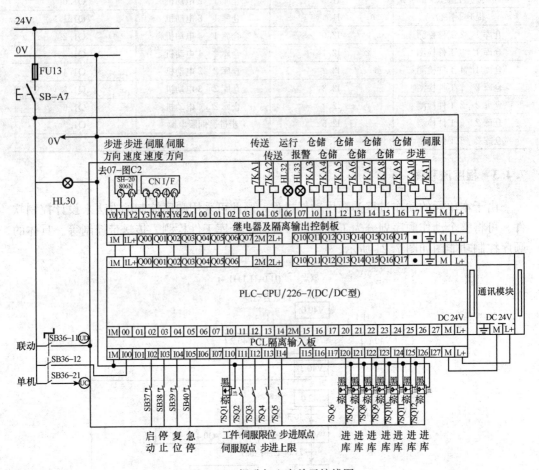

图 7.22　提升与入库单元接线图

7.4.5　PLC 控制梯形图

根据本单元的控制要求及上述顺序控制功能图，编写 PLC 的梯形图程序如图 7.23 所示。

7.4.6　系统的调试

本单元控制系统的调试：

1）编制完成梯形图后用实验箱进行程序调试。

2）本单元电动机控制电路连接完毕后做好调试前准备工作。

3）接通交直流电源，检查电源是否正常、电源指示是否正常。

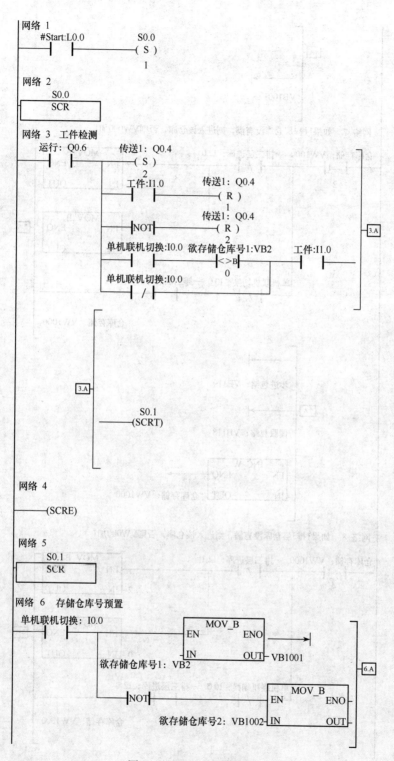

图 7.23 PLC 控制梯形图

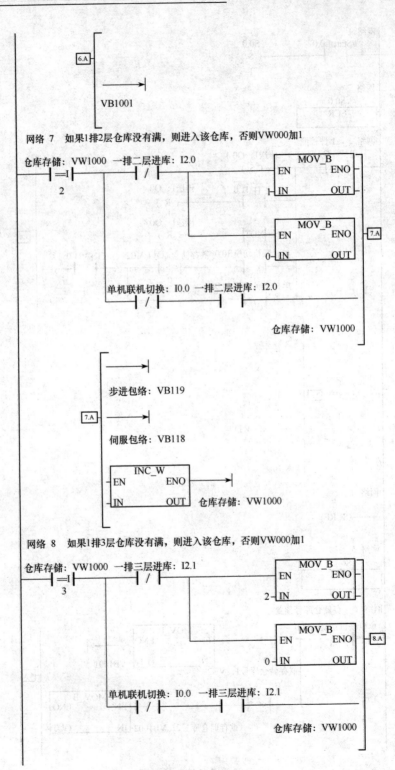

图 7.23 PLC 控制梯形图（续一）

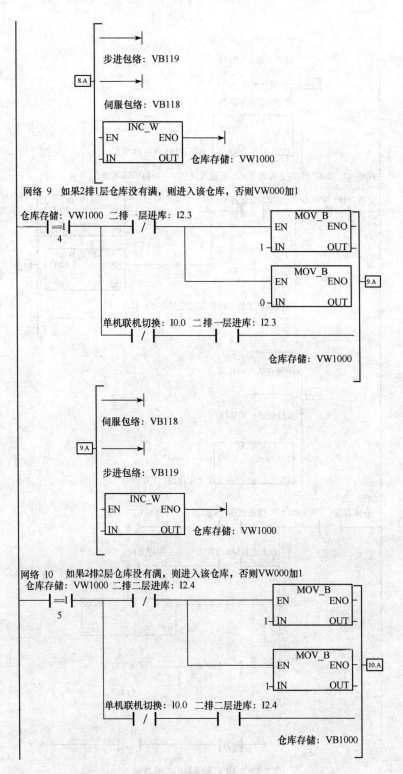

图 7.23　PLC 控制梯形图（续二）

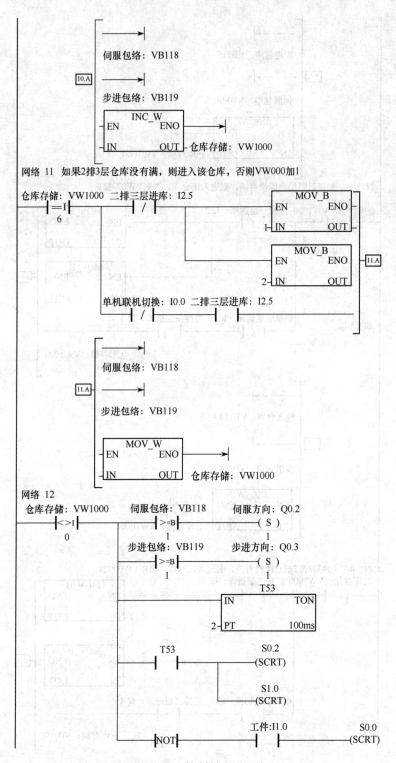

网络 11　如果2排3层仓库没有满，则进入该仓库，否则VW000加1

网络 12

图 7.23　PLC 控制梯形图（续三）

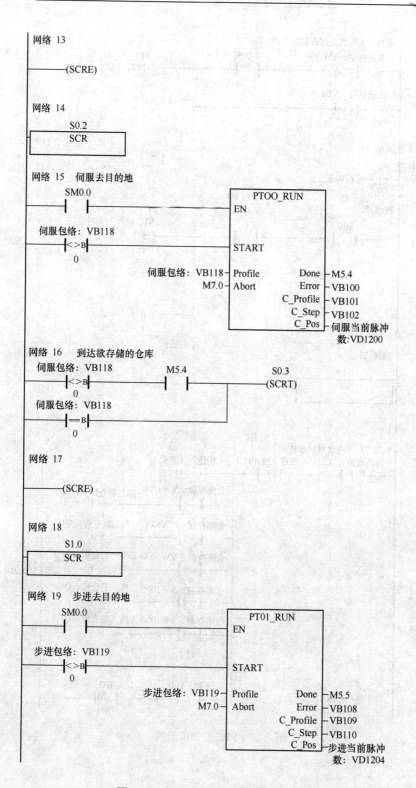

图 7.23　PLC 控制梯形图（续四）

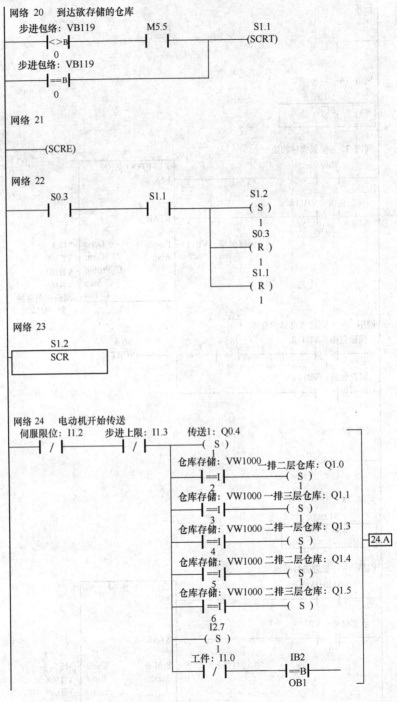

网络 20　到达欲存储的仓库

网络 21

网络 22

网络 23

网络 24　电动机开始传送

图 7.23　PLC 控制梯形图（续五）

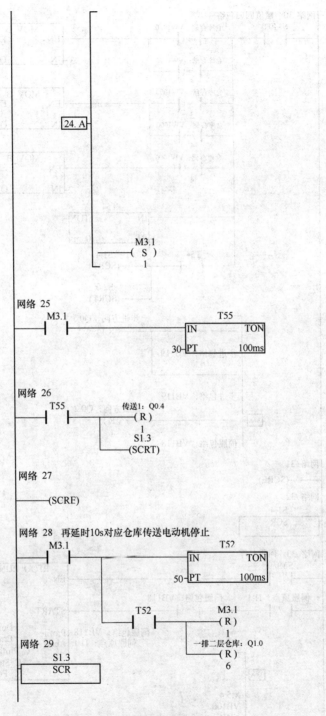

图 7.23 PLC 控制梯形图（续六）

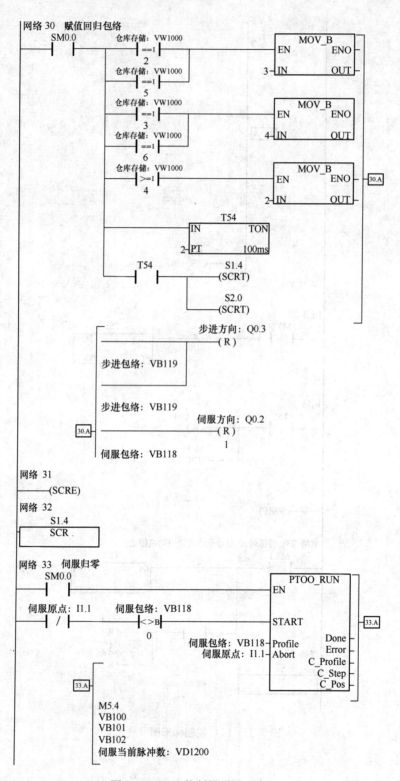

图 7.23 PLC 控制梯形图（续七）

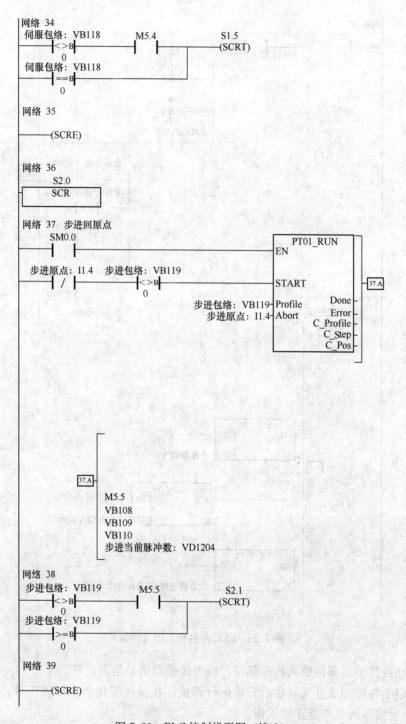

图 7.23 PLC 控制梯形图（续八）

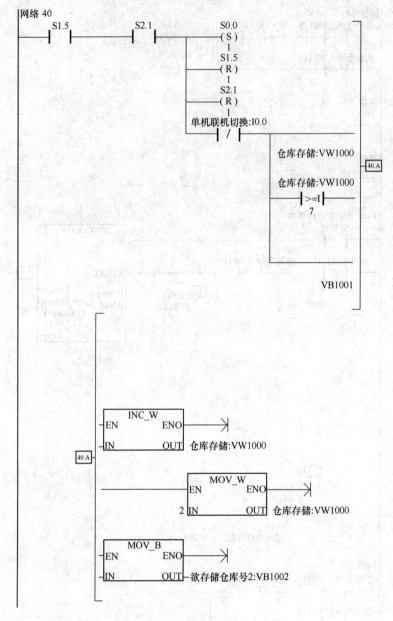

图 7.23　PLC 控制梯形图（续九）

4）在各传感器部位放入相应部件，检查传感器信号是否正常。

5）以上各步完成且无异常后开始运行调试。在传送带托盘上放入工件，然后按启动按钮，观察系统是否能正常工作。

6）运行调试过程中如发现电动机工作异常，则需通知指导老师一起检查排除故障，其余问题自己检查排除。

7）如系统能按工艺要求完整的运行两个周期，则可以认为系统已设计、安装、调试完毕。

<h1>■ 7.5　技　能　提　高 ■</h1>

本节训练数控工作台的控制。

1. 训练目的

1）熟练掌握步进电动机和伺服电动机的使用。

2）掌握常用传感器的选用。

3）熟练掌握 PLC 外部电路和 I/O 分配表的设计。

4）熟练掌握梯形图的设计。

5）学习电气控制柜的规范安装并调试。

2. 训练器材

1）二维数控工作台一个。

2）个人计算机（PC）一台。

3）西门子 S7-200 系列 PLC 一个。

4）PC/PPI 通信电缆一根。

5）导线若干。

3. 训练内容说明

运动控制技术是一项将机械、电子等有机结合及综合运用的机电一体化新兴技术，该技术主要涉及精密机械、自动控制、检测传感、信息处理、伺服传动、计算机等相关领域，在工业上有广泛应用。

图 7.24 为二维数控工作台，集成了目前数控领域广泛运用的双坐标精密运动平台、步进电动机及驱动器，其中双坐标精密数控运动平台采用滚珠丝杠副和滚动导轨副传动结构的模块化十字工作台，用于实现目标轨迹和动作。通过 PLC 对步进电动机驱动器输出一定频率的脉冲，控制步进电动机的旋转角度，从而分别控制工作台 X、Y 方向的位移，实现工作台的精确运动。常见的运动轨迹有直线插补、圆弧插补等。

图 7.24　二维数控工作台

4. 训练步骤

1）正确安装电动机和驱动器，并完成电动机、驱动器的接线。

2）根据控制要求画出 PLC 外部接线图及 I/O 分配表。

3）依据分配表编写梯形图，实现工作台的精确定位。

4）将程序传送至 PLC，先进行离线调试。

5）程序正确后，进行电气控制电路安装。

6）调试系统至正确运转。

■ 7.6　步进电动机的选择 ■

步进电动机有步距角（涉及相数）、静转矩及电流三大要素组成。一旦三大要素确定，步进电动机的型号便确定下来了。

1. 步距角的选择

电动机的步距角取决于负载精度的要求，将负载的最小分辨率（当量）换算到电动机轴上，每个当量电动机应走多少角度（包括减速），电动机的步距角应等于或小于此角度。目前市场上步进电动机一般有五相电动机、二（四）相电动机、三相电动机。

2. 静力矩的选择

步进电动机的动态力矩一下子很难确定，往往先确定电动机的静力矩。静力矩选择的依据是电动机工作的负载，而负载可分为惯性负载和摩擦负载二种。单一的惯性负载和单一的摩擦负载是不存在的。直接起动时（一般由低速）时二种负载均要考虑，加速起动时主要考虑惯性负载，恒速运行进只要考虑摩擦负载。一般情况下，静力矩应为摩擦负载的 2～3 倍之内较好，静力矩一旦选定，电动机的机座及长度就能确定。

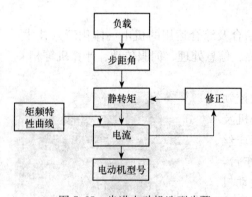

图 7.25　步进电动机选型步骤

3. 电流的选择

静力矩一样的电动机，由于电流参数不同，其运行特性差别很大，可依据矩频特性曲线图，判断电动机的电流（参考驱动电源、及驱动电压）。

综上所述选择电动机一般应遵循的步骤如图 7.25 所示。

本章小结

本章以提升及入库控制系统为对象，系统地介绍了步进电动机和伺服电动机控制系统的原理、组成及控制方法。

1）步进电动机是一种用电脉冲信号进行控制，并将电脉冲信号转换成相应的角位移或线位移的控制电动机。它可以看作是一种特殊运行方式的同步电动机。它由专用电源供给电脉冲，每输入一个脉冲，步进电动机就移进一步。用 PLC 控制步进电动机需要步进电动机驱动器。由 PLC 向步进电动机驱动器发出脉冲、方向信号就能控制步进电动机运转，改变脉冲频率就能改变电动机运转速度。步进电动机用于开环控制。

2）伺服电动机又称为执行电动机，在自动控制系统中作为执行元件。它将输入的电压信号转换为转轴的角位移或角速度的变化。输入的电压信号又称为控制信号或控制电压，改变控制电压可以改变伺服电动机的转速和转向。用西门子 PLC 控制伺服电动机可以采用专门的定位模块，也可采用高速脉冲控制。伺服电动机和驱动器之间构成闭环控制，一般用于控制精度要求较高的场合。

第 8 章

机电一体化柔性生产控制系统的
设计、安装与调试

■ 技能训练目标

1. 掌握西门子PLC的通信方式的使用。
2. 掌握PLC主从站参数的设置。
3. 掌握依据国家标准整理技术文档的方法。
4. 能熟练的连接外部电路。
5. 能按规程调试控制系统。

■ 知识教学目标

1. 了解西门子PLC的通信方式与通信介质。
2. 了解S7-300的指令系统。
3. 了解西门子PLC的常用通信接口与通信标准。
4. 掌握各技术文档所依据的国家标准。

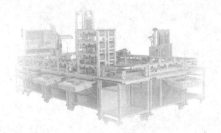

■ 8.1　项目任务说明 ■

8.1.1　工艺的描述

本控制系统以 1 个 S7-300 系列 PLC 作为通信主站，另外 7 个 S7-200 系列 PLC 作为从站，主站和从站之间使用 PROFIBUS-DP 协议进行通信。主站负责采集各从站数据，协调各站运行，并为上位机的监控程序提供数据；7 个从站分别完成对落料单元、喷涂烘干单元、加盖单元、顶销单元、检测单元及链条传送单元、成废品分拣单元及废品输送单元、提升单元及仓库单元的控制。系统的供电、起停等操作通过各站的操作面板进行控制。

该系统在联机模式下，系统 7 个从站同时工作，对工件依次进行加工、检测、分拣、入库等操作，各站间通过 PROFIBUS-DP 协议进行通信，在主站的控制下实现相关的互锁、数据传送操作。在单机模式下，各从站独立运行，各站间没有数据传送。

8.1.2　器件的组成

整个 PROFIBUS-DP 通信系统由 1 台带有 CP5611 卡的上位机、1 套 S7-300 系列 PLC、7 个 S7-200 系列 PLC＋EM277 PROFIBUS-DP 从站模块、FESTO 阀岛以及 PROFIBUS-DP 通信电缆等组成。其连接示意图如图 8.1 所示。

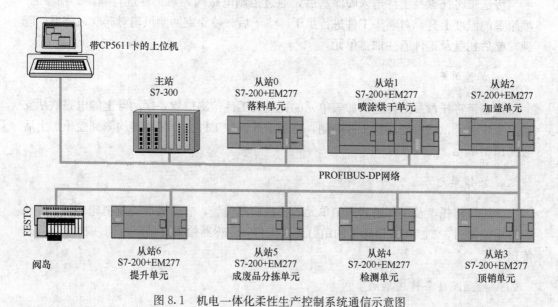

图 8.1　机电一体化柔性生产控制系统通信示意图

系统外观如图 8.2 所示。

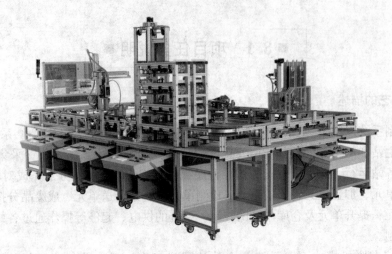

图 8.2　机电一体化柔性生产控制系统外观

8.1.3　控制要求分析

1. 落料单元

传送带将托盘输送到托盘检测位置后，由电动机带动齿轮及皮带使工件下落，当托盘落入工件后，托盘及工件移出落料单元。

2. 喷涂烘干单元

传送带将托盘及工件送入喷涂室后，通过控制电磁阀，对工件进行喷漆。喷漆后，喷涂室的温度上升，对喷漆工件进行烘干。烘干后，喷涂室两侧风扇对其吹风降温，降到常温后托盘及工件通往加盖单元。

3. 加盖单元

传送带将托盘及工件送到加盖单元的托盘及工件检测位置，摆动臂上的电磁铁从支架上吸住盖子，然后摆动到工件一侧，将盖子放置在工件上。传感器检测到盖子加上后通往顶销单元。

4. 顶销单元

传送带将托盘及工件送到顶销单元的托盘检测位置，电动机带动拨销轮旋转，转动到一定位置后，气缸将拨销轮上的销钉顶入工件，传感器检测有销钉后通往检测及链条传送单元。

5. 检测及链条传送单元

传送带将托盘及工件送到检测位置后，检测单元对该位置处的工件进行颜色、盖子、销钉检测。检测后，托盘及工件由链条传送单元输送到成废品分拣单元。

6. 成废品分拣及废品输送单元

该单元通过检测的信息将工件分为成品及废品,若为成品,则机械手将工件旋转90°后送入提升单元;若为废品,则机械手将工件放到废品输送单元进行剔除。

7. 提升单元及高架仓库单元

提升单元将正品工件根据颜色的不同,分别将其放置到仓库单元的各层。

■8.2 基础知识■

8.2.1 PLC通信物理基础

S7-200系统支持的PPI、MPI和PROFIBUS-DP协议通常以RS-485电气网络为硬件基础。

RS-485串行通信标准采用平衡信号传输方式,平衡传输方式可以有效地抑制传输过程中的干扰,其采用一对导线,利用两根导线间的电压差传输信号。这两根导线被命名为A(TxD/RxD−)和B(TxD/RxD+),当B的电压比A高时,认为传输的是逻辑"高"电平;当B的电压比A低时,认为传输的是逻辑"低"电平信号。

RS-485通信端口可以做到很高的通信速率,在S7-200系统中,选择合适的通信设备,可以做到波特率从1.2kb/s~12Mb/s,单段距离1000m,单段站点32个的通信网络。另外,S7-200系统中的RS-485端口是半双工的,不能同时发送和接收信号。西门子系统中的D-Sub9针形RS-485端口,引脚定义是基本一致的,见表8.1。

表8.1 S7-200 CPU通信端口引脚定义

CPU插座(9针母头)	引脚号	PROFIBUS名称	引脚定义
	1	屏蔽	机壳接地(与端子PE相同)/屏蔽
	2	24V返回	逻辑地(24V公共端)
	3	RS-485信号B	RS-485信号B或TxD/RxD+
	4	发送请求	RTS(TTL)
	5	5V返回	逻辑地(5V公共端)
	6	+5V	+5V,通过100Ω电阻
	7	+24V	+24V
	8	RS-485信号A	RS-485信号A或TxD/RxD−
	9	不用	10位协议选择(输入)
	金属壳	屏蔽	机壳接地/与电缆屏蔽层连通

8.2.2　西门子 PLC 的通信类型

S7-200 系列 PLC 支持以下几种类型的通信：PROFIBUS 通信、PPI 通信、MODB-US 通信、USS 通信和自由口通信等，现主要介绍一下 PROFIBUS 通信。

PROFIBUS 是一种国际化、开放式、不依赖于设备生产商的现场总线标准，广泛适用于制造业自动化、流程工业自动化和楼宇、交通电力等其他领域自动化，主要由三个兼容部分组成，即 PROFIBUS-DP、PROFIBUS-PA 和 PROFIBUS-FMS。其中，PROFIBUS-DP 是一种高速低成本通信，用于设备级控制系统与分散式 I/O 的通信，使用 PROFIBUS-DP 可取代 DC 24V 或 4～20mA 信号传输。

PROFIBUS 协议结构如下：

PROFIBUS 协议结构是根据 ISO7498 国际标准，以 OSI 作为参考模型的，该模型共有七层：

1）PROFIBUS-DP：定义了第一、二层和用户接口，第三到七层未加描述。用户接口规定了用户及系统以及不同设备可调用的应用功能，并详细说明了各种不同 PRO-FIBUS-DP 设备的行为。

2）PROFIBUS-FMS：定义了第一、二、七层，应用层包括现场总线信息规范（fieldbus message specification，FMS）和低层接口（lower layer interface，LLI）。FMS 包括了应用协议并向用户提供了可广泛选用的强有力的通信服务；LLI 协调不同的通信关系并提供不依赖设备的第二层访问接口。

3）PROFIBUS-PA：PA 的数据传输采用扩展的 PROFIBUS-DP 协议。另外，PA 还描述了现场设备行为的 PA 行规。根据 IEC 1158－2 标准，PA 的传输技术可确保其本征安全性，而且可通过总线给现场设备供电。使用连接器可在 DP 上扩展 PA 网络。

上文所述七层模型中，第一层为物理层，第二层为数据链路层，第三～六层未使用，第七层为应用层。

S7-300 与 S7-200 之间的 PROFIBUS-DP 通信所需设备：S7-300PLC（CPU315-2DP）、S7-200＋EM277 组合、PROFIBUS 通信电缆。具体示意图如图 8.3 所示。

图 8.3　S7-300 与 S7-200 的 PROFIBUS 通信示意图

■ 8.3　S7-300 系列 PLC 基础 ■

此节主要介绍如何建立一个 S7-300 的工程项目，包括 S7-300 的硬件组态、S7-300 的硬件模块介绍以及简单的程序设计，并对 STEP 7 软件的组件 PLCSIM 做简单介绍，通过本节的学习应能够完成一个 S7-300 的工程设计。下面以一个 S7-300 工程为例进行介绍，该工程所需的软硬件如下。

1）PS307 电源模块：PS307，AC 120/230V 输入，DC 24V 输出，2A。

2）CPU 模块：CPU315-2DP，128KB RAM。

3）信号模块：SM321，16 点输入，DC 24～48V；SM322，16 点输出，AC 120/230V，1A。

4）DIN 安装导轨：DIN 导轨，482mm。

5）MMC 卡：64KB MMC 卡。

6）20 针端子模块：20 针，螺钉型端子，1 个。

7）40 针端子模块：40 针，弹簧型端子，1 个。

8）其他：装有 STEP 7-Micro/MIN 的编程设备或个人计算机。

8.3.1　S7-300 硬件基础

西门子 S7-200 是针对低性能要求的小型 PLC，而 S7-300 是模块式中小型 PLC，最多可以扩展 32 个模块，S7-400 是大型 PLC，可以扩展 300 多个模块。S7-300/400 可以组成 MPI、PROFIBUS 和工业以太网等。另外，S7-300 的 CPU 模块（简称为 CPU）都有一个编程用的 RS-485 接口，有的有 PROFIBUS-DP 接口或 PtP 串行通信接口，可以建立一个 MPI（多点接口）网络或 DP 网络。

S7-300 系统硬件主要包括以下几个部分：信号处理模块、接口模块、功能模块、CPU 中央处理器、通信处理器、通信网卡、工程师、操作员站和操作屏。下面主要介绍其中几个基本的模块。

1. 电源模块

PS307 系列电源模块将 120/230V 交流电压转换为 24V 直流电压，为 S7-300、传感器和执行器供电。该系列电源有 3 种型号可供选择，分别是 PS307 2A，PS307 5A 和 PS307 10A，现以 PS307 2A 为例进行介绍。S7-300 的电源模块示意图如图 8.4 所示。

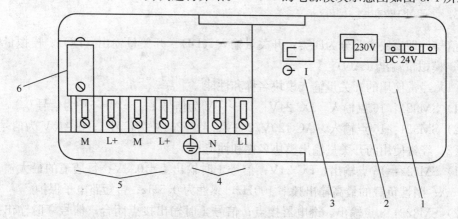

图 8.4　S7-300 的电源模块

1—"DC 24V 输出电压工作"显示；2—电源选择器开关；3—DC 24V 开关；

4—主干线和保护性导体接线端；5—DC 24V 输出电压接线端；6—张力消除

S7-300 的电源模块的输入/输出参数见表 8.2。

表 8.2　输入/输出参数

输 入 参 数			输 出 参 数		
输入电压	额定值	AC 120V/230V	输出电压	额定值	DC 24V
电源频率	额定值	50Hz 或 60Hz		允许的范围	24V±5%，断路保护
	允许的范围	47～63Hz		输出斜坡上升时间	最多 2.5s
输入电流	230V 时	0.5A	输出电流	额定值	2A，不支持并联接线
	120V 时	0.8A			

2. CPU 模块

S7-300 CPU 的分类如下。

1）紧凑型 CPU：CPU312C、CPU313C、CPU313C-PtP、CPU313C-2DP、CPU314C-PtP 和 CPU314C-2DP。各 CPU 均有计数、频率测量和脉冲宽度调制功能。有的有定位功能，有的带有 I/O。

2）标准型 CPU：CPU312、CPU313、CPU314、CPU315、CPU315-2DP 和 CPU316-2DP。

3）户外型 CPU：CPU312 IFM、CPU314 IFM、CPU314 户外型和 CPU315-2DP。在恶劣的环境下使用。

4）高端 CPU：CPU317-2DP 和 CPU318-2DP。

5）故障安全型 CPU：CPU315F。

功能最强的 CPU 的 RAM 为 512KB，最大 8192 个存储器位、512 个定时器和 512 个计数器，数字量最大为 65536，模拟量通道最大为 4096，有 350 多条指令。

计数器的计数范围为 1～999，定时器的定时范围为 10ms～9990s。

CPU318-2DP 的面板图如图 8.5 所示。

3. 信号处理模块

信号处理模块主要分为四类：开关量输入（DI）、开关量输出（DO）、模拟量输入（AI）、模拟量输出（AO）。

（1）经常使用的开关量输入模块名称和性能

1）SM321：16 点输入，DC 24V；13～30V 为信号 1；−30～5V 为信号 0。

2）SM321：16 点输入，AC 120V/230V；79～264V 为信号 1；0～40V 为信号 0。

（2）经常使用的开关量输出模块名称和性能

1）SM322：16 点输出，DC 24V；信号 1 时输出 $L\pm0.8$V；每通道的最大输出电流 0.5A；阻性负载的最高输出频率 100Hz，感性为 0.5Hz；带短路电子保护。

2）SM322：8 点输出，继电器接点；信号 1 时输出接点闭合；信号 0 时输出接点断开；接点容量 8A（AC 230V）或 5A（DC 24V）。

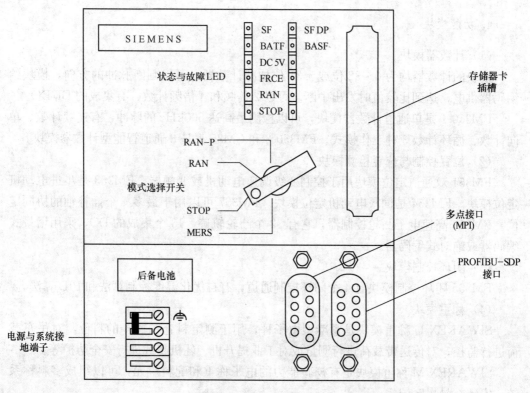

图 8.5　S7-300 的 CPU 模块

（3）经常使用的模拟量输入模块名称和性能

SM331：8 点模拟量输入，用于电阻测量时为 4 点。输入信号类型如下。

电压：±80mV、±250mV、±500mV、±1V、±2.5V、±5V、1～5V、±10V；

电流：±10mA、±20mA、0～20mA、4～20mA；

电阻：150Ω、300Ω、600Ω；

热电偶：E、N、J、K 型；

热电阻：PT100 标准，Ni100 标准；

分辨率：14 位。

（4）经常使用的模拟量输出模块名称和性能

SM332：4 点模拟量输出。信号输出类型如下。

电压：0～10V、±10V、1～5V；

电流：4～20mA、±20mA、0～2mA；

分辨率：12 位。

【例 8.1】　某压力变送器的量程为 0～10kPa，输出信号为 4～20mA，模拟量输入模块的量程为 4～20mA，转换后的数字量为 0～27 648，设转换后得到的数字为 N，试求压力值。

0～10kPa 对应于转换后的数字 0～27 648，转换公式为

$$P = 10 \times N/27648$$

4. 功能模块

（1）计数器模块

模块的计数器均为 0～32 位或 ±31 位加减计数器，可以判断脉冲的方向，模块给编码器供电，达到比较值时发出中断。可以 2 倍频和 4 倍频计数，有集成的 DI/DO。

FM350-1 是单通道计数器模块，可以检测最高达 500kHz 的脉冲，有连续计数、单向计数、循环计数 3 种工作模式。FM350-2 和 CM35 都是 8 通道智能型计数器模块。

（2）位置控制与位置检测模块

FM351 双通道定位模块用于控制变级调速电动机或变频器。FM353 是步进电动机定位模块。FM354 是伺服电动机定位模块。FM357 可以用于最多 4 个插补轴的协同定位。FM352 高速电子凸轮控制器，它有 32 个凸轮轨迹，13 个集成的 DO，采用增量式编码器或绝对式编码器。

（3）闭环控制模块

FM355 闭环控制模块有 4 个闭环控制通道，有自优化温度控制算法和 PID 算法。

（4）称重模块

SIWAREX U 称重模块是紧凑型电子秤，用于测定料仓和贮斗的料位，对吊车载荷进行监控，对传送带载荷进行测量或对工业提升机、轧机超载进行安全防护等。

SIWAREX M 称重模块是有校验能力的电子称重和配料单元，可以组成多料称系统，安装在易爆区域。

8.3.2　硬件组态

1. 硬件安装

（1）导轨的安装和接地

1）将导轨拧紧到适当位置（螺钉尺寸：M6）。确保导轨上下留出至少 40mm 的间隙。如果将导轨固定在接地金属板或设备支架上，请确保导轨与底板之间为低电阻连接。

2）将导轨连接到保护性导体上。导轨上有一个 M6 保护性传导螺钉用来实现此目的。连接保护性导体的电缆的最小横截面积为 10mm²。

（2）在导轨上安装模块

1）安装电源。将其向左推至导轨的接地螺钉处，然后拧紧就位。

2）通过将总线连接器插入 CPU，将其连接到其他模块。

3）安装 CPU。

4）将 CPU 沿上侧推到贴近左侧模块。

5）然后翻转下压 CPU。

6）用手劲将模块紧固到导轨上。

7）如果当前使用需要有 MMC 的 CPU，应将该存储卡插入插槽。

8）此时，可重复步骤 1）～6），将数字量输入模块和数字量输出模块安装到 CPU

的右侧。

（3）为电源和 CPU 接线

1）打开电源模块和 CPU 的前面板。

2）松开电源上的电缆夹。

3）剥去软电源电缆的外皮，压接在线端套管上，然后连接到电源。（蓝色线接端子 M，黑色线接端子 L1，保护导线接端子 PE。）

4）拧紧电缆夹就位。

5）使用横截面为 1mm² 的软电缆将电源连接到 CPU。将线端剥去大约 6mm 的外皮，然后压接到线端套管上。将电源上 L＋和 M 端子连接到 CPU 上的对应端子。

6）检查线路电压选择开关是否已设置为正确的线路电压。电源出厂时将线路电压设置为 AC 230V。要标记前连接器，请按照下列步骤操作：要调整电压，请用螺钉旋具卸下保护帽，将开关设为所需的线路电压，然后重新安上保护帽。

（4）为数字量输入/输出模块接线

1）打开数字量输入/输出模块的前面板。

2）将前连接器推入 DI 和 DO，直至卡入到位。如果前连接器将仍凸出在模块之外，那么说明在该接线位置还没连接到模块。

3）将大约 10 条导线（1mm²）切至所需长度（20cm），并在线端安装套管。

4）按如下方式连接数字量输入模块的前连接器：端子 L＋连接电源上的端子 L＋；端子 M 连接电源上的端子 M；端子 3 连接开关 1 的第一个连接端；端子 4 连接到开关 2 的第一个连接端；将开关 1 和 2 上的两个未分配连接端连接到电源上的 L＋端子。

5）按如下方式连接数字量输入模块的前连接器：端子 L＋连接电源上的端子 L＋；端子 M 连接电源上的端子 M。

6）使导线向下穿出前连接器。

7）按下模块顶部前连接器上的释放按钮，同时将前连接器推向模块，直到释放按钮重新卡入其原来的位置。

S7-300 的安装位置可以采用水平和垂直两种方式，如图 8.6 即水平安装方式。

图 8.6　S7-300 的水平安装方式

注意：对于水平安装，CPU 和电源必须安装在左面；对于垂直安装，CPU 和电源必须安装在底部。

水平安装时必须保证的最小间距有：机架左右为 20mm；单层组态安装时，上下为 40mm；两层组态安装时，上下至少为 80mm。

2. 硬件组态

本节以 S7-300 之间的主从通信组网为例进行说明。

（1）组态 S7-300 从站

1）在 STEP 中创建一个新的 S7-300 项目：

① 选择"File"→"New..."菜单命令。

② 输入项目名称并单击"OK"进行确认，如图 8.7 所示。

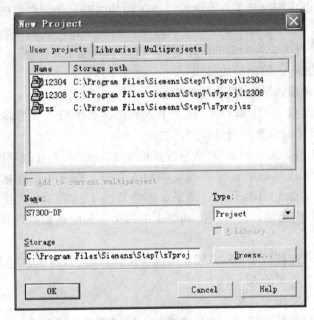

图 8.7　新建 S7-300 项目 1

2）添加新的 S7-300 站：选择"Insert"→"Station"→"SIMATIC 300 station"菜单命令，或在"S7300-DP"项目名称上单击右键，选中"Insert new object"，选择"SIMATIC 300 Station"如图 8.8 所示。右侧窗口的"SIMATIC 300（1）"图标将高亮显示，可以修改名称。

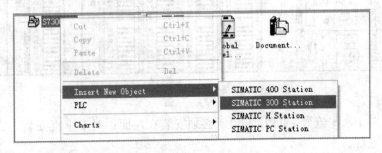

图 8.8　新建 S7-300 项目 2

3）添加导轨：

① 在右侧窗口中，首先双击"SIMATIC 300（1）"图标，然后双击"Hardware"图标，硬件配置编辑器（HW Config）将打开，可从左侧窗口的硬件目录插入硬件组件。如果未显示目录，可用"View"→"Catalog"菜单命令激活目录。

② 在硬件目录中，通过"SIMATIC 300"浏览到"Rack-300"。通过拖放操作将导轨复制到右侧窗口中。

4）添加电源：在硬件目录中，浏览到"PS-300"。拖动电源并将其放到导轨的插槽1中，电源模块即会插入到插槽1。单击电源，其订货号将显示在目录下方的框中。

5）添加CPU：在硬件目录中，浏览到"CPU-300"。拖动CPU并将其放到导轨的插槽2中，该CPU即被插入到插槽2。

6）添加数字量输入和输出模块：

① 在硬件目录中，通过"SM-300"浏览到"DI-300"，选择数字量输入模块。将数字量输入模块拖动至导轨上并将其放在插槽4中。

② 在硬件目录中，通过"SM-300"浏览到"DO-300"，选择数字量输出模块。将数字量输出模块拖动至导轨上并将其放在插槽5中。

1	PS 307 2A
2	CPU 315-2 DP
X2	DP
3	
4	DI16xDC24V
5	DO16xAC120V/230V/1A
6	
7	
8	
9	
10	
11	

图8.9　硬件组态

完成的组态如图8.9所示。

双击数字输入/输出模块可以对模块进行设置。输入模块的设置界面如图8.10所示。可以使用系统默认的输入地址，也可以自己设置输入地址。

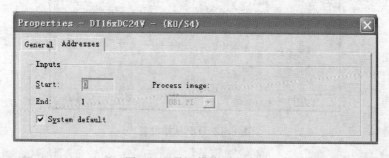

图8.10　输入模块地址设置

7）保存并编译组态：

① 从工作站菜单中，选择保存并编译命令，随即将编译并保存硬件配置。

② 关闭编辑器。

8）建立S7-300之后，双击DP，新建一个PROFIBUS网络，设置站地址参数。在"Address"栏配置CPU315-2DP的站号，默认PROFIBUS地址为2。单击"Properties"按钮，在"Network setting"中设置传输速率和总线行规，选择"DP"行规，传输速率选择"1.5Mbps"，如图8.11所示。

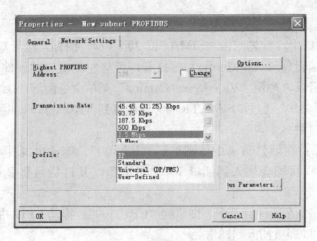

图 8.11　网络参数设置

单击"OK"确认。在组态操作模式和从站通信接口区，在"Operation Mode"选项卡中选择从站模式，这样在 PROFIBUS 网络上可以同时对主站和从站编程，诊断地址选用默认值即可，如图 8.12 所示。

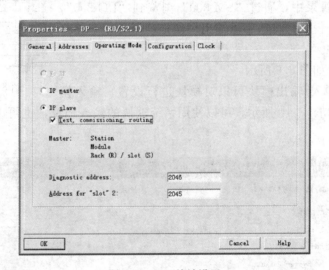

图 8.12　DP 从站设置

进入"Configuration"选项卡组态从站通信接口区，单击"New"键，加入一栏通信区，每栏通信区最大数据长度为 32Byte，分别添加输入区一栏和输出区一栏各 16Byte，开始地址为 0，在"Consistency"中选择"Unit"，单击"OK"后保存并编译。参数组态参考图 8.13 和图 8.14。

（2）组态 S7-300 主站

以同样的方法建立一个 S7-300 的主站。

在 S7-300 的"HW config"组态界面右侧选择"PROFIBUS DP"，在"Configured Stations"中选择"CPU31x"，将其拖到左侧的 PROFIBUS 总线上，如图 8.15所示。

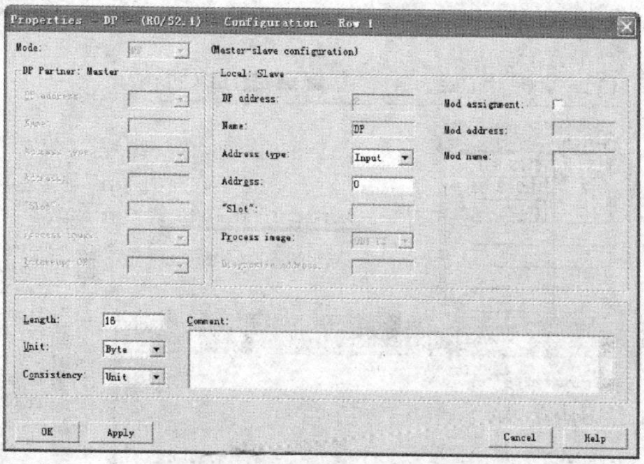

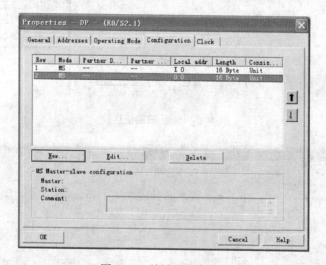

图 8.13　从站通信参数 1

图 8.14　从站通信参数 2

单击 "Connect" 后再单击 "Configuration" 选项卡, 弹出设置对话框如图 8.16 所示。

S7-300 主站和 S7-300 从站之间的输入/输出的设置如图 8.17 所示。

8.3.3　S7-300 指令系统

1. S7-300 存储区

（1）系统存储区

1）过程映像输入/输出（I/Q）：在扫描循环开始时，CPU 读取数字量输入模块的输入信号的状态，并将它们存入过程映像输入（PII）中。在扫描循环中，用户程序计算输出值，并将它们存入过程映像输出表（PIQ）。在循环扫描结束时将过程映像输出表的内容写入数字量输出模块。I 和 Q 均以按位、字节、字和双字来存取，如 I0.0、IB0、IW0 和 ID0。

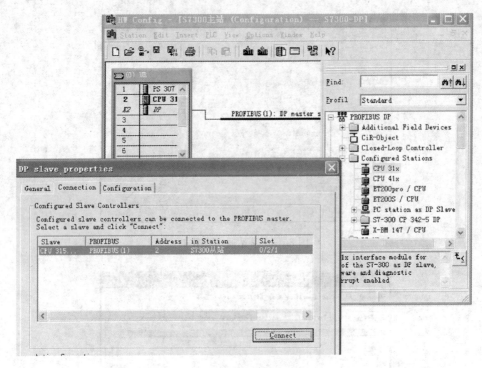

图 8.15　主从站通信连接

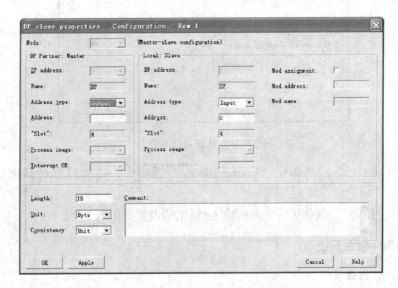

图 8.16　主站和从站之间的输入/输出关系设置

2）内部存储器标志位（M）存储器区。

3）定时器（T）存储器区：时间值可以用二进制或 BCD 码方式读取。

4）计数器（C）存储器区：计数值（0～999）可以用二进制或 BCD 码方式读取。

5）共享数据块（DB）与背景数据块（DI）：DB 为共享数据块，DBX2.3、DBB5、DBW10 和 DBD12；DI 为背景数据块，DIX、DIB、DIW 和 DID。

DP slave properties
General
Connection
Configuration
Row
Mode
Partner D...
Partner ...
Local addr
Length
Consis...
1 MS 3 O 0 I 0 16 Byte Unit
2 MS 3 I 0 O 0 16 Byte Unit
New...
Edit...
Delete
MS Master-slave configuration
Master: (3) DP
Station: S7300主站
Comment:
OK
Cancel
Help

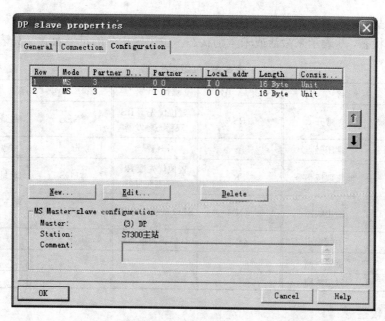

图 8.17　主站和从站之间的输入/输出对应关系

6）外设 I/O 区（PI/PO）：外设输入（PI）和外设输出（PQ）区允许直接访问本地的和分布式的输入模块和输出模块。可以按字节（PIB 或 PQB）、字（PIW 或 PQW）或双字（PID 或 PQD）存取，不能以位为单位存取 PI 和 PO。

（2）CPU 中的寄存器

1）累加器（ACCU×）：累加器用于处理字节、字或双字的寄存器。S7-300 有两个 32 位累加器（ACCU1 和 ACCU2），S7-400 有 4 个累加器（ACCU1～ACCU4）。数据放在累加器的低端（右对齐）。

2）状态字寄存器（16 位）。

3）数据块寄存器：DB 和 DI 寄存器分别用来保存打开的共享数据块和背景数据块的编号。

2. 指令系统

S7-300 指令系统包括：位逻辑指令、比较指令、定时器指令、计数器指令、整型数学运算指令、浮点型数学运算指令、传送指令、转换指令等。

如图 8.18 所示，图中从上到下依次是位逻辑指令、比较指令、转换指令、计数器指令、数据块指令、逻辑控制指令、整型数学运算指令、浮点型数学运算指令、传送指令、程序控制指令、移位和循环移位指令、状态位指令、定时器指令、字逻辑指令。

Bit logic
Comparator
Converter
Counter
DB call
Jumps
Integer function
Floating-point fct.
Move
Program control
Shift/Rotate
Status bits
Timers
Word logic

图 8.18　S7-300 部分指令系统

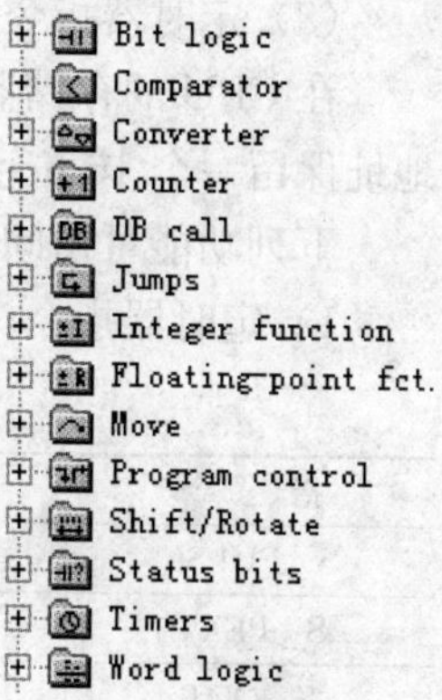

（1）位逻辑指令

位逻辑指令使用 1 和 0 两个数字。这两个数字组成了二进制

数字系统的基础，1 和 0 两个数字称作二进制数字或位。在触点和线圈领域中，1 表示激活或激励状态，0 表示未激活或未激励状态。位逻辑指令的符号及含义见表 8.3。

表 8.3　位逻辑指令

符　　号	含　　义	符　　号	含　　义	符　　号	含　　义
┤├	常开	RS	置位优先型 RS 双稳态触发器	NEG	地址下降沿检测
┤/├	常闭触点	SR	置位优先型 RS 双稳态触发器	POS	地址上升沿检测
┤NOT├	能流取反指令	SR	置位优先型 RS 双稳态触发器	POS	地址上升沿检测
──( )	输出线圈	──(N)──	RLO 负跳沿检测、	──(SAVE)	将 RLO 的状态保存到 BR
──(#)	中间输出	──(P)──	RLO 正跳沿检测		
──(R)	重置线圈				
──(S)	置位线圈				

（2）比较指令

比较指令包括整数比较指令、双精度整数比较指令和实数比较指令。根据用户选择的比较类型比较 IN1 和 IN2，各比较指令见表 8.4。

表 8.4　比较指令

整 数 比 较		双精度整数比较		实 数 比 较	
EQ_I	IN1 等于 IN2	EQ_D	IN1 等于 IN2	EQ_R	IN1 等于 IN2
NE_I	IN1 不等于 IN2	NE_D	IN1 不等于 IN2	NE_R	IN1 不等于 IN2
GT_I	IN1 大于 IN2	GT_D	IN1 大于 IN2	GT_R	IN1 大于 IN2
LT_I	IN1 小于 IN2	LT_D	IN1 小于 IN2	LT_R	IN1 小于 IN2
GE_I	IN1 大于或等于 IN2	GE_D	IN1 大于或等于 IN2	GE_R	IN1 大于或等于 IN2
LE_I	IN1 小于或等于 IN2	LE_D	IN1 小于或等于 IN2	LE_R	IN1 小于或等于 IN2

（3）定时器指令

在 CPU 的存储器中，有一个区域是专为定时器保留的。此存储区域为每个定时器地址保留一个 16 位字。梯形图逻辑指令集支持 256 个定时器。

下列功能可访问定时器存储区：

1）定时器指令，见表 8.5。

表 8.5　定时器指令

指　　令	含　　义	指　　令	含　　义
S_PULSE	脉冲 S5 定时器	──(SP)	脉冲定时器线圈
S_PEXT	扩展脉冲 S5 定时器	──(SE)	扩展脉冲定时器线圈
S_ODT	接通延时 S5 定时器	──(SD)	接通延时定时器线圈
S_ODTS	保持接通延时 S5 定时器	──(SS)	保持接通延时定时器线圈
S_OFFDT	断开延时 S5 定时器	──(SF)	断开延时定时器线圈

2）通过定时时钟更新定时器字。当 CPU 处于 RUN 模式时，此功能按以时间基准指定的时间间隔，将给定的时间值递减一个单位，直至时间值等于零。

定时器字的 0~9 位包含二进制编码的时间值。时间值指定单位数。时间更新操作按以时间基准指定的时间间隔，将时间值递减一个单位。递减至时间值等于零。可以用二进制、十六进制或以二进制编码的十进制（BCD）格式，将时间值装载到累加器 1 的低位字中。

示例：程序如图 8.19 所示。

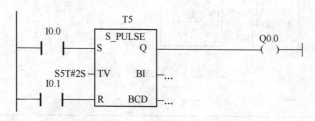

图 8.19　定时器的使用

如果 I0.0 的信号状态从"0"变为"1"（RLO 中的上升沿），则定时器 T5 将启动。只要 I0.0 为"1"，定时器就将继续运行指定的 2s 时间。如果定时器达到预定时间前，I0.0 的信号状态从"1"变为"0"，则定时器将停止。如果输入端 I0.1 的信号状态从"0"变为"1"，而定时器仍在运行，则时间复位。

只要定时器运行，输出端 Q0.0 就是逻辑"1"，如果定时器预设时间结束或复位，则输出端 Q4.0 变为"0"。

（4）计数器指令

在用户 CPU 的存储器中，有为计数器保留的存储区。此存储区为每个计数器地址保留一个 16 位字。梯形图指令集支持 256 个计数器。计数器指令是仅有的可访问计数器存储区的函数。

计数器字中的 0~9 位包含二进制代码形式的计数值。当设置某个计数器时，计数值移至计数器字。计数值的范围为 0~999。计数器指令见表 8.6。

表 8.6　计数器指令

指　　令	含　　义	指　　令	含　　义
S_CUD	双向计数器	——(SC)	设置计数器线圈
S_CU	升值计数器	——(CU)	升值计数器线圈
S_CD	降值计数器	——(CD)	降值计数器线圈

【例 8.2】　程序如图 8.20 所示。

如果 I0.2 从"0"变为"1"，则计数器预设为 MW10 所存储的数值。如果 I0.0 的信号状态从"0"变为"1"，则计数器 C10 的值将增加 1，当 C10 的值等于"999"时除外。如果 I0.1 从"0"改变为"1"，则 C10 减少 1，但当 C10 的值为"0"时除外。如果 C10 不等于零，则 Q0.0 为"1"。

（5）运算指令

运算指令包括整型数学运算指令和浮点型数学运算指令，运算指令见表 8.7。

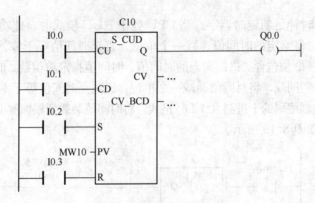

图 8.20　计数器指令的使用

表 8.7　运算指令

指　令	含　义	指　令	含　义
ADD＿I	加整数	ADD＿DI	加双精度整数
SUB＿I	减整型	SUB＿DI	减长整型
MUL＿I	乘整型	MUL＿DI	乘长整型
DIV＿I	除整型	DIV＿DI	除长整型
MOD＿DI	返回分数长整型	SQR、SQRT	求平方、平方根
ADD＿R	加实数	LN	求自然对数
SUB＿R	实数减	EXP	求指数值，以 e 为底
MUL＿R	实数乘	SIN、ASIN	正弦、反正弦
DIV＿R	实数除	COS、ACOS	余弦、反余弦
ABS	求绝对值	TAN、ATAN	正切、反正切

（6）传送指令

传送指令如图 8.21 所示。MOVE（分配值）通过启用 EN 输入来激活。在 IN 输入指定的值将复制到在 OUT 输出指定的地址。ENO 与 EN 的逻辑状态相同。MOVE 只能复制 BYTE、WORD 或 DWORD 数据对象。用户自定义数据类型（如数组或结构）必须使用系统功能"BLKMOVE"

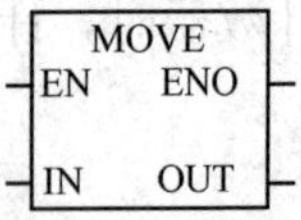

图 8.21　传送指令　（SFC 20）来复制。

【例 8.3】　程序如图 8.22 所示。

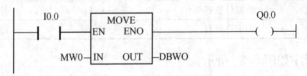

图 8.22　传送指令的使用

当 I0.0 为"1"，则执行传送指令，把 MW0 的内容复制到当前打开 DB 的数据字 0，如果执行了指令，则 Q0.0 为"1"。

（7）转换指令

转换指令（见表 8.8）的功能是读取参数 IN 的内容，然后进行转换或改变其符号。

表8.8 转换指令

指 令	含 义	指 令	含 义
BCD_I	BCD码转换为整数	INV_I	二进制反码整型
I_BCD	整型转换为BCD码	INV_DI	二进制反码长整型
BCD_DI	BCD码转换为双精度整数	NEG_I	二进制补码整型
I_DINT	整型转换为长整型	NEG_DI	二进制补码长整型
DI_BCD	长整型转换为BCD码	NEG_R	浮点数取反
DI_REAL	长整型转换为浮点型	CEIL	上限
ROUND	取整为长整型	FLOOR	向下取整
TRUNC	截断长整型部分		

示例：程序如图8.23所示。

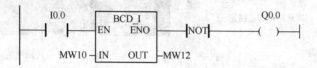

图8.23 转换指令的使用

如果输入I0.0为"1"，则将MW10中的内容以三位BCD码数字读取，并将其转换为整型值，存储在MW12中。如果未执行转换（ENO=EN=0），则输出Q0.0的状态为"1"。

■8.4 前 导 训 练■

此处主要以PROFIBUS通信方式做介绍。

1. 必备条件

1）带STEP 7和STEP 7-Micro/WIN编程软件的计算机一台。

2）PC/PPI编程电缆（S7-200）一根。

3）MPI编程电缆（S7-300）一根。

4）开启终端电阻的PROFIBUS电缆一根。

5）S7-200系列PLC（CPU226）一个。

6）EM277 PROFIBUS-DP扩展模块一个。

7）S7-300系列PLC（PS307 2A、CPU315-2 DP、数字输入/输出模块）一套。

2. EM277 介绍

作为S7-200的扩展模块，EM277像其他I/O扩展模块一样，通过出厂时就带有的I/O总线与CPU相连。因M277只能作为从站，所以两个EM277之间不能通信，但可以由一台PC作为主站，访问几个联网的EM277。EM277面板如图8.24所示。

EM277是智能模块，其通信速率为自适应。在S7-200 CPU中不用做任何关于PROFIBUS-DP的配置和编程工作，只需对数据进行处理。PROFIBUS-DP的所有配置

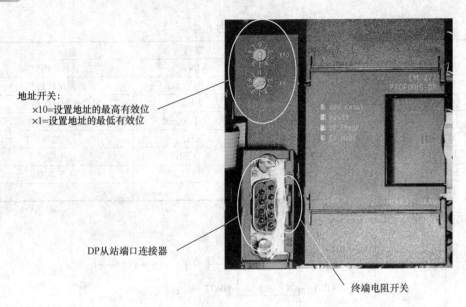

地址开关：
×10=设置地址的最高有效位
×1=设置地址的最低有效位

DP从站端口连接器

终端电阻开关

图 8.24   EM277 面板

工作由主站完成，在主站中需配置从站地址及 I/O 配置。

EM277 作为一个特殊的 PROFIBUS-DP 从站模块，在与 S7-300 或 S7-400 通信时需要 EM277 的 GSD（或 GSE）文件。

3. PROFIBUS 电缆制作

在 S7-200 系统中，无论是组成 PPI、MPI 还是 RPOFIBUS-DP 网络，用到的主要部件都是一样的：

1）PROFIBUS 电缆：电缆型号有多种，其中最基本的是 PROFIBUS FC（Fast Connect，快速连接）Standard 电缆（订货号 6XV1 830-0EH10）。

2）PROFIBUS 网络连接器：网络连接器也有多种形式，如出线角度不同等。网络连接器主要分为两种类型：带和不带编程口的。不带编程口的插头用于一般联网；带编程口的插头可以在联网的同时仍然提供一个编程连接端口，用于编程或者连接 HMI 等。

电缆的具体制作步骤如图 8.25～图 8.28 所示。

图 8.25 中左侧为不带编程口的网络连接器（订货号为 6ES7 972－0BA50－0XA0）、右侧的是带编程口的网络连接器（订货号为 6ES7 972－0BB50－0XA0）

1）剥线。使用 FC 技术不用剥出裸露的铜线。

2）打开 PROFIBUS 网络连接器。首先打开电缆张力释放压块，然后掀开芯线锁。

3）去除 PROFIBUS 电缆芯线外的保护层，将芯线按照相应的颜色标记插入芯线锁，再把锁块用力压下，使内部导体接触。应注意使电缆剥出的屏蔽层与屏蔽连接压片接触。

4）复位电缆压块，拧紧螺钉，消除外部拉力对内部连接的影响。

4. 联网设计

1）插入一个 S7-300 站，如图 8.29 所示。

图 8.25　网络连接器

图 8.26　剥好一端的 PROFIBUS
电缆与快速剥线器

图 8.27　打开的 PROFIBUS 连接器

图 8.28　插入电缆

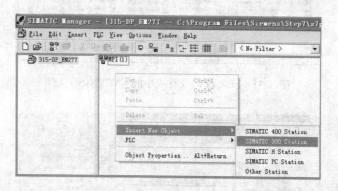

图 8.29　新建 S7-300 主站

2）选中 STEP 7 的硬件组态窗口中的菜单 "Option" → "Install new GSD"，导入 SIEM089D. GSD 文件，安装 EM277 从站配置文件，如图 8.30 所示。

3）在 SIMATIC 文件夹中有 EM277 的 GSD 文件，如图 8.31 所示。

4）导入 GSD 文件后，在右侧的设备选择列表中找到 EM277 从站，即 "PROFIBUS DP" → "Additional Field Devices" → "PLC" → "SIMATIC" → "EM277"，并且根据您的通信字节数，选择一种通信方式，选择了 8 字节入/8 字节出的方式，如图 8.32 所示。

5）根据 EM277 上的拨位开关设定以上 EM277 从站的站地址，如图 8.33 所示。

6）依照上述方法完成剩余从站的组态硬件配置后，将硬件信息下载到 S7-300 PLC。

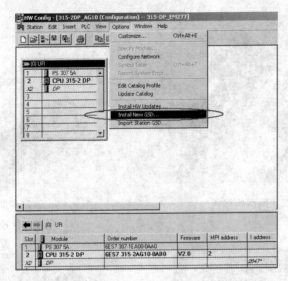

图 8.30　插入 EM277GSD 文件

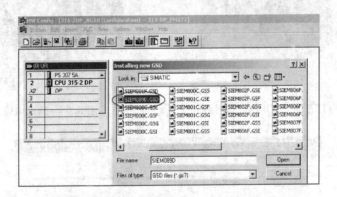

图 8.31　SIMATIC 文件夹中的 EM277GSD 文件

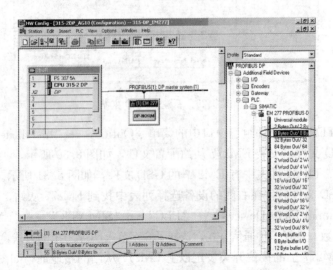

图 8.32　把 EM277 连接到 S7-300 网络

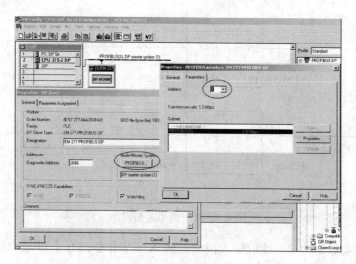

图 8.33　从站地址设置

在"HW Config"界面中双击 EM277 从站图标，如图 8.34 所示。

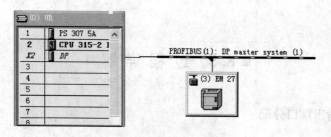

图 8.34　网络连接图

选择"Parameter Assignment"选项卡，并在"I/O Offset in the V-memory"中设置偏移量，默认偏移量为 0，如图 8.35 所示。

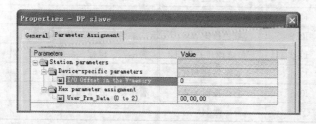

图 8.35　从站 I/O 偏移量设置

7）简单的 DP 主站（CPU315-2DP）编程（OB1），具体程序如图 8.36 所示。

传送主站（CPU315-2 DP）输入到 S7-200 CPU。

从输入模块获取 I/O 输入字 PIW0，并传送到 PQW256（主站的发送信箱或 I/O 输出区）。

传送从站（S7-200 CPU）输入到主站（CPU315-2 DP）。

获取 I/O 输入字节 PIW256（从站的输入），并传送到输出模块的输出字 PQW4。

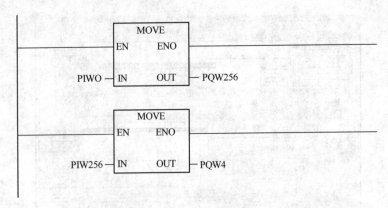

图 8.36　DP 简单通信程序

主站（启动数据传送）读取输入模块的输入字节并存储在 I/O 输出区（起始地址 PQ256），主站传送此存储的输入字到从站。

主站读取 I/O 输入区（起始地址 PI256，此区存放从站的输入信号）并存储到输出模块的输出。

■ 8.5　过 程 详 解 ■

8.5.1　输入/输出端口分配

系统总站 I/O 地址分配见表 8.9。

表 8.9　系统总站 I/O 地址分配表

名　称	地　址	相关设备	名　称	地　址	相关设备
启动	I0.0	绿色按钮 SB2	学习	Q0.2	指示灯 HL3
联机	I0.1	三位选择开关 SB1-1	警示器_报警	Q0.3	警示器 HL-S2
停止	I0.2	红色按钮 SB3	运行	Q0.4	指示灯 HL4
单机	I0.3	三位选择开关 SB1-2	警示器_运行	Q0.5	警示器 HL-S3
复位	I0.4	黄色按钮 SB4	报警	Q0.6	指示灯 HL5
急停	I0.6	急停按钮 SB5	警示器_故障	Q0.7	警示器 HL-S4
警示器_停车	Q0.1	警示器 HL-S1			

PROFIBUS 网络上各主/从站的地址见表 8.10。

表 8.10　PROFIBUS 网络上各主/从站的地址

设　备	地　址	设　备	地　址
S7-300 主站	2	顶销单元	6
落料单元	3	检测单元	7
喷涂烘干单元	4	废成品分捡单元	8
加盖单元	5	提升单元	9

其他各个从站的地址分配详见各章介绍。

8.5.2　主/从站参数的设置

1. 设定主站地址

S7-300 PLC（CPU315－2DP）的 PROFIBUS 通信地址由 STEP 7 软件设置，在 STEP 7 软件硬件组态画面中的设置步骤详见 8.3、8.4 节介绍。

2. 设定从站地址

S7-200 PLC 的 PROFIBUS 通信地址由 EM277 模块确定，如图 8.24 所示。

拨动地址开关可设置相应的 PROFIBUS 通信的从站地址，图 8.24 中所示地址为 2。

8.5.3　系统的调试

系统调试是一个全面而系统的过程，涉及 PLC 控制系统的外部接线、PLC 用户程序、系统的通信设置和实际试生产运行等。

1）外部接线：检查外部接线是否正确，如检查电源线、PLC 的 I/O 接线等。

2）PLC 用户程序：这一部分是检查的重点，需要考虑用户程序是否满足实际的生产工艺要求。

3）通信设置：包括 PLC 之间的通信、PLC 与传动系统之间的通信和 PLC 与上位机之间的通信。

4）生产运行：前面的三个步骤都是为了此步检查做准备，如出现问题需要找到对应的部分仔细检查。

S7-300 的硬件下载完成后，将 EM277 的拨位开关拨到与以上硬件组态的设定值一致，在 S7-200 中编写程序将进行交换的数据存放在 VB0～VB15，对应 S7-300 的 PQB0～PQB7 和 PIB0～PIB7，打开 STEP 7 软件中的变量表和 STEP 7-Micro/Win 的状态表进行监控，它们的数据交换结果如图 8.37 所示。

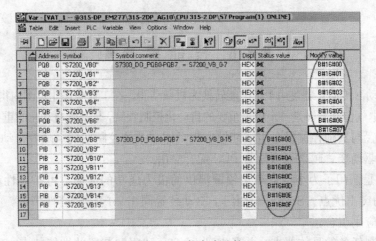

图 8.37　状态表监控

调试注意事项：

首先，最为重要的问题就是安全问题，包括人身的安全和设备的安全。

其次，应对各个从站分别进行软件调试，调试成功并没有程序错误的情况下，再考虑联机调试。

最后，小批量的试生产实际调试 PLC 联网系统，保证安全生产。

注意：VB0～VB7 是 S7-300 写到 S7-200 的数据，VB8～VB15 是 S7-300 从 S7-200 读取的值。EM277 上拨位开关的位置一定要和 S7-300 中组态的地址值一致。

8.5.4 技术文档

技术文档包括：电气原理图、元件布置图、元件型号清单、系统通信协议格式表、系统使用操作说明书以及 PLC 程序（带注释）等一整套技术文档的归档。图纸格式如图 8.38 所示。

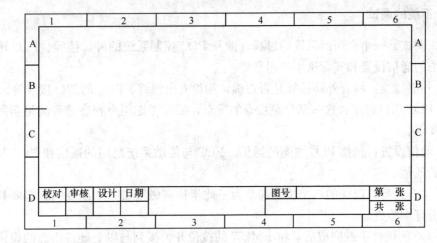

图 8.38 图纸格式

图样的绘制所使用的画图工具很多，主要有 AUTOCAD、Eplan 以及 PCschematic，此外还有国产绘图软件，如 CAXA 电子图板等 CAD 绘图软件。

■ 8.6 技 能 提 高 ■

电气驱动（传动）装置用于把电能转换为机械动能，在工业与民用范围内得到了极为广泛的应用。电气传动始终是一个极为重要的自动化控制领域，是基础自动化的重要组成部分。

驱动装置与其他控制设备组成能够实现具体任务的控制系统。随着自动化技术的发展和推广，驱动装置越来越多地与 PLC 配合应用。

S7-200 是西门子为小型自动化领域提供的极为成功的产品。可扩展性和通信能力是 S7-200 的突出优点。S7-200 与西门子驱动装置同出一门，兼容性极好，很容易达成性价比高的应用组合。

根据控制任务的具体要求，并考虑到 S7-200 和驱动装置的性能特点，S7-200 和西门子传动装置主要可以通过以下几种方式连接在一起工作：

① 通过数字量（DI/DO）信号控制驱动装置的运行状态和速度。

② 通过数字量信号控制驱动装置的运行状态；通过模拟量（AI/AO）信号控制转速等参数。

③ 通过串行通信控制驱动装置的运行和各种参数。

此处主要讲解以通信的方式控制驱动装置的实现方法（以 MM440 为例）。

1. 项目描述

此例说明如何利用通过 S7-200 与 1 个或多个 MICROMASTER 变频器进行通信来启动、停止电动机，以及改变输出到电动机的频率。

2. 必备条件

1）安装有 STEP 7-Micro/WIN（V4.0 或以上）以及 USS 协议库（V2.0 以上）的计算机 1 台。

2）S7-200 PLC 1 台。

3）MM440 驱动装置 1 台。

4）三相交流电动机 1 台。

5）PC/PPI 编程电缆 1 根。

6）PROFIBUS 通信电缆（一头为 9 针公头，另一头无插头）1 根。

3. 设置变频器参数

在连接 S7-200 PLC 之前，应先设置系统参数。

1）将变频器恢复为出厂设置（可选）。

P944＝1

按 P 键：显示 P000。按向上或向下的箭头直至显示 P944，按 P 输入这些参数。

2）启用对所有参数的读/写访问。

P009＝3

3）电动机设置。这些设置因使用的电动机不同而不同。

P081＝电动机的标识频率（Hz）

P082＝电动机的标识速度（RPM）

P083＝电动机的标识电流（A）

P084＝电动机的标识电压（V）

P085＝电动机的标识功率（kW/HP）

4）设置本地/远程控制模式。

P910＝1　远程控制模式

5）设置波特率。

P092＝3（1200 波特）

　　　　4（2400 波特）

　　5（4800 波特）

　　6（9600 波特—默认）

　　7（19200 波特）

6）从站地址。

每个变频器（最多 31）都可通过总线操作。

P091＝0～31

7）斜坡上升时间（可选），单位为 s。

P002＝0～650

在这个时间内，电动机加速至最高频率。

8）斜坡下降时间（可选），单位为 s。

P003＝0～650

在这个时间内，电动机减速至完全停止。

9）EEPROM 存储控制（可选）。

P971＝0 掉电时参数设置的改变（包括 P971）丢失。

　　　1（默认）掉电时，参数设置的改变保留。

10）操作显示。按 P 退出参数模式。

MM440 的 USS 通信相关端子见表 8.11。

表 8.11　MM440 的 USS 通信相关端子

端子号	名称	功能	端子号	名称	功能
1	—	电源输出 10V	29	P＋	RS-485 信号＋
2	—	电源输出 0V	30-	N—	RS-485 信号—

PROFIBUS 电缆的红色芯线应当压入端子 29；绿色芯线应当连接到端子 30。连接示意图如图 8.39 所示。

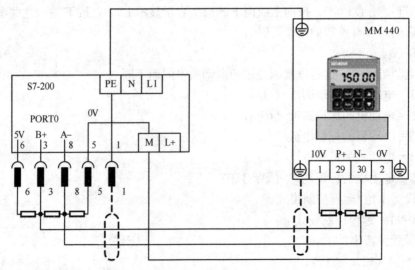

图 8.39　S7-200 与 MM440 之间的接线示意图

S7-200 与 MM440 变频器之间控制程序如图 8.40 所示。

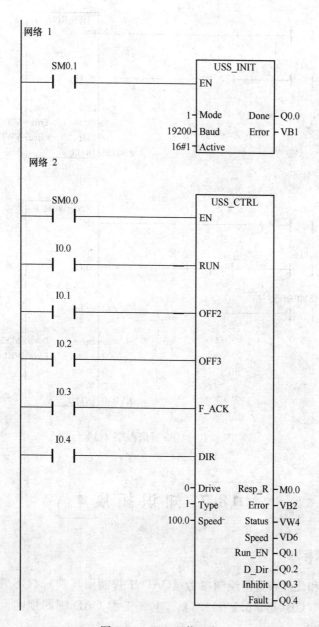

图 8.40　USS 通信程序

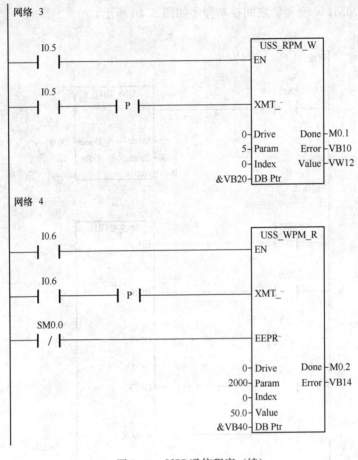

图 8.40 USS 通信程序（续）

■ 8.7 知 识 拓 展 ■

8.7.1 相关国家标准

电气原理图和元件布置图绘制参考《CAD 工程制图规则》（GB/T 18229—2000）、《技术制图字体》（GB/T 14691—1993）、《电气工程 CAD 制图规则》（GB/T 18135—2000）等国家标准。

PLC 程序编写参考《可编程序控制器第 3 部分：编程语言》（GB/T 15969.3—2005）和《可编程序控制器第 8 部分：编程语言的应用和实现导则》（GB/T 15969.8—2007）等国家标准。

8.7.2 相关案例

PROFIBUS-DP 协议可以实现 S7-200 与 S7-300/400 系列 PLC 之间的通信，也可以

实现 S7-300 PLC 和西门子变频器（传动设备）之间、与上位机或人机界面之间的 PROFIBUS-DP 通信，辅助以 TCP/IP 通信可以组成较大规模的控制网络，如图 8.41 所示。

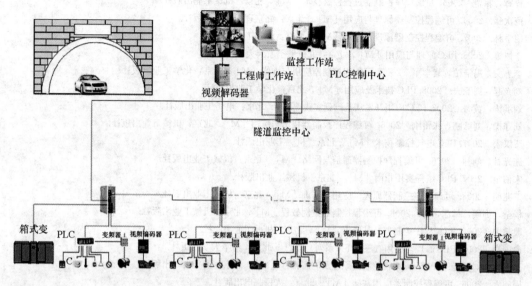

图 8.41　系统通信示意图

图 8.42 中，PLC 与变频器和上位机之间采用 PROFIBUS-DP 协议通信，上位机之间采用工业以太网联结成冗余网络。

📝 本章小结

本章主要讲述了机电一体化柔性生产控制系统的整体设计、安装及其调试。包括 PLC 通信协议的介绍，主要讲述 PROFIBUS 通信协议。

S7-200 PLC 支持以下几种类型的通信，PROFIBUS 通信、PPI 通信、MODBUS 通信、USS 通信和自由口通信等。

S7-300 PLC 的指令系统包括位逻辑指令、比较指令、定时器指令、计数器指令、整型数学运算指令、浮点型数学运算指令、传送指令、转换指令等。本章还介绍了如何建立一个 S7-300 的工程项目，包括 S7-300 的硬件组态、S7-300 的硬件模块以及简单的程序设计。

在 STEP 7 编程软件中，有梯形图、语句表和功能块图 3 种基本的编程语言。其中语句表可供喜欢用汇编语言编程的用户使用；语句表的输入快，可以在每条语句后面加上注释，设计高级应用程序时建议使用语句表；梯形图适合于熟悉继电器电路的人员使用，设计复杂的触点电路时最好用梯形图。

最后介绍了系统的调试和技术文档归档所需要参考的国家标准。

参 考 文 献

曹辉，霍罡. 2006. 可编程序控制器过程控制技术 [M]. 北京：机械工业出版社.

范次猛. 2006. 可编程控制器原理与应用 [M]. 北京：北京理工大学出版社.

胡学林. 2007. 可编程控制器原理及应用 [M]. 北京：电子工业出版社.

李树维. 2006. PLC 原理与应用 [M]. 北京：北京航空航天大学出版社.

李忠文，冯推柏，袁学军. 2007. 可编程控制器应用与维修 [M]. 北京：化学工业出版社.

刘光起，周亚夫. 2008. PLC 技术及应用 [M]. 北京：化学工业出版社.

刘洪涛，黄海. 2007. PLC 应用开发从基础到实践 [M]. 北京：电子工业出版社.

刘守操，刘彦鹏，张雷刚. 2006. 可编程序控制器技术与应用 [M]. 北京：机械工业出版社.

漆汉宏. 2007. PLC 电气控制技术 [M]. 北京：机械工业出版社.

施光林，刘利. 2006. 可编程序控制器通信与网络 [M]. 北京：机械工业出版社.

宋伯生. 2007. PLC 编程实用指南 [M]. 北京：机械工业出版社.

王兆明. 2008. 可编程序控制器原理、应用与实训 [M]. 北京：机械工业出版社.

杨莹，邵瑛，林滔，等. 2008. 可编程控制器案例教程 [M]. 北京：机械工业出版社.

殷建国. 2006. 可编程序控制器及其应用 [M]. 北京：机械工业出版社.

俞国亮. 2005. PLC 原理与应用（三菱 FX 系列）[M]. 北京：清华大学出版社.

张鹤鸣，刘耀元. 2007. 可编程控制器原理及应用教程 [M]. 北京：清华大学出版社.

周四六. 2006. 可编程控制器应用基础 [M]. 北京：人民邮电出版社.

周志敏，纪爱华. 2006. 可编程序控制器实用技术问答 [M]. 北京：电子工业出版社.